高职高专"十四五"系列教材

高等职业教育土建类专业"互联网+"数字化创新教材

建设工程招标投标与合同管理

张　欣　主编

宫广娟　主审

中国建筑工业出版社

图书在版编目（CIP）数据

建设工程招标投标与合同管理 / 张欣主编. — 北京：
中国建筑工业出版社，2022.5
高职高专"十四五"系列教材　高等职业教育土建类
专业"互联网+"数字化创新教材
ISBN 978-7-112-27185-6

Ⅰ. ①建… Ⅱ. ①张… Ⅲ. ①建筑工程-招标-高等
职业教育-教材②建筑工程-投标-高等职业教育-教材
③建筑工程-经济合同-管理-高等职业教育-教材
Ⅳ. ①TU723

中国版本图书馆 CIP 数据核字（2022）第 044394 号

本教材主要内容包括建设工程招标投标和合同管理两大部分。建设工程招标投标部分包括 4 大模块 8 个项目，重点介绍建设工程招标投标基础知识、建设工程招标业务、建设工程投标业务及建设工程施工开标、评标和定标等；合同管理部分包括 1 个模块 2 个项目，重点介绍建设工程施工合同基础知识和施工合同实施等。本教材还设置了 6 个专题实训，突出教材的应用性和实践性。教材融入了丰富的课程思政素材，坚持把立德树人放在首位。此外，教材提供有丰富的数字资源、PPT 课件、能力训练题和微课等，便于教师组织教学和提高教学效果。

本教材可作为高等职业院校和应用型本科土建类相关专业的教材，同时也可以作为工程施工管理人员、土建类执业资格考试的参考用书。

为了便于本课程教学，作者自制免费课件资源，索取方式为：1. 邮箱：jckj@cabp.com.cn；2. 电话：(010) 58337285；3. 建工书院：http://edu.cabplink.com；4. QQ 交流群：451432552。

QQ 交流群

责任编辑：司 汉 李 阳
责任校对：芦欣甜

高职高专"十四五"系列教材
高等职业教育土建类专业"互联网+"数字化创新教材
建设工程招标投标与合同管理
张 欣 主编
宫广娟 主审

*

中国建筑工业出版社出版、发行（北京海淀三里河路 9 号）
各地新华书店、建筑书店经销
北京鸿文瀚海文化传媒有限公司制版
河北鹏润印刷有限公司印刷

*

开本：787 毫米×1092 毫米　1/16　印张：17½　字数：434 千字
2022 年 5 月第一版　　2022 年 5 月第一次印刷
定价：48.00 元（赠教师课件）
ISBN 978-7-112-27185-6
(38664)

前　言

建设工程招标投标和工程合同管理是建设工程项目管理中的两个重要环节，"建设工程招标投标与合同管理"是土木建筑大类中工程造价、建设工程管理、建筑工程技术、建设工程监理等专业的专业核心课。本教材依据《中华人民共和国招标投标法》《中华人民共和国民法典》等法律法规，由多校联合、校企合作编写，主要内容包括建设工程招标投标和合同管理两大部分。内容编排改变了传统教材以知识点为体系的框架，以典型工作任务为载体，依据实际工作岗位的核心工作任务，教材设置了32个典型学习任务和6个专题实训，突出高职教育应用性和实践性特点，是一本新型理实一体化教材。

本教材注重新规范、新标准、新技术的应用和发展，依据《中华人民共和国民法典》和最新版的《中华人民共和国招标投标法》《房屋建筑和市政基础设施工程施工招标投标管理办法》等编写，确保时效性。基于近年来国家对工程建设项目审批制度的全面改革，教材补充了工程建设项目全流程在线审批、电子招标投标等新形势下的关于招标投标管理和合同管理的新转变和新做法。确保教材"内容不落伍，信息不滞后"，紧跟行业和时代发展。

本教材是一本课程思政示范教材，把立德树人放在首位，课程内容大量涉及法律意识、社会公德、规范道德、社会责任、职业精神、诚实信用、社会公平正义、科技发展、产业报国、大国复兴、甚至人类命运共同体等课程思政元素，以"小启示""想一想""悟一悟""经验教训""趣味交流"等方式引入，引导学生自己去理解体会。

本教材由校企合作编写，广联达科技股份有限公司和江西同济建筑设计咨询有限公司为本教材提供了丰富的数字化资源、多样的实践素材和真实案例。教材中所选用的案例均由企业实际案例改编而成，更能展示真实的工作情境；学习任务由实际工作提炼而成，为学生入职打下基础，确保教学内容与岗位工作内容、能力标准对接统一。

本教材由多所本科、专科院校和企业的资深专业人员组成的团队共同编写完成。重庆工业职业技术学院张欣担任主编并统稿，北京财贸职业学院宫广娟主审，杨传光、温晓慧、戚蕊、张萌担任副主编，具体编写分工如下：贵州建设职业技术学院曹迪编写项目1，陕西工商职业学院杨传光编写项目2、项目6和项目7，广西现代职业技术学院解云霞编写项目3，江西同济建筑设计咨询有限公司姜晨辉编写项目4，昆明工业职业技术学院陈娟编写项目5，广东技术师范大学天河学院戚蕊编写项目8，青岛理工大学温晓慧编写项目9，重庆工业职业技术学院张萌编写项目10，重庆工业职业技术学院张欣编写专题实训及项目1、项目2和项目7中的3个任务。教材编写组成员具有多年的教学经验、深厚的理论功底和丰富的实践经验，参与过多种教学研究和改革，企业项目管理经历丰富，注重培养学生运用所学知识解决实际问题的能力。

本教材是一本"互联网＋"数字化创新教材，引入"云学习"在线教育创新理念，增加了与课程知识点相关的数字资源，学生通过手机扫描文中二维码，可以自主反复学习，帮助理解知识点、使学习更有效。广联达科技股份有限公司提供了相关技术支持。

教材在编写过程中参考和引用了相关文献和资料，在此向有关作者表示诚挚的谢意。由于编者水平有限，书中难免存在不足和疏漏，恳请专家和读者批评指正。

目　录

模块 1 建设工程招标投标基础知识

项目1

建设工程招标投标基础知识

思维导图

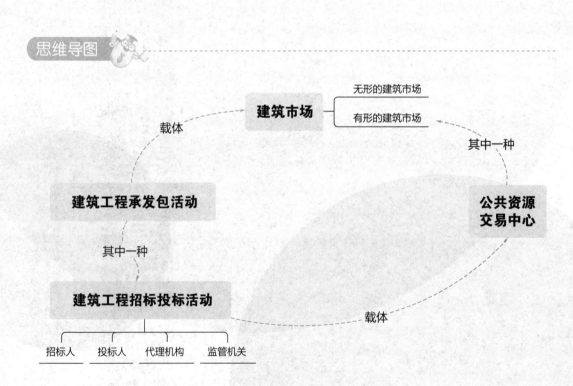

任务 1.1　建筑市场

模块	1 建设工程招标投标基础知识	项目	1 建设工程招标投标基础知识	任务	1.1 建筑市场
知识目标	了解建筑市场； 掌握建筑市场主体与客体； 掌握建筑市场的资质管理				
能力目标	会查询、使用《建筑业企业资质管理规定》等法律文件； 具备判定建筑业企业资质的能力				
重点难点	建筑市场的资质管理				

1.1.1　建筑市场的概念

建筑市场是进行建筑商品和相关要素交换的市场，也是固定资产投资转化为建筑产品的交易场所。建筑市场有广义和狭义之分：广义的建筑市场是指建筑商品供求关系的总和，包括狭义的建筑市场、建筑商品的需求程度、建筑商品交易过程中形成的各种经济关系等；狭义的建筑市场是指交易建筑商品的场所。

建筑市场由有形建筑市场和无形建筑市场两部分构成：有形建筑市场具有收集与发布工程建设信息功能，办理工程报建手续、承发包、工程合同及委托质量安全监督和建设监理等手续，提供政策法规及技术经济等咨询服务；无形建筑市场是在建设工程交易之外的各种交易活动及处理各种关系的场所。

由于建筑商品体形庞大、无法移动，不可能集中在一定的地方交易，所以一般意义上的建筑市场为无形市场，没有固定交易场所。它主要通过招标投标等手段，完成建筑商品交易。当然，交易场所随建筑工程的建设地点和成交方式不同而变化。

我国许多地方提出了建筑市场有形化的概念。这种做法提高了招标投标活动的透明度，有利于竞争的公开性和公正性，对于规范建筑市场有着积极的意义。

1.1.2　建筑市场的特征

1. 建筑市场交易的直接性

建筑市场上的交易双方为需求者和供给者，他们之间预先进行订货式的交易，先成交、后生产，无法经过中间环节。

1-1
市场与
建筑市场

2. 建筑产品的交易过程持续时间长

建筑产品的周期长、价值大，供给者大多无法以足够资金投入生产，采用分阶段按实施进度付款的方式，待交货后再结清全部款项。因此，建筑产品的交易过程持续时间较长。

3. 建筑市场有着显著的地区性

建筑产品的生产经营通常集中于一个相对稳定的地理区域，这使得交易双方只能在一定范围内确定相互之间的交易关系。

4. 建筑市场的风险较大

建筑市场不仅对供给者有风险，而且对需求者也有风险。

5. 建筑市场竞争激烈

发包人、承包人和中间服务机构构成市场的主体，有形建筑产品、无形建筑产品构成市场的客体，以招标投标活动为主要交易形式的市场竞争机制，以资质管理为主要内容的市场监督管理体系，共同构成完整的建筑市场体系。

1.1.3 建筑市场的主体

建筑市场主体包括业主、承包商、中介机构。

1. 业主

业主是指既有进行某种工程建设的需求，又具有工程建设资金和各种准建手续，在建筑市场中发布建设任务，并最终得到建筑产品达到其投资目的的法人、其他组织和个人。业主可以是学校、医院、工厂、房地产开发公司，也可以是政府及政府委托的资产管理部门，还可以是个人。在我国工程建设中常将业主称为建设单位、甲方或发包人。

2. 承包商

承包商是指有一定生产能力和技术装备，有一定的流动资金，且具有承包工程建设任务的营业资格，在建筑市场中能够按照业主的要求，提供不同形态的建筑产品，并获得工程价款的建筑业企业。按照其生产的主要形式不同，分为勘察、设计单位，建筑、安装企业，混凝土预制构件、非标准件制作等生产厂家，商品混凝土供应站，建筑机械租赁单位，以及专门提供劳务的企业等；按照其承包方式不同分为施工总承包企业、专业承包企业、施工劳务企业，在我国工程建设中，承包商又称为乙方。

3. 中介机构

中介机构是指具有一定注册资金和相应的专业服务能力，并持有从事相关业务执照，能对工程建设提供估算测量、管理咨询、建设监理等智力型服务或代理，并收取服务费用的咨询服务机构和其他为工程建设服务的专业中介组织。中介机构作为政府、市场、企业之间联系的纽带，具有政府行政管理不可替代的作用，是市场体系成熟和市场经济发达的重要表现。

1.1.4 建筑市场的客体

市场客体是指一定量的可供交换的商品和服务，它包括有形的物质产品和无形的服务，以及各种商品化的资源要素，如资金、技术、信息和劳动力等。市场活动的基本内容是商品交换，具备一定量的可供交换的商品是市场存在的物质条件。

建筑市场的客体一般称作建筑产品，包括建筑物等有形的建筑产品和无形的建筑产品。客体凝聚着承包商的劳动，业主以投入资金的方式取得它的使用价值。在不同的生产交易阶段，建筑产品表现为不同的形态。它可以是中介机构提供的咨询报告、咨询意见或其他服务，勘察设计单位提供的设计方案、设计图纸、勘察报告，生产厂家提供的混凝土构件、非标准预制构件等产品，也可以是施工企业提供的各种各样的建筑物和构筑物。

建筑产品是建筑市场的交易对象，通常具备以下特点：

(1) 建筑产品的固定性和生产的流动性；

(2) 建筑产品的单件性；

(3) 建筑产品的整体性和分部分项工程的相对独立性；

(4) 建筑生产的不可逆性；

(5) 建筑产品的社会性；

(6) 建筑产品的商品属性；

(7) 工程建设标准的法定性。

1.1.5　建筑市场的管理

工程建设执业资格制度是指只有事先依法取得相应资质或资格的单位和个人，才允许其在法律规定的范围内从事一定建筑活动的制度。随着技术的进步和生活质量的提高，社会对建设工程的技术水准和质量要求越来越高，因此，保证建设工程的质量和安全，对从事建设活动的单位和个人必须实行从业资质资格管理，即资质管理制度。

1. 工程勘察、设计资质管理

工程勘察、设计企业应当按照其拥有的注册资本、专业技术人员、技术装备和勘察、设计业绩等条件申请资质，经审查合格，取得工程勘察、设计资质证书后，方可在资质等级许可的范围内从事工程勘察、设计活动。国务院建设行政主管部门及各地建筑行政主管部门负责工程勘察、设计企业资质的审批、晋升和处罚。

工程勘察资质分为：综合资质、专业资质；工程设计资质分为：综合资质、行业资质及其包含专业资质、建筑工程设计事务所资质、通用专业资质。表 1-1 和表 1-2 的工程勘察、工程设计资质节选自住房和城乡建设部印发的《建设工程企业资质管理制度改革方案》（建市〔2020〕94 号）。

工程勘察资质　　　　　　　　　　　　　　　　　　表 1-1

资质类别	序号	勘察资质类型	等级
综合资质	1	工程勘察综合资质	不分等级
专业资质	1	岩土工程	甲、乙级
	2	工程测量	甲、乙级
	3	勘探测试	不分等级

工程设计资质   表 1-2

资质类别	序号	行业	设计资质类型	等级
综合资质	1	综合	工程设计综合资质	不分等级
行业资质及其包含专业资质	1	煤炭	矿井工程专业	甲、乙级
			露天矿工程专业	甲、乙级
			选煤厂工程专业	甲、乙级
	2	化工石化医药	化工工程专业	甲、乙级
			化工矿山专业	甲、乙级
			石油及化工产品储运专业	甲、乙级
			油气开采专业	甲、乙级
			海洋石油专业	甲、乙级
			原料药专业	甲、乙级
			医药工程专业	甲、乙级
	3	电力	火力发电工程专业	甲、乙级
			水力发电工程专业	甲、乙级
			新能源发电工程专业	甲、乙级
			核工业工程专业	甲、乙级
			送变电工程专业	甲、乙级
	4	冶金建材	冶金工程专业	甲、乙级
			建材工程专业	甲、乙级
			冶金建材矿山工程专业	甲、乙级
	5	机械军工	机械工程专业	甲、乙级
			军工工程专业	甲、乙级
	6	电子通信广电	电子工业工程专业	甲、乙级
			电子系统工程专业	甲、乙级
			有线通信专业	甲、乙级
			无线通信专业	甲、乙级
			广播电视制播与电影工程专业	甲、乙级
			传输发射工程专业	甲、乙级
	7	轻纺农林商物粮	轻工工程专业	甲、乙级
			纺织工程专业	甲、乙级
			农业工程专业	甲、乙级
			林业工程专业	甲、乙级
			商物粮专业	甲、乙级
	8	铁路	桥梁专业	甲级
			隧道专业	甲级
			轨道专业	甲级
			电气化专业	甲级
			通信信号专业	甲级

续表

资质类别	序号	行业	设计资质类型	等级
行业资质及其包含专业资质	9	公路	公路专业	甲、乙级
			特大桥梁专业	甲级
			特长隧道专业	甲级
			交通工程专业	甲、乙级
	10	港口与航道	港口工程专业	甲、乙级
			航道工程专业	甲、乙级
	11	民航	民航行业	甲、乙级
	12	市政	燃气工程、轨道交通工程除外	甲、乙级
			给水工程专业	甲、乙级
			排水工程专业	甲、乙级
			燃气工程专业	甲、乙级
			热力工程专业	甲、乙级
			道路与公共交通工程专业	甲、乙级
			桥梁工程专业	甲、乙级
			隧道工程专业	甲级
			轨道交通工程专业	甲级
	13	水利水电	水库枢纽专业	甲、乙级
			引调水专业	甲、乙级
			灌溉排涝专业	甲、乙级
			围垦专业	甲、乙级
			河道整治与城市防洪专业	甲、乙级
			水土保持与水文设施专业	甲、乙级
	14	建筑	建筑工程专业	甲、乙级
			人防工程专业	甲、乙级
事务所资质	1		建筑设计事务所	不分等级
	2		结构设计事务所	不分等级
	3		机电设计事务所	不分等级
通用专业资质	1		建筑装饰工程通用专业	甲、乙级
	2		建筑智能化工程通用专业	甲、乙级
	3		照明工程通用专业	甲、乙级
	4		建筑幕墙工程通用专业	甲、乙级
	5		轻型钢结构工程通用专业	甲、乙级
	6		风景园林工程通用专业	甲、乙级
	7		消防设施工程通用专业	甲、乙级
	8		环境工程通用专业	甲、乙级

2. 施工资质管理

建筑业企业是指从事土木工程、建筑工程、线路管道设备安装工程、装修工程的新建、扩建、改建等活动的企业。建筑业企业应当按照其拥有的注册资本、专业技术人员、技术装备和已完成的建筑工程业绩条件申请资质，经审查合格，取得建筑业企业资质证书后，方可在资质许可的范围内从事建筑施工活动，即施工资质。国务院建设主管部门及各地建设主管部门负责建筑业企业资质的统一监督管理。

施工资质分为：综合资质、施工总承包资质、专业承包资质、专业作业资质。表1-3施工资质节选自住房和城乡建设部印发的《建设工程企业资质管理制度改革方案》（建市〔2020〕94号）。

施工资质　　　　　表 1-3

资质类别	序号	施工资质类型	等级
综合资质	1	综合资质	不分等级
施工总承包资质	1	建筑工程施工总承包	甲、乙级
	2	公路工程施工总承包	甲、乙级
	3	铁路工程施工总承包	甲、乙级
	4	港口与航道工程施工总承包	甲、乙级
	5	水利水电工程施工总承包	甲、乙级
	6	市政公用工程施工总承包	甲、乙级
	7	电力工程施工总承包	甲、乙级
	8	矿山工程施工总承包	甲、乙级
	9	冶金工程施工总承包	甲、乙级
	10	石油化工工程施工总承包	甲、乙级
	11	通信工程施工总承包	甲、乙级
	12	机电工程施工总承包	甲、乙级
	13	民航工程施工总承包	甲、乙级
专业承包资质	1	建筑装修装饰工程专业承包	甲、乙级
	2	建筑机电工程专业承包	甲、乙级
	3	公路工程类专业承包	甲、乙级
	4	港口与航道工程类专业承包	甲、乙级
	5	铁路电务电气化工程专业承包	甲、乙级
	6	水利水电工程类专业承包	甲、乙级
	7	通用专业承包	不分等级
	8	地基基础工程专业承包	甲、乙级
	9	起重设备安装工程专业承包	甲、乙级
	10	预拌混凝土专业承包	不分等级
	11	模板脚手架专业承包	不分等级
	12	防水防腐保温工程专业承包	甲、乙级
	13	桥梁工程专业承包	甲、乙级

续表

资质类别	序号	施工资质类型	等级
专业承包资质	14	隧道工程专业承包	甲、乙级
	15	消防设施工程专业承包	甲、乙级
	16	古建筑工程专业承包	甲、乙级
	17	输变电工程专业承包	甲、乙级
	18	核工程专业承包	甲、乙级
专业作业资质	1	专业作业资质	不分等级

趣味小知识

　　根据2021年《财富》发布的世界500强中国上榜企业名单，中国建筑集团有限公司位列第13名、中国铁路工程集团有限公司位列第35名、中国铁道建筑集团有限公司位列第42名、中国交通建设集团有限公司位列第61名。"中国建造"正在为世界作出越来越突出的贡献，中国正在从"建造大国"向"建造强国"快速迈进。中国建造，值得骄傲！

3. 工程监理资质管理

　　监理单位是指经过建设行政主管部门的资质审查，受建设单位的委托，依照国家法律规定要求和建设单位要求，在建设单位委托的范围内对建设工程进行第三方监理的单位。工程监理单位应当按照其拥有的注册资本、专业技术人员、技术装备和已完成的业绩条件申请资质，经审查合格，取得监理单位资质证书后，方可在资质许可的范围内从事工程监理活动。国务院建设主管部门及各地建设主管部门负责监理单位资质的统一监督管理。表1-4工程监理资质节选自住房和城乡建设部印发的《建设工程企业资质管理制度改革方案》。

工程监理资质　　　　　　　　　　　　　　　　　　　　　　　表1-4

资质类别	序号	监理资质类型	等级
综合资质	1	综合资质	不分等级
专业资质	1	建筑工程专业	甲、乙级
	2	铁路工程专业	甲、乙级
	3	市政公用工程专业	甲、乙级
	4	电力工程专业	甲、乙级
	5	矿山工程专业	甲、乙级
	6	冶金工程专业	甲、乙级
	7	石油化工工程专业	甲、乙级
	8	通信工程专业	甲、乙级
	9	机电工程专业	甲、乙级
	10	民航工程专业	甲、乙级

4. 专业人士资格管理

在建筑市场中，从事工程咨询资格的专业工程师称为专业人士。目前，我国已确认专业人士的种类有建筑师、结构工程师、监理工程师、建造师、造价工程师等，报考时需具备大专以上专业学历，方可参加全国统一考试，取得执业资格考试合格证书的人员，均可申请注册。

在我国，不同种类专业工程师由政府主管部门实施统一监督管理，如：国务院住房和城乡建设主管部门对全国注册造价工程师的注册、执业活动实施统一监督管理，负责实施全国一级注册造价工程师的注册，并负责建立全国统一的注册造价工程师注册信息管理平台。

拓展阅读

对专业人士的资质管理，各国的情况不尽相同。在英国，政府不负责人员的资质管理，而由建筑师学会、土木工程师学会、特许建造师学会以及测量师学会负责人员资质评定；在德国，咨询业相当发达，政府对咨询组织和咨询工程师的管理，宏观上依靠国家和地方性法规对其行为予以制约，微观上依靠行业协会制定的工作条例、职业道德标准对其业务活动进行监督控制；在法国，建设部内设有一个审查咨询工程师资格的"技术监督审查委员会"，凡是要求成为咨询工程师的人，需先行申请。

能力训练题

一、单选题

1. 建设市场的主体是指参与建筑市场交易活动的主要活动各方，即（　　）、承包商、中介机构。

A. 业主

B. 设计单位、施工单位

C. 招标投标代理

D. 工程范围咨询机构、物资供应机构和银行

2. 建筑市场不同于其他市场，这是因为建筑产品是一样特殊的商品。建筑市场定价方式独特性是（　　）。

A. 一手交钱，一手交货

B. 先成交，后生产

C. 对国有资产投资项目必须采用工程量清单招标投标与报价方式

D. 建筑市场定价风险较大

3. 工程监理专业资质不包括（　　）。

A. 建筑工程　　　　　　　　　　B. 矿山工程

C. 预拌混凝土专业　　　　　　　D. 通信工程

二、多选题

1. 建筑市场的特征包括（　　）。

A. 风险较小　　　　　　　　　　　　B. 交易的直接性

C. 交易过程持续时间长　　　　　　　D. 竞争激烈

E. 区域性

2. 建筑市场管理可从（　　　）方面进行。

A. 工程勘察资质管理　　　　　　　　B. 工程设计资质管理

C. 建筑施工资质　　　　　　　　　　D. 工程监理资质

E. 专业人士资质

3. 建筑工程施工总承包资质等级分为（　　　）。

A. 甲　　　　　　　B. 乙　　　　　　　C. 丙　　　　　　　D. 丁

E. 不分等级

三、简答题

1. 与一般市场相比较，建筑市场的特征有哪些？

2. 建筑市场的主体与客体分别是什么？

任务 1.2　建设工程承包与发包

模块	1 建设工程招标投标基础知识	项目	1 建设工程招标投标基础知识	任务	1.2 建设工程承包与发包
知识目标	了解建设工程承包与发包概念； 熟悉建设工程承包与发包内容； 掌握建设工程承包与发包方式				
能力目标	会规范选择和使用不同承发包方式				
重点难点	建设工程承发包内容； 建设工程承发包方式				

1.2.1　建设工程承发包的概念

承发包既是一种商业交易行为，也是一种经营方式，指的是交易的一方负责为交易的另一方完成某项工作或供应一批货物，并按一定的价格取得相应报酬的一种交易。其中，发包人是委托任务并负责支付报酬的一方，承包人是接受任务并负责按时完成而取得报酬的一方。承发包双方通过签订合同或者协议，以明确双方之间在经济上的权利与义务，具有法律效力。

工程承发包是指建筑企业（承包商）作为承包人（称为乙方），建设单位（业主）作为发包人（称为甲方），由甲方把建筑工程任务委托给乙方，且双方在平等互利的基础上签订工程合同，明确各自的经济责任、权利和义务，以保证工程任务在合同造价内按时、按质、按量、全面地完成。

1.2.2　建设工程承发包的内容

根据建设项目的程序和基本内容，建设工程承发包的内容可以分为以下几类：

1. 项目建议书

项目建议书指的是由项目投资方向其主管部门上报的文件，主要从宏观上论述项目设立的必要性和可能性，把项目投资的设想变为概略的投资建议。项目建议书可供项目审批机关作出初步决策。以减少项目选择的盲目性，为下一步可行性研究打下基础。

项目建议书可以由建设单位自行编制或委托工程咨询机构代理。

2. 可行性研究

项目建议书是项目发展周期的初始阶段，对于工艺技术复杂、涉及面广、协调量大的大中型项目，还要编制可行性研究报告。可行性研究是指"项目实现的可能性探讨"，是基本建设程序的主要环节、建设前期工作的重要步骤。

可行性研究分两个阶段进行，即"初步可行性研究"和"可行性研究"，这两个阶段的内容基本相同，但研究深度不同。可行性研究应根据经过审查的初步可行性研究和审批的项目建议书进行工作。可行性研究报告可以自行编制或委托工程咨询机构。

3. 勘察、设计

勘察和设计是两项工作任务，建设工程勘察是指根据建设工程的要求，查明、分析、评价建设场地地理、地质环境特征和工程条件，编制建设工程勘察文件的活动。

建设工程设计是指根据建设工程的要求，对建设工程所需的技术、经济、资源、环境等条件进行综合分析和论证，编制建设工程设计文件的活动，勘察和设计都可以通过方案竞选或招标投标的方式来完成。

4. 材料、设备的采购供应

工程建设物资包括材料和设备两大类，招标投标采购方式主要适用于大宗材料、定型批量生产的中小型设备、大型设备和特殊用途的大型非标准部件等的采购，各类物资的招标采购具有各自的特点。建筑材料的采购供应一般采用公开招标、询价报价和直接采购等，设备的采购供应一般采用委托承包、设备包干和招标投标等。

5. 建筑工程施工

建筑工程施工是把设计图纸付诸实施的决定性阶段，是把设计图纸转变成物质产品的过程。建筑工程施工承包招标是指招标人（业主）在施工图设计完成后，为选择建筑工程施工承包人所进行的招标。这种招标其承包范围仅包括工程项目的建筑工程施工活动，不包括工程项目的建设前期准备、勘察设计及生产准备等。此阶段采用招标投标的方式进行工程的承发包。

6. 生产职工培训

为了使新建项目建成后尽快交付使用、投入生产，在建设期间就要储备合格的生产技术工人和配套的管理人员。为此，需要组织生产职工培训，这项工作一般委托培训公司或培训部门来完成。

7. 建设工程监理

建设工程监理即工程监理，是指具有相应资质的工程监理企业，接受建设单位的委托，承担项目管理工作，并代表建设单位对承建单位的建设行为进行监控的专业化服务活动。建设工程监理承发包一般通过招标投标的形式进行。

1.2.3　建设工程承发包的方式

建设工程承发包方式，是指发包人与承包人双方之间的经济关系形式。从承发包的范围、承包人所处的地位、合同计价方法、获得承包任务的途径等不同的角度，对工程承发包方式进行分类，其主要分类如下：

1. 按承包范围划分承包方式

承包方式按工程承包范围即承包内容，可分为建设全过程承包、阶段承包、专项承包和建造-经营-转让承包 4 种。

（1）建设全过程承包

建设全过程承包也叫"统包"或"一揽子承包"，即通常所说的"交钥匙"。采用这种承包方式，建设单位一般只要提出使用要求和竣工期限，承包单位即可对项目建议书、可行性研究、勘察设计、设备询价与选购、材料订货、工程施工、生产职工培训直至竣工投产，实行全面的总承包，并负责对各项分包任务进行综合管理协调和监督工作。为了有利于建设和生产的衔接，必要时也可以吸收建设单位的部分力量在承包公司的统一组织下，参加工程建设的有关工作，这种承包方式要求承发包双方密切配合，涉及决策性质的重大问题仍应由建设单位或其上级主管部门做最后的决定。这种承包方式主要适用于各种大中型建设项目，其优势是充分利用已有的经验，节约投资，缩短建设周期并保证建设的质量，提高经济效益。承包单位必须具有雄厚的技术经济实力和丰富的组织管理经验。

（2）阶段承包

阶段承包的内容是建设过程中某一阶段或某些阶段的工作。例如可行性研究、勘察设计、建筑安装施工等。在施工阶段，阶段承包还可依承包内容的不同，细分为以下3种方式：

1）包工包料。即工程施工所用的全部人工和材料由承包人负责。其优点是便于调剂余缺，合理组织供应，加快建设速度，减轻建设单位的负担。

2）包工部分包料。即承包者只负责提供施工的全部人工和部分材料，其余部分材料则由建设单位或总包单位负责供应。

3）包工不包料。又称"包清工"，即承包人仅提供劳务而不承担供应任何材料的义务。

（3）专项承包

专项承包的内容是某一建设阶段中的某一专门项目，由于专业性较强，多由有关的专业承包单位承包，故又称专业承包。例如可行性研究中的辅助研究项目；勘察设计阶段的工程地质勘察、供水水源勘察，基础或结构工程设计、工艺设计，供电系统、空调系统及防灾系统的设计；施工阶段的深基础施工、金属结构制作和安装、通风设备安装和电梯安装等。

（4）建造-经营-转让承包

国际上通称的BOT方式，即建造-经营-转让（Build-Operate-Transfer）的缩写，这是20世纪80年代中后期新兴的一种带资承包方式。其程序一般是由某一个或几个大承包商或开发商牵头，联合金融界组成财团，就某一工程项目向政府提出建议和申请，取得建设和经营该项目的许可。这些项目一般都是大型公共工程和基础设施，如隧道、港口、高速公路、电厂等。政府若同意建议和申请，则将建设和经营该项目的特许权授予财团。财团即负责资金筹集、工程设计和施工的全部工作；竣工后，在特许期内经营该项目，通过向用户收取费用、回收投资、偿还贷款并获取利润；特许期满，即将该项目无偿地移交给政府经营管理。对项目所在国来说，采取这种方式既可解决政府建设资金短缺的问题且不形成债务，又可解决本地企业建设、经营、管理能力不足等问题，而且不用承担建设、经营中的风险。所以，这种方式在许多发展中国家得到推广。

2. 按承包者所处地位划分承包方式

在工程承包中，一个建设项目往往有不止一个承包单位。不同承包单位之间，承包单位与建设单位之间的关系不同、地位不同，也就形成不同的承包方式。

（1）总承包

一个建设项目建设全过程或其中某个阶段的全部工作，由一个承包单位负责组织实施。这个承包单位可以将若干个专业工程交给不同的专业承包单位去完成，并统一协调和监督它们的工作。在一般情况下，业主仅与这个承包单位产生直接关系，而不与其他专业承包单位产生直接关系，这样的承包方式叫作"总承包"。承担这种任务的单位叫作"总承包单位"或简称"总包"。

总承包主要有两种情况：建设全过程总承包、建设阶段总承包。

（2）分承包

分承包简称"分包"，是相对总承包而言的，即承包者不与建设单位发生直接关系，而是从总承包单位分包某一分项工程（例如土方、模板、钢筋等）或某种专业工程（例如钢结构制作和安装、卫生设备安装、电梯安装等），在现场由总包统筹安排其活动，并对总包负责。分包单位通常为专业工程公司（例如工业炉窑公司、设备安装公司、装饰工程公司等）。分承包人承包的工程不能是总承包范围内的主体结构工程或主要部分（关键性部分），主体结构工程或主要部分必须由总承包人自行完成。

国际上现行的分包方式主要有两种：一种是由建设单位指定分包单位，与总包单位签订分包合同；另一种是总包单位自行选择分包单位签订分包合同。

（3）独立承包

独立承包是指承包单位依靠自身的力量完成承包的任务，而不实行分包的承包方式。通常仅适用于规模较小、技术要求比较简单的工程以及修缮工程。

（4）联合承包

联合承包是相对于独立承包而言的，指发包人将一项工程任务发包给两个以上承包人，由这些承包人联合共同承包。联合承包主要适用于大型或结构复杂的工程。参加联合的各方，通常是采用成立工程项目合营公司、合资公司、联合集团等联营体形式，推选承包代表人，协调承包人之间的关系，统一与发包人（建设单位）签订合同，共同对发包人承担连带责任。参加联营的各方仍是各自独立经营的企业，只是就共同承包的工程项目必须事先达成联合协议，以明确各个联合承包人的义务和权利，包括投入的资金数额、工人和管理人员的派遣、机械设备种类、临时设施的费用分摊、利润的分享以及风险的分担等。

（5）直接承包

直接承包是在同一工程项目上，不同承包单位分别与建设单位签订承包合同，各自直接对建设单位负责。各承包商之间不存在总分包关系，现场上的协作可由建设单位自己去做或委托一个承包商牵头去做，也可聘请专门的项目经理来管理。

3. 按获得承包任务的途径划分承包方式

（1）计划分配承包

在计划经济体制下，由中央和地方政府的计划部门分配建设工程任务，由设计、施工单位与建设单位签订承包合同。

（2）投标竞争

通过投标竞争，优胜者获得工程任务，与业主签订承包合同，这是国际上获得承包任务的主要方式。

（3）委托承包

委托承包也称"协商承包、议标承包"，即无须经过投标竞争，由业主与承包商协商、签订委托其承包某项工程任务的合同。主要用于某些投资限额以下的小型工程。

（4）指令承包

指令承包是由政府主管部门依法指定工程承包单位。这是一种具有强制性的行政措施，仅适用于某些特殊情况。我国《建设工程招标投标暂行规定》中有"少数特殊工程或偏僻地区的工程，投标企业不愿投标者，可由项目主管部门或当地政府指定投标单位"的条文，实际上就是带有指令性承包的性质。

4. 按合同类型和计价方法划分承包方式

依据工程项目条件和承包内容的不同，往往要求有不同类型的合同和计价方法。因此，在实践中，合同类型和计价方法就成为划分承包方式的主要依据，据此承包方式分为固定价合同、可调价合同和成本加酬金合同。

（1）固定价合同

1）固定总价合同，是指承包整个工程的合同价款总额已经确定，在工程实施中不再因物价上涨而变化。所以，固定总价合同在确定合同价时应考虑价格风险因素，固定总价合同在签订时，也须在合同中明确规定合同总价包括的范围。这种合同价款确定方式通常适用于规模较小且施工图齐全、风险不大、技术简单、工期较短（一般不超过1年）的工程。

2）固定单价合同，是指合同中确定的各项单价在工程实施期间不因价格变化而调整，而在每月（或每阶段）工程结算时，根据实际完成的工程量结算，在工程全部完成时以竣工的工程量最终结算工程总价款。

（2）可调价合同

1）可调价合同中确定的工程合同总价在实施期间可随价格变化而调整。发包人和承包人在商定合同时，以招标文件的要求及当时的物价计算出合同总价。如果在执行合同期间，由于通货膨胀引起成本增加达到某一限度时，合同总价则做相应调整。可调价合同使发包人承担了通货膨胀的风险，承包人则承担其他风险。一般适合于工期较长（如1年以上）的项目。

2）可调单价合同

一般在工程招标文件中规定。在合同中签订的单价，根据合同约定的条款，如在工程实施过程中物价发生变化等，可做调整。有的工程在招标或签约时，因某些不确定性因素而在合同中暂定某些分部分项工程的单价，在工程结算时，再根据实际情况和合同约定对合同单价进行调整，确定实际结算单价。

（3）成本加酬金（费用）合同

又称成本补偿合同，它是指按工程实际发生的成本结算外，发包人另加上商定好的一笔酬金（总管理费和利润）支付给承包人的承发包方式。工程实际发生的成本，主要包括人工费、材料费、施工机械使用费、其他直接费和现场经费以及各项独立费等。其主要的做法有：成本加固定酬金、成本加固定百分数酬金、成本加浮动酬金、目标成本加奖罚。

1）成本加固定酬金

这种承包方式的工程成本实报实销，但酬金是事先商量好的一个固定数目。酬金不会因成本的变化而改变，故不能鼓励承包商降低成本，但可鼓励承包商为尽快取得酬金而缩短工期。

2）成本加固定百分数酬金

这种承包方式的工程成本实报实销，但酬金是事先商量好的以工程成本为计算基础的一个百分数。该方式对发包人不利，因为花费的成本越大承包商获得的酬金就越多，不能有效地鼓励承包商降低成本、缩短工期。现已很少被采用。

3）成本加浮动酬金

这种承包方式的做法，通常是由双方事先商定工程成本和酬金的预期水平，然后将实际发生的工程成本与预期水平相比较，如果实际成本恰好等于预期成本，工程造价就是成本加固定酬金；如果实际成本低于预期成本，则增加酬金；如果实际成本高于预期成本，则减少酬金。采用这种承包方式，优点是对发包人、承包人双方都没有太大风险，同时也能促使承包商降低成本和缩短工期；缺点是在实践中估算预期成本比较困难，要求承发包双方具有丰富的经验。

（4）目标成本加奖罚

这种承包方式是在初步设计结束后，工程迫切开工的情况下，根据粗略估算的工程量和适当的概算单价表编制概算，作为目标成本，随着设计逐步具体化，目标成本可以调整。另外以目标成本为基础规定一个百分数作为酬金，最后结算时，如果实际成本高于目标成本并超过事先商定的界限（例如5%），则减少酬金，如果实际成本低于目标成本（也有一个幅度界限），则增加酬金。此外，还可另加工期奖罚。这种承发包方式的优点是可促使承包商关心降低成本和缩短工期，而且，由于目标成本是随设计的进展而加以调整才确定下来的，所以，发包人、承包人双方都不会承担多大风险。缺点是目标成本不易确定，发包人、承包人须具有比较丰富的经验。

能力训练题

一、单选题

1. 根据建设项目的程序和基本内容，建设工程承发包的内容可以分为项目建议书、（　　）、勘察设计、材料设备采购供应、建筑施工、工程监理。

A. 可行性研究　　B. 招标投标　　C. 竣工验收　　D. 签订合同

2. 按承包范围划分承包方式中阶段承包分为以下包工包料、（　　）、包工不包料。

A. 专项承包　　B. 包工部分包料　　C. 建设全过程承包　　D. BOT

3. 工程承包是指（　　）承包商作为承包人，即是乙方。

A. 设计单位　　B. 勘察单位　　C. 建筑企业　　D. 监理单位

二、多选题

1. 按承包者所处地位划分承包方式包括（　　）。

A. 总承包　　B. 分承包　　C. 独立承包　　D. 联合承包

E. 直接承包

2. 按合同类型和计价方法划分承包方式包括（　　）。

A. 固定价合同　　　　　　　　　　B. 可调价合同

C. 成本加酬金（费用）合同   D. 目标成本加奖罚

E. 成本加固定酬金

3. 按获得承包任务的途径划分承包方式包括（   ）。

A. 直接承包   B. 计划分配承包   C. 投标竞争   D. 委托承包

E. 指令承包

三、简答题

1. 建设工程承发包的概念是什么？

2. 建设工程承发包的主要方式有哪些？

任务 1.3　公共资源交易中心

模块	1 建设工程招标投标基础知识	项目	1 建设工程招标投标基础知识	任务	1.3 公共资源交易中心
知识目标	了解公共资源交易中心特点； 熟悉公共资源交易中心职责、基本功能； 掌握公共资源交易中心工作原则				
能力目标	会到公共资源交易中心办理相关手续				
重点难点	公共资源交易中心基本功能和工作原则				

1.3.1　公共资源交易中心定义

公共资源交易中心是负责公共资源交易和提供咨询、服务的机构，是公共资源统一进场交易的服务平台。其内容包括工程建设招标投标、土地和矿业权交易、企业国有产权交易、政府采购、公立医院药品和医疗用品采购、司法机关罚没物品拍卖、国有的文艺品拍卖等所有公共资源交易项目。

以重庆市公共资源交易中心为例（图 1-1），其主要负责市级公共资源交易平台的建设和运行管理，为公共资源交易活动提供场所、设施和服务，指导区县（自治县）公共资源交易平台工作；贯彻实施公共资源交易服务相关法律、法规和政策，实施统一的制度规则、共享的信息系统、规范透明的运行机制，为市场主体进场交易提供规范、标准的服务，为行政监督部门行使监督职能提供必要条件；为各市场主体提供工程建设项目及机电

图 1-1　重庆市公共资源交易中心内景图

设备招标投标、土地使用权和矿业权出让、政府采购、国有产权转让等领域的信息、咨询、交易、结算、鉴证、融资等专业化服务。

1.3.2　公共资源交易中心特点

由于政府采购法和招标投标法中有部分法律条文的冲突，导致在交易平台中出现了若干问题，故而以公共资源交易中心为试点，提供现实法律依据的来源，在逻辑上将管理与服务进行统一管理。与此同时，公共资源交易中心的建立多以事业单位的形式出现，在未来，事业单位改革也是公共资源交易中心即将面对的问题。

1.3.3　公共资源交易中心主要职责

1. 贯彻实施公共资源交易相关法律、法规、政策、制度，为公共资源交易活动提供场所、设施和服务。

2. 受理公共资源交易项目进场登记，协调安排开评标时间、活动场所，并发放公共资源交易项目进场通知书。

3. 依法发布公共资源交易活动信息，为交易各方提供信息咨询服务。

4. 登记复核进场从事交易活动当事人的进场资格。

5. 对不符合进场交易规定的有关问题提出质疑。

6. 收集和发布相关政策法规信息，建立公共资源交易从业者场内从业信誉档案和交易活动当事人信息库，协助有关部门推进公共资源交易信用评价体系建设。发现有不良行为的，及时通报相关行政监督部门。

7. 设立与维护涉及公共资源交易的专家抽取终端。

8. 负责规范进场交易活动程序，维护公共资源交易场所公共秩序。

9. 按照规定收取有关费用，代收代退公共资源交易活动应当缴存的保证金（资信金）。

10. 开展进场交易活动情况的统计、分析及相关资料（含录音录像资料）的存档调阅工作。

11. 负责提供交易全过程、全方位的实时电子监控服务，见证交易活动。

12. 对交易场所内发现的违法违纪问题，及时向有关行政监督部门和行政监察机关报告。

13. 公共资源交易市场实行行业自律，健全完善公共资源交易行为社会监督机制，制定失信惩戒、守信激励、第三方评价、不良行为记录和查询等制度，构建网络诚信体系，推进公共资源交易市场诚信与惩戒机制建设。

1.3.4　公共资源交易中心管理原则

各地建设行政主管部门根据当地具体情况确定公共资源交易中心管理方式和工作范围。具体内容如下：

1. 以建设工程发包与承包为主体，授权招标投标管理部门负责组织对建设工程报建、招标、投标、开标、评标、定标和工程承包合同签订等交易活动进行管理、监督和服务。

2. 以建设工程发包承包交易活动为主要内容，授权招标投标管理部门带头组成中心管理机构，负责办理工程报建、市场主体资格审查、招标投标管理、合同审查与管理、中介服务、质量安全监督和施工许可等手续。有关业务部门保留原有的隶属关系和管理职能，在中心集中办公并提供服务。

3. 以工程建设活动为中心，由政府授权建设行政主管部门牵头组成管理机构，负责办理工程建设实施过程中的各项手续。有关业务部门和管理机构保留原有的隶属关系和管理职能，在中心集中办公，提供综合性、多功能、全方位的管理和服务。

4. 根据当地实际情况，有效地规范市场主体行为，按照有关规定，高效地办理工程建设各项手续。

1.3.5　公共资源交易中心基本功能

1. 信息服务功能

公共资源交易中心将辖区内所有拟建工程的建设信息公开发布，符合条件的单位可以参加招标。工程发包信息要翔实、准确地反映项目的投资规模、结构特征、工艺技术，以及对质量、工期、承包商的基本要求，并在工程招标发包前提供给有资格的承包单位。公共资源交易中心还应能提供建筑企业和监理、咨询等中介服务单位的资质、业绩和在建工程等资料信息。建设工程交易要逐步建立项目经理、评标专家和其他技术、经济、管理人才以及建筑产品价格、建筑材料、机械设备、新技术、新工艺、新材料和新设备等信息库，并根据实际需要和条件，不断拓展新的信息内容和发布渠道，为市场主体提供全面的信息服务。

2. 集中办公功能

公共资源交易中心一般在一个地区只有一个固定的办公场所，相关的招标投标手续和中标后的工程报建手续都可以在中心集中办理。将建设行政主管部门在工程实施阶段的管理工作全部纳入公共资源交易中心，做到工程报建、招标投标、合同造价、质量监督、监理委托、施工许可等有关手续集中统一办理，使工程建设管理做到程序化和规范化。

3. 监督管理功能

公共资源交易中心的交易活动应在当地建设主管部门的监督下进行，所有招标投标活动和合同需要经过备案登记，其目的是将《中华人民共和国建筑法》《中华人民共和国招标投标法》落到实处。

重庆市公共资源交易中心通过借鉴国内十多个省市的先进经验，形成了一个全新的智能化服务场地。中心集成了人工智能、大数据分析、物联网、生物识别、音视频直播等多种先进技术，将原来的分散运维和管理提升到一体化管控的新高度，实现了交易服务的智能管理、智能控制、智能调度、智能引导、智能操作、智能监督。

　　2020 年 2 月，为保障疫情防控安全，重庆市北碚区一宗居住用地将线下竞拍方式改为网上竞拍。市规划和自然资源局会同市公共资源交易中心，及时梳理网上交易流程和系统操作规范，为报名企业办理网上交易 CA 数字证书，利用 2 天时间分段组织 5 家企业网上模拟培训，逐一解决企业反馈的困难及操作问题，并在交易前对系统进行全面巡检，确保了网上竞拍顺利进行。2 月 17 日下午，经过 5 家企业轮番报价，最终由安徽××和重庆××联合体以 38800 万元竞得。

　　党的十八大以来，在以习近平同志为核心的党中央坚强领导下，进行了一场"刀刃向内"、面向政府自身的自我革命——"放管服"改革，从中央到地方都敢于动真碰硬，转变政府职能，深化简政放权，创新监管方式，各地各部门深化改革，放出了活力、管出了公平、服出了效率。

1.3.6　公共资源交易中心工作原则

1. 信息公开原则

　　公共资源交易中心必须掌握工程发包、政策法规、招标投标单位资质、造价指数、招标规则和评标标准等各项信息，并保证市场各方主体均能及时获得所需要的信息资料。

2. 依法管理原则

　　公共资源交易中心应建立并完善建设单位投资风险责任和约束机制，尊重建设单位按经批准并事先宣布标准、原则的方法，选择投标单位和选定中标单位的权利。尊重符合资质条件的建筑业企业提出的投标要求和接受邀请参加投标的权利。尊重招标投标范围之外的工程业主按规定选择承包单位的权利，严格按照法律法规和政策规定进行管理和监督。

3. 公平竞争原则

　　建立公平竞争的市场秩序是建设工程交易中心的一项重要原则，建设工程交易中心应严格监督招标投标单位的市场行为，反对垄断，反对不正当竞争，严格审查标底，监控评标和定标过程，防止不合理的压价和垫资承包工程。充分利用竞争机制、价格机制，保证竞争的公平与有序。

4. 闭合管理原则

　　建设单位在工程立项后，应按规定在中心办理工程报建和各项登记、审批手续，接受公共资源交易中心对其工程项目管理资格的审查，招标发包的工程应在中心发布工程信息；工程承包单位和监理、咨询等中介服务单位，应按照中心的规定承接施工、监理和咨询业务。未按规定办理审批、登记手续的，管理部门不得给予办理任何后续手续，以保证管理的程序化和制度化。

5. 办事公正原则

　　公共资源交易中心是政府建设行政主管部门授权的管理机构，建立约束和监督机制，公开办事规则和程序，提高工作质量和效率，为交易双方提供方便。

能力训练题 🔍

一、单选题

1. 授权招标投标管理部门负责组织对建设工程报建、招标、投标、开标、评标、定标和（　　）等交易活动进行管理、监督和服务。

A. 工程承包合同签订　　　　　　B. 工程预决算

C. 工程估算　　　　　　　　　　D. 工程概算

2. 公共资源交易中心对交易场所内发现的违法违纪问题，及时向有关行政监督部门和（　　）报告。

A. 工程项目所在地建设厅　　　　B. 行政监察机关

C. 工程项目所在地建设局　　　　D. 建设行政主管部门

二、多选题

1. 公共资源交易中心基本功能包括（　　）。

A. 信息服务功能　　　　　　　　B. 集中办公功能

C. 监督管理功能　　　　　　　　D. 依法管理功能

E. 高效办理功能

2. 公共资源交易中心工作原则包括（　　）。

A. 信息公开原则　　　　　　　　B. 依法管理原则

C. 公平竞争原则　　　　　　　　D. 闭合管理原则

E. 办事公正原则

三、简答题

1. 公共资源交易中心概念是什么？

2. 公共资源交易中心功能包括哪些？

任务 1.4　建设工程招标投标概述

模块	1 建设工程招标投标基础知识	项目	1 建设工程招标投标基础知识	任务	1.4 建设工程招标投标概述
知识目标	掌握建设工程招标投标概念、性质、特点； 了解建设工程招标投标制度的原则、要求以及实施意义； 熟悉建设工程项目招标投标的类型				
能力目标	能根据工程情况正确选择招标类型				
重点难点	建设工程项目招标、投标类型				

1.4.1　建设工程招标投标的概念及性质

招标投标是一种有序的市场竞争交易方式，也是一种规范选择合同主体、订立交易合同的法律程序。招标人发出招标公告（邀请）和招标文件，公布采购或出售标的物内容、标准要求和交易条件，满足条件的投标人按招标要求进行公平竞争，招标人依法组建的评标委员会按照招标文件规定的评标方法和标准公正审查，择优确定中标人并与其签订合同。

1. 建设工程招标

建设工程招标是指建设单位（业主）就拟建的工程发布通告，用法定方式吸引建筑项目的承包单位参加竞争，进而通过法定程序从中选择条件优越者来完成工程建筑任务的一种法律行为。

2. 建设工程投标

建设工程投标是指经过特定审查而获得投标资格的建设项目承包单位，按照招标文件的要求，在规定的时间内向招标单位填报投标书，争取中标的法律行为。

3. 建设工程招标投标的性质

我国法学界一般认为，建设工程招标公告是要约邀请，而投标是要约，中标通知书是承诺。《中华人民共和国民法典》也明确规定，招标公告是要约邀请。也就是说，招标实际上是邀请投标人对招标人提出要约（即报价），属于要约邀请。投标则是一种要约，它符合要约的所有条件，如具有缔结合同的主观目的；一旦中标，投标人将受投标书的约束；投标书的内容具有足以使合同成立的主要条件等。招标人向中标的投标人发出中标通知书，则是招标人同意接受中标的投标人的投标条件，即同意接受该投标人的要约的意思，应属于承诺。

1.4.2　招标投标的特点

招标投标是市场经济体制下的产物，与传统的计划经济体制下的承发包制和其他交易方式相比，有着自身的特点。

1. 招标投标制是市场经济的产物

在传统的计划经济体制下的承发包制中，建设单位和承包单位不是买卖关系，而是由有关领导布置任务，施工单位接受任务，不存在竞争，这样订立出来的合同称为计划合同，是计划经济的产物。计划合同的订立和履行有强制性，有悖于平等互利、协商一致的合同订立原则。随着经济体制改革的深入，这种形式将逐步消失，而由更加先进合理、符合市场经济体制要求的招标投标制所取代。

2. 招标投标制是一种市场竞争方式

招标投标制是工程建设领域建立社会主义市场经济体制的过程中培育和发展起来的一种重要的改革措施。正是由于招标投标制是市场经济的产物，其不可避免地受市场经济规律（如价值规律、商品经济规律）等的作用，从而表现出商品经济中的激烈竞争、优胜劣汰的特点。只有那些有实力、敢于竞争、制度严格、管理科学、不断创新的企业才能生存和发展。因此，招标投标制的这一特点为工程建设市场的法治化、科学化、规范化提供了有力的保障。

3. 招标投标制符合合同订立方式

招标投标是建筑产品的价格形成方式之一，是价格机制（价值规律和供求规律）在建设市场产生作用的表现。因此，招标投标是承包合同的订立方式，是承包合同的形成过程。

4. 招标投标是一种法律行为

根据我国的法律规定，合同的订立程序包括要约和承诺两个阶段。招标投标的过程是要约和承诺实现的过程（在招标投标过程中，投送标书是一种要约行为，签发中标通知书是一种承诺行为），是当事人双方合同法律关系产生的过程。正因为招标投标是一种法律行为，所以，必然要受到法律的规范和约束，必须服从法律的规范和要求。

1.4.3 招标投标制的原则和要求

招标投标制的基本原则和要求是由招标投标的基本性质和法律特征决定的。具体如下：

1. 合法原则

由于招标投标是合同的订立方式，招标投标行为是一种法律行为，所以其必然要受到法律的规范和约束，服从法律的规范和要求。合法的原则包括主体合法、内容合法、程序合法、代理合法等要求。

（1）主体资格合法

即招标投标过程中买卖双方的主体资格应符合要求。工程勘察设计合同的主体是业主和勘察设计单位，工程施工承包合同的主体是业主和施工承包单位，且都必须具备法人资格，而且要有相应的履约能力。所以，工程建设过程中，作为业主要取得合法资格，首先必须办理法人登记，而且应具备（筹集到）工程建设所需要的资金。同样，作为设计单位、施工单位或监理单位在参加投标活动之前，也必须具有法人资格，而且必须具有相应的技术等级和履约能力。

（2）合同内容合法

即招标文件中的合同内容必须遵守法律和法规，不得损害国家利益和社会公共利益，内容表达应当真实、准确，主要条款应当完备齐全。

（3）程序形式合法

即组织招标投标活动时应符合法定的程序和要求。当前，规范工程招标投标行为的法律、法规除《中华人民共和国民法典》《中华人民共和国招标投标法》《中华人民共和国反不正当竞争法》等外，还有交通运输部颁发的《公路工程施工招标投标管理办法》《公路工程建设市场管理办法》等。公路工程招标投标过程中，必须符合上述法律和法规的规定。

（4）代理制度合法

即参与招标投标活动的各家投标单位的代表应取得代理人的合法资格，并按要求办理法人代表证明书或法人代表授权委托书，在从事代理活动的过程中，不得有违《中华人民共和国民法典》中有关代理制度的各项规定。

2. 平等原则

平等原则是由合同的订立原则所决定的，平等原则（公平交易）也是市场交易的基本要求。平等原则包括地位平等、权利平等、意志平等以及平等竞争、投标机会均等等内容。

3. 公开、公正原则

公开原则要求招标投标活动具有高度的透明度，实行招标信息、招标程序公开，即公开发布招标通告、公开开标、公开中标结果，使每一个投标人获得同等的信息，知悉一切条件和要求。公开原则是保证公平、公正的必要条件，公正原则要求评标时按事先公布的标准对待所有投标人。

4. 优胜劣汰原则

它是效率优先原则的具体要求，也是通过市场竞争优化资源配置的必然结果。

5. 遵循价值规律和服从供求规律相统一的原则

在定标时，其中标单位的价格既应符合价值规律，也应反映供求规律；既应反映建筑产品的社会必要劳动消耗量，也应反映当前的市场价格；既应经济，也应合理。

6. 诚信原则

要求招标投标双方尊重对方利益，信守要约和承诺的法律规定，履行各自的义务，不得规避招标、串通哄抬投标、泄漏标底、骗取中标、非法转包分包等。

1.4.4　招标投标制度实施意义

招标投标制度是为合理分配招标、投标双方的权利、义务和责任建立的管理制度，加强招标投标制度的建设是市场经济的要求。招标投标制度实施的意义主要体现在以下几个方面：

1. 实施招标投标制度有利于市场经济体制的完善。建设项目开展招标投标活动，可以深化建设体制的改革、规范建筑市场行为、完善工程建设管理体制，从根本上遏制腐败行为发生。

2. 实施招标投标制度有利于规范建筑市场主体的行为，加强互相监督，促进合格建筑市场主体的形成。

3. 实施招标投标制度有利于实现资源优化配置，有利于建设单位择优选用施工企业，有利于降低工程造价，有利于提高工程质量及保证按工期交付。招标投标活动的开展使价格真实反映市场供求情况，真正显示企业的实际消耗和工作效率，使实力强的承包商的产品更具实力，从而提高招标项目的质量、经济效益和社会效益。

4. 实施招标投标制度有利于建筑业与国际接轨。西方市场经济国家的招标投标已成为一项事业，不断地被发展和完善，随着我国的招标投标制度和社会主义市场经济体制的不断健全和完善，我国的建筑工程领域也日趋规范化、标准化和制度化。

5. 实施招标投标制度有利于承包商提高企业管理水平，促进投标经营机制，提高创新活力，提高技术和管理水平，推动投融资管理体制。

　　2000 年 1 月《中华人民共和国招标投标法》实施以来，招标投标活动日趋普及，已经成为经济生活的重要内容，招标投标领域的规范创造了公开、公平、公正的市场经济环境，这说明无论技术怎样进步、社会如何发展，规则都是"基础设施"。用实际行动捍卫我们的规则文明，就是在点亮你我生活、创造美好未来。在现代社会的文明肌体中，规则就是"筋"和"骨"。有了明确的规则，才能框定人们的行动边界。

　　我国正在建设社会主义法治国家，招标投标相关法律法规的实施和完善是我国法治国家、法治政府、法治社会一体建设的重要组成部分。

1.4.5　建设工程项目招标投标的类型

1. 按照工程建设程序分类

按照工程建设程序，可以将建设工程招标投标分为建设项目前期咨询招标投标、工程勘察设计招标投标、材料设备采购招标投标、施工招标投标。

（1）建设项目前期咨询招标投标

建设项目前期咨询招标投标是指对建设项目的可行性研究任务进行的招标投标，投标方一般为工程咨询企业。中标的承包方要根据招标文件的要求，向发包方提供拟建工程的可行性研究报告，并对其结论的准确性负责。承包方提供的可行性研究报告，应获得发包方的认可。认可的方式通常为专家组评估鉴定。

工程投资方在缺乏工程实施管理经验时，通过招标方式选择具有专业的管理经验工程咨询单位，为其制定科学、合理的投资开发建设方案，并组织控制方案的实施。这种集项目咨询与管理于一体的招标类型的投标人，一般也称为"工程咨询单位"。

（2）勘察设计招标投标

勘察设计招标指根据批准的可行性研究报告，择优选择勘察设计单位的招标。勘察和设计是两种不同性质的工作，可由勘察单位和设计单位分别完成。勘察单位最终提出施工现场的地理位置、地形、地貌、地质、水文等在内的勘察报告；设计单位最终提供设计图纸和成本预算结果。设计招标还可以进一步分为建筑方案设计招标、施工图设计招标。当施工图设计不是由专业的设计单位承担，而是由施工单位承担，一般不进行单独招标。

（3）材料设备采购招标投标

材料设备采购招标是指在工程项目初步设计完成后，对建设项目所需的建筑材料和设备（如电梯、供配电系统、空调系统等）采购任务进行的招标。投标方通常为材料供应商、成套设备供应商。

（4）工程施工招标投标

工程施工招标是在工程项目的初步设计或施工图设计完成后，用招标的方式选择施工单位的招标。施工单位最终向业主交付按招标设计文件规定的建筑产品。

国内外招标投标现行做法中经常采用将工程建设程序中各个阶段合为一体进行全过程招标，通常又称其为"总包"。

2. 按工程项目承包的范围分类

按工程项目承包的范围可将工程招标划分为项目全过程总承包招标、项目阶段承包招标、专项工程承包招标。

（1）项目全过程总承包招标

即选择项目全过程总承包人招标，这种又可分为两种类型，其一是指工程项目实施阶段的全过程招标；其二是指工程项目建设全过程的招标。前者是在设计任务书完成后，从项目勘察、设计到施工交付使用进行一次性招标；后者则是从项目的可行性研究到交付使用进行一次性招标，业主只需提供项目投资和使用要求及竣工、交付使用期限，其可行性研究、勘察设计、材料和设备采购、土建施工设备安装及调试、生产准备和试运行、交付使用，均由一个总承包商负责承包，即所谓"交钥匙工程"。承揽"交钥匙工程"的承包商被称为"总承包商"，绝大多数情况下，总承包商要将工程部分阶段的实施任务分包出去。

无论是在项目实施的全过程还是某一阶段，按照工程建设项目的构成，可以将建设工程招标投标分为全部工程招标投标、单项工程招标投标、单位工程招标投标、分部工程招标投标、分项工程招标投标：①全部工程招标投标，是指对一个建设项目（如一所学校）的全部工程进行的招标；②单项工程招标，是指对一个工程建设项目中所包含的单项工程（如一所学校的教学楼、图书馆、食堂等）进行的招标；③单位工程招标是指对一个单项工程所包含的若干单位工程（实验楼的土建工程）进行招标；④分部工程招标是指对一项单位工程包含的分部工程（如土石方工程、深基坑工程、楼地面工程、装饰工程）进行招标。

应当强调指出，为了防止对将工程肢解后进行发包，我国一般不允许对分部工程招标，允许特殊专业工程招标，如深基础施工、大型土石方工程施工等。但是，国内工程招标中的所谓项目总承包招标往往是指对一个项目施工过程全部单项工程或单位工程进行的总招标，与国际惯例所指的总承包尚有相当大的差距。为与国际接轨，提高我国建筑企业在国际建筑市场的竞争能力，深化施工管理体制的改革，造就一批具有真正总包能力的智力密集型的龙头企业，是我国建筑业发展的重要战略目标。

（2）项目阶段承包招标

指发包人、承包人就建设过程中某一阶段或某些阶段的工作，如勘察、设计或施工、材料设备供应等，进行发包承包。例如，由设计机构承担勘察设计，由施工企业承担工业与民用建筑施工，由设备安装公司承担设备安装任务。这种通过招标形式确定项目阶段承包商的类型，即为项目阶段承包招标。

（3）专项工程承包招标

指在工程承包招标中，对其中某项比较复杂，或专业性强、施工和制作要求特殊的单项工程进行单独招标。

3. 按行业或专业类别分类

按与工程建设相关的业务性质及专业类别划分，可将工程招标投标分为土木工程招标投标、勘察设计招标投标、材料设备采购招标投标、安装工程招标投标、建筑装饰装修招标投标、生产工艺技术转让招标投标、咨询服务（工程咨询）及建设监理招标投标等。

（1）土木工程招标投标，是指对建设工程中土木工程施工任务进行的招标投标。

（2）勘察设计招标投标，是指对建设项目的勘察设计任务进行的招标投标。

（3）材料设备采购招标投标，是指对建设项目所需的建筑材料和设备采购任务进行的招标投标。

（4）安装工程招标投标，是指对建设项目的设备安装任务进行的招标投标。

（5）建筑装饰装修招标投标，是指对建设项目的建筑装饰装修的施工任务进行的招标投标。

（6）生产工艺技术转让招标投标，是指对建设工程生产工艺技术转让进行的招标投标。

（7）咨询服务和建设监理招标是指对工程咨询和建设监理任务进行的招标投标。

4. 按工程承发包模式分类

随着建筑市场运作模式与国际接轨进程的深入，我国承发包模式也逐渐呈多样化，按承发包模式分类可将工程招标划分为工程咨询招标、交钥匙工程招标、设计施工招标、设计管理招标、BOT 工程招标。

（1）工程咨询招标

指以工程咨询服务为对象的招标行为。工程咨询服务的内容主要包括工程，立项决策阶段的规划研究、项目选定与决策；建设准备阶段的工程设计、工程招标；施工阶段的监理、竣工验收等工作。

（2）交钥匙工程招标

"交钥匙"模式即承包商向业主提供包括融资、设计、施工、设备采购、安装和调试直至竣工移交的全套服务。交钥匙工程招标是指发包商将上述全部工作作为一个标的招标，承包商通常将部分阶段的工程分包，亦即全过程招标。

（3）工程设计施工招标

指将设计及施工作为一个整体标的以招标的方式进行发包，投标人必须为同时具有设计能力和施工能力的承包商。我国由于长期采取设计与施工分开的管理体制，目前具备设计、施工双重能力的施工企业为数较少。

设计-建造模式是一种项目组管理方式，业主和设计-建造承包商密切合作，完成项目的规划、设计、成本控制、进度安排等工作，甚至负责项目融资。使用一个承包商对整个项目负责，避免了设计和施工的矛盾，可显著减少项目的成本和工期。同时，在选定承包商时，把设计方案的优劣作为主要的评标因素，可保证业主得到高质量的工程项目。

（4）工程设计-管理招标

指由同一实体向业主提供设计和施工管理服务的工程管理模式。业主只签订一份既包括设计也包括工程管理服务的合同，在这种情况下，设计机构与管理机构是同一实体。这一实体常常是设计机构施工管理企业的联合体。设计-管理招标即为以设计管理为标的进行的工程招标。

（5）BOT 工程招标

BOT（Build-Operate-Transfer）即建造-运营-移交模式。这是指东道国政府开放本国基础设施建设和运营市场，吸收国外资金，授给项目公司以特许权，由该公司负责融资和组织建设，建成后负责运营及偿还贷款，在特许期满时将工程移交给东道国政府。BOT工程招标即是对这些工程环节的招标。

5. 按照工程是否具有涉外因素分类

按照工程是否具有涉外因素，可以将建设工程招标投标分为国内工程招标投标和国际工程招标投标。

（1）国内工程招标投标

指对本国没有涉外因素的建设工程进行的招标投标。

（2）国际工程招标投标

指对由不同国家或国际组织参与的建设工程进行的招标投标活动。国际工程招标投标，包括本国的国际工程（习惯上称"涉外工程"）招标投标和国外的国际工程招标投标两个部分。国内工程招标和国际工程招标的基本原则是一致的，但在具体做法上有差异。随着社会经济的发展和与国际接轨的深化，国内工程招标和国际工程招标在做法上的区别已越来越小。

能力训练题

一、单选题

1. 在建设工程招标投标分类中，下列招标投标属于按照工程建设程序分类的是（　　）。

A. 项目全过程总承包招标　　　　　　B. 工程施工招标

C. 工程分承包招标　　　　　　　　　D. 专项工程承包招标

2. 在建设工程招标投标分类中，下列招标投标不属于按照工程承发包模式分类的是（　　）。

A. 工程咨询承包　　　　　　　　　　B. 交钥匙工程承包模式

C. 材料设备采购招标　　　　　　　　D. 设计施工承包模式

3.《中华人民共和国招标投标法》自（　　）年开始实施。

A. 1997　　　　　　B. 1998　　　　　　C. 2000　　　　　　D. 2011

二、多选题

1. 招标投标活动的原则包括（　　）。

A. 合法原则　　　　　　　　　　　　B. 平等原则

C. 公开、公正原则　　　　　　　　　D. 优胜劣汰原则

E. 诚信原则

2. 招标投标活动的合法原则体现在（　　　）等方面。

A. 结果合法　　　　　　　　　　　　B. 主体资格合法

C. 合同内容合法　　　　　　　　　　D. 程序形式合法

E. 代理制度合法

3. 在建设工程招标投标分类中，按行业或专业类别分类包括（　　　）。

A. 土木工程招标　　　　　　　　　　B. 勘察设计招标

C. 材料设备采购招标　　　　　　　　D. 安装工程招标

E. 建筑装饰装修招标　　　　　　　　F. 生产工艺技术转让招标

三、简答题

1. 招标投标的特点有哪些？

2. 简述工程招标投标制度的实施意义。

任务 1.5　建设工程招标投标主体

模块	1 建设工程招标投标基础知识	项目	1 建设工程招标投标基础知识	任务	1.5 建设工程招标投标主体
知识目标	熟悉招标人和投标人的权利、义务； 掌握招标投标代理机构资质、权利、义务； 熟悉建设工程项目招标投标行政管理机构				
能力目标	会依据法律法规文件维护招标人、投标人的权利及履行相关义务				
重点难点	建设工程招标人、投标人、招标代理机构的权利与义务				

1.5.1　建设工程招标人

招标人是"招标单位"或"委托招标单位"的别称，指企业经济法人而非自然人。在我国，规定招标活动是法人之间的经济活动。所以招标人亦指招标单位或委托招标单位的法人代表。

1. 建设工程招标人的招标资格

建设单位作为"招标人"办理招标应具备下列资格条件：

（1）是法人，依法成立的其他组织；

（2）有与招标工程相适应的经济、技术管理人员；

（3）有组织编制招标文件的能力；

（4）有审查投标单位资质的能力；

（5）有组织开标、评标、定标的能力。

2. 建设工程招标人权利与义务

（1）建设工程招标人的权利

1）招标人有权自行选择招标代理机构，委托其办理招标事宜。招标人具有编制招标文件和组织评标能力的，可以自行办理招标事宜。

2）自由选定招标代理机构并核验其资质条件。

3）招标人可以根据招标项目本身的要求，在招标公告或者投标邀请书中，要求潜在投标人推广有关资质证明文件和业绩情况，并对潜在投标人进行资格预审；国家对投标人资格条件有规定的，按照其规定。

4）在招标文件要求提交投标文件截止时间至少 15 日前，招标人可以以书面形式对已发出的招标文件进行必要的澄清或者修改。该澄清或者修改内容是招标文件的组成部分。

5）招标人有权也应当对在招标文件要求提交的截止时间后送达的投标文件拒收。

6）开标由招标人主持。

7）招标人根据评标委员会提出的书面评估报告和推荐的中标候选人确定中标。招标人也可以授权评标委员会直接确定中标人。

（2）建设工程招标人的义务

1）招标人委托招标代理机构时，应当向其提供招标所需要的有关资料并支付委托费。

2）招标人不得以不合理条件限制或者排斥潜在投标人，不得对潜在投标人实行歧视待遇。

3）招标文件不得要求或者标明特定的生产供应者以及含有倾向或者排斥潜在投标人的其他内容。

4）招标人不得向他人透露已获取招标文件的潜在投标人的名称、数量，以及可能影响公平竞争的有关招标投标的其他情况。招标人设有标底的，标底必须保密。

5）招标人应当确定投标人编制投标文件所需要的合理时间；但是，依法必须进行招标的项目，自招标文件开始发出之日起至提交投标文件截止之日止，最短不得少于 20 日。

6）招标人在招标文件要求提交投标文件的截止时间前收到的所有投标文件，开标时都应当当众予以拆封、宣读。

7）招标人应当采取必要的措施，保证评标在严格保密的情况下进行。

8）中标人确定后，招标人应当向中标人发出中标通知书，并同时将中标结果通知所有未中标的中标人。

9）招标人和中标人应当自中标通知书发出之日起 30 日内，按照招标文件和中标人的投标文件订立书面合同。

1.5.2　建设工程投标人

投标人是指在招标投标活动中以中标为目的响应招标、参与竞争的法人或其他组织。投标人应具备的基本条件：有与招标文件要求相适应的人力、物力和财力；有符合招标文案要求的资格证书和相应的工作经验与业绩证明；符合法律法规规定的其他条件。

1. 建设工程投标人的投标资质

建设工程投标人的投标资质，是指建设工程投标人参加投标所必须具备的条件和素质，包括资历、业绩、人员素质、管理水平、资金数量、技术力量、技术装备、社会信誉等因素。

2. 建设工程投标人的权利与义务

（1）建设工程投标人的权利

1）有权平等地获得和利用招标信息。

2）有权按照招标文件的要求自主投标或组成联合体投标。

3）有权要求招标人或招标代理机构对招标文件中的有关问题进行答疑。

4）有权确定自己的投标报价。

5）有权参与投标竞争或放弃参与竞争。

6）有权要求优质优价。

7）有权控告、检举招标过程中的违法、违规行为。

（2）建设工程投标的义务

1）遵守法律、法规、规章和方针、政策。

2）接受招标投标管理机构的监督管理。

3）保证所提供的投标文件的真实性，提供投标保证金或其他形式的担保。

4）按招标人或招标代理人的要求对投标文件的有关问题进行答疑。

5）中标后与招标人签订合同并履行合同，不得转包合同，非经招标人同意不得分包合同。

6）履行依法约定的其他各项义务。

1.5.3　建设工程招标代理机构

1. 建设工程招标代理机构概念

建设工程招标代理机构，是指受招标人的委托，代为从事招标组织活动的中介组织。它必须是依法成立，从事招标代理业务并提供相关服务，实行独立核算、自负盈亏，具有法人资格的社会中介组织，如工程招标公司、工程招标（代理）中心、工程咨询公司等。

2. 建设工程招标代理机构设立条件

（1）代理机构都必须有固定的营业场所，以便于开展招标代理业务。

（2）有与其所代理的招标业务相适应的能够独立编制有关招标文件、有效组织评标活动的专业队伍和技术设施，包括有熟悉招标业务所在领域的专业人员，有提供行业技术信息的情报手段及有一定的从事招标代理业务的经验等。

（3）应当备有依法可以作为评标委员会成员人选的技术、经济等方面的专家库，其中所储备的专家均应当从事相关领域工作 8 年以上并具有高级职称或者具有同等专业水平。

3. 建设工程招标代理机构的资质

从事招标代理活动应当具备的条件和素质：包括技术力量、专业技能、人员素质、技术装备、服务业绩、社会信誉、组织机构和注册资金等。

（1）工程招标代理机构的资质

分为甲级、乙级和暂定级，招标代理机构均可跨省、自治区、直辖市承担工程招标代理业务。

代理招标工作主要包括：招标咨询、提供招标方案、组织现场勘察、解答或询问工程现场条件、代编招标文件、代编标底、负责答疑、组织开标、进行招标总结等。

（2）工程招标代理机构的资质管理

工程招标代理机构资格证书甲级和乙级有效期 5 年，暂定级有效期 3 年。

4. 建设工程招标代理机构的权利与义务

（1）建设工程招标代理机构的权利

1）组织和参与招标活动。

2）依据招标文件要求审查投标人资质。

3）按规定标准收取代理费用。

4）招标人授予的其他权利。

（2）建设工程招标代理机构的义务

1）遵守法律、法规、规章和方针、政策。

2）维护委托的招标人的合法权益。

3）组织编制解释招标文件，对代理过程中提出的技术方案、计算数据、技术经济分析结论等的科学性、正确性负责。

4）工程招标代理机构应当在其资格证书有效期内妥善保存工程招标代理过程文件和成果文件。

5）接受招标投标管理机构的监督管理和招标行业协会的指导。

6）履行依法约定的其他义务。

5. 建设工程招标代理机构在工程招标代理活动中不得有的行为

（1）与所代理招标工程的招标投标人有隶属关系、合作经营关系及其他利益关系。

（2）从事同一工程招标代理和投标咨询活动。

（3）超越资格许可范围承担工程招标代理业务。

（4）明知委托事项违法而进行代理。

（5）采取行贿、提供回扣或者给予其他不正当利益等手段承接工程招标代理业务。

（6）未经招标人书面同意，转让工程招标代理业务。

（7）泄漏应当保密的与招标投标活动有关的情况和资料。

（8）与招标人或者投标人串通，损害国家利益社会公共利益和他人合法权益。

（9）对有关行政监督部门依法责令改正的决定拒不执行或者以弄虚作假方式隐瞒真相。

（10）擅自修改经招标人同意并加盖了招标人公章的工程招标代理成果文件。

（11）涂改、倒卖、出租、出借或者以其他形式非法转让工程招标代理资格证书。

（12）法律、法规和规章禁止的其他行为。

1.5.4 建设工程招标投标行政监管机构

1. 招标投标活动行政监督的职责分工

（1）中华人民共和国国家发展和改革委员会

指导协调全国工作、制定政策、审批、制定媒介、重大建设项目稽查。

（2）有关行业或产业行政主管部门

本行业招标投标活动监督执法，建设部主要对各类房屋建筑及其附属设施的建造和与其配套的安装、市政项目招标投标活动进行监督执法。

2. 建设工程招标投标的分级管理

省、市、县三级建设行政主管部门，分级属地管理，主要职责如下：

（1）从指导的高度，研究制定相关规范、政策等，组织宣传监督执行。

（2）指导、监督、检查和协调招标投标活动，总结经验，提供服务。

（3）负责企业、人员资质监督、培训。

（4）会同有关专业主管部门办理本单位的招标投标事宜。

（5）调解纠纷、查处违规违法行为，否决违反规定的定标结果。

3. 建设工程招标投标行政监管机关的设置

建设工程招标投标行政监管机关，是指经政府或政府编制主管部门批准设立的隶属于同级建设行政主管部门的省、市、县建设工程招标投标办公室。

（1）建设工程招标投标行政监管机关的性质

代表政府行使监管职能的事业单位。与建设行政主管部门是被领导与领导的关系，与建设工程交易中心和工程招标代理机构实行机构分设、职能分离。

（2）建设工程招标投标行政监管机关的职权

一方面是承担具体负责建设工程招标投标管理工作的职责；另一方面是在招标投标管理活动中享有可独立行使的管理职权。

1-4
我国工程
招标投标
发展趋势

4. 国家重大建设项目招标投标活动的监督检查

国家重大建设项目指国家出资融资的、经国家发改委审批或审批后报国务院审批的建设项目。监督检查可采取经常性稽查和专项性稽查两种方式。

能力训练题

一、单选题

1. 招标人和中标人应当自中标通知书发出之日起（   ）日内，按照招标文件和中标人的投标文件订立书面合同。

A. 7   B. 15   C. 20   D. 30

2. 下列不属于建设工程招标人的权利的是（   ）。

A. 自由选定招标代理机构并核验其资质条件

B. 招标人有权也应当对在招标文件要求提交的截止时间后送达的投标文件拒收

C. 招标人可以授权评标委员会直接确定中标人

D. 招标人可以直接确定中标人

3. 建设工程招标代理机构的资质分为甲级、乙级和暂定级，甲级、乙级的资质管理有效期为（   ）年。

A. 3   B. 5   C. 7   D. 9

二、多选题

1. 代理招标工作主要包括（   ）。

A. 招标咨询   B. 组织现场勘察   C. 代编招标文件   D. 代编标底

E. 组织开标

2. （   ）是建设工程招标人的招标资格。

A. 法人   B. 人员素质   C. 社会信誉   D. 业绩

E. 资金数量

三、简答题

1. 简述建设工程招标代理机构在工程招标代理活动中不得有的行为。

2. 分别简述建设工程中招标人、投标人的权利。

模块 2

建设工程招标业务

招标准备

思维导图

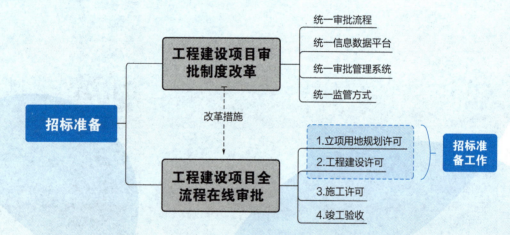

任务 2.1　工程建设项目全流程在线审批

模块	2 建设工程招标业务	项目	2 招标准备	任务	2.1 工程建设项目全流程在线审批
知识目标	了解工程建设项目审批制度改革情况；知道工程建设项目审批全流程网上办理规程				
能力目标	能够以招标人身份进行网上系统填报				
重点难点	工程建设项目审批全流程网上办理规程				

2.1.1　工程建设项目审批制度实施全流程在线审批

在过去多年，工程建设项目需要在行政主管部门依次履行报建等各种手续，手续烦琐、效率低下，耗费大量的人力物力，各管理部门间信息也不能共享，因此，近年来国家对工程建设项目审批制度进行了全面改革。《国务院办公厅关于全面开展工程建设项目审批制度改革的实施意见》（国办发〔2019〕11 号）指出："以习近平新时代中国特色社会主义思想为指导，深入贯彻党的十九大和十九届二中、三中全会精神，坚持以人民为中心，牢固树立新发展理念，以推进政府治理体系和治理能力现代化为目标，以更好更快方便企业和群众办事为导向，加大转变政府职能和简政放权力度，全面开展工程建设项目审批制度改革，统一审批流程，统一信息数据平台，统一审批管理体系，统一监管方式，实现工程建设项目审批'四统一'。"

① 统一审批流程。精简审批环节，逐步形成全国统一的审批事项清单。合理划分审批阶段，每个审批阶段实行"一家牵头、并联审批、限时办结"。制定全国统一的工程建设项目审批流程图示范文本，地方进一步细化审批流程。实行联合审图和联合验收，推行区域评估和告知承诺制。

② 统一信息数据平台。地级及以上地方人民政府要按照"横向到边、纵向到底"的原则，整合建设覆盖地方各有关部门和区、县的工程建设项目审批管理系统，与国家相关系统对接。省级工程建设项目审批管理系统要与国家和本地区各城市相关系统实现审批数据实时共享。

③ 统一审批管理体系。整合各类规划，构建"多规合一"的"一张蓝图"，统筹项目实施。设立工程建设项目审批综合服务窗口，实现"一个窗口"提供综合服务。各审批阶段实行"一份办事指南，一张申请表单，一套申报材料，完成多项审批"的运作模式，整合申报材料。建立健全审批配套制度，"一套机制"规范审批运行。

④ 统一监管方式。建立以"双随机、一公开"监管为基本手段，以重点监管为补充，以信用监管为基础的新型监管机制。加强信用体系建设，构建"一处失信、处处受限"的联合惩戒机制。建立健全中介服务和市政公用服务管理制度，规范中介和市政公用服务。

2-1
《关于全面开展
工程建设项目审
批制度改革的实
施意见》

为规范工程建设项目审批管理系统建设运行管理、深入推进工程建设项目审批制度改革，按照《国务院办公厅关于全面开展工程建设项目审批制度改革的实施意见》部署要求，住房和城乡建设部制定了《工程建设项目审批管理系统管理暂行办法》，并于 2020 年 5 月印发，2020 年 6 月 1 日实施。暂行办法包括总则、系统功能与工作体系、系统运行管理、监督管理、运行保障、附则 6 章共 37 条内容。暂行办法中所称工程建设项目审批管理系统分为国家、省（自治区）、城市工程建设项目审批管理系统，覆盖从立项到竣工验收和公共设施接入服务全过程所有审批、服务和管理事项，包括行政许可、备案、评估评价、技术审查、日常监管、中介服务、市政公用服务等。除特殊工程和交通、水利、能源等领域的重大工程外，房屋建筑、城市基础设施等工程建设项目均应纳入工程建设项目审批管理系统进行管理。

2-2
《工程建设项目
审批管理系统
管理暂行办法》

2020 年 12 月，住房和城乡建设部发布了《住房和城乡建设部关于进一步深化工程建设项目审批制度改革推进全流程在线审批的通知》（建办〔2020〕97 号），给出了《工程建设项目审批全流程网上办理规程》，明确指出，工程建设项目审批全流程网上办理，是指依托工程建设项目审批管理系统，通过线上线下融合互通的方式，实现工程建设项目从立项到竣工验收和公共设施接入服务全流程所有审批服务事项网上办理，适用范围包括行政许可等审批事项和技术审查、中介服务、市政公用服务以及备案等其他类型事项。

项目前期策划生成线上流程一般包括启动生成、合规性审查、部门协同、意见汇总等，如图 2-1 所示。①启动生成，项目发起部门通过工程审批系统"多规合一"业务协同功能发起项目策划生成；②合规性审查，相关部门通过工程审批系统"多规合一"业务协同功能进行合规性审查，确定项目预选址是否符合相关法律法规规定以及规划要求；③部

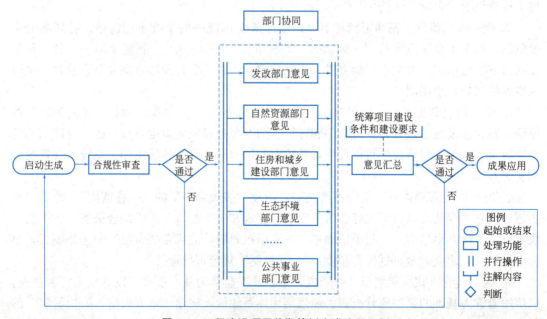

图 2-1　工程建设项目前期策划生成流程示例

门协同，项目前期策划生成工作的牵头部门发起部门协同，在线征求相关部门意见，各部门根据职能提出项目建设条件以及需要开展的评估评价事项等要求；④意见汇总，项目前期策划生成工作的牵头部门统筹协调各部门提出的建设条件和建设要求，确定项目是否通过策划生成；⑤成果应用，通过策划生成的项目，其项目信息、建设条件和建设要求纳入工程审批系统。鼓励通过前期策划生成明确项目建设控制要求、技术设计要点、审批流程、事项清单和材料清单，为建设单位办理审批业务提供有效指引。

按照指引完成网上工程建设项目审批管理系统的填报和审批后，得到批复后，即可进入到项目招标流程。

2.1.2　工程建设项目审批制度实施全流程在线审批示例

以重庆市的工程建设项目管理为例，需登录重庆市渝快办网站，输入单位账户和密码登录。如图 2-2 所示。

2-3
《工程建设项目审批全流程网上办理规程》

图 2-2　在线审批网站

下拉网页点击左边"一件事一次办"要办理的事项，如图 2-3 所示。进入到"重庆市工程建设项目网上申报"页面，如图 2-4 所示，按照项目阶段开始在线填写系统。项目阶段分为立项用地规划许可、工程建设许可、施工许可和竣工验收 4 个阶段，根据项目进度依次填报完成。在"工程建设许可"阶段完成招标。

近些年我国各行各业的发展日新月异，随着信息化时代的到来，建筑行业也正在向工业化、信息化和智能化转型升级，工程项目管理已经实现全流程网上办理，实现公开、高效、信息共享等目标，我们应该不断学习，紧跟时代步伐，用创新性思维为行业作出贡献。

图 2-3 "一件事一次办"页面

图 2-4 "重庆市工程建设项目网上申报"页面

任务 2.2 工程类别划分

模块	2 建设工程招标业务	项目	2 招标准备	任务	2.2 工程类别划分
知识目标	了解安装工程划分标准、市政工程划分标准和园林工程划分标准； 掌握建筑工程划分标准				
能力目标	能够以招标人身份对建筑工程进行工程类别划分，了解工程概况，为后期招标做准备				
重点难点	重点：安装工程划分标准、市政工程划分标准和园林工程划分标准； 难点：建设工程项目划分标准				

　　工程项目的种类繁多，为了适应科学管理的需要，可以分为建筑工程、安装工程、市政工程和园林工程等。为适应对工程项目分级管理的需要，不同等级标准的工程项目，国家规定的审批机关和报建程序也不尽相同。

2.2.1 建筑工程划分标准

　　1. 工程类别划分以单位工程为对象。同一施工单位同时施工的由不同结构或用途拼接组成的单位工程，可以按最大跨度、最高高度和合并后的建筑面积确定工程类别；由不同施工单位依伸缩缝或沉降缝为界划分后分别组织施工的单位工程，应按各自所承担的局部工程分别确定工程类别。

　　2. 同一类别中有两个及两个以上指标的，同时满足两个指标的才能确定为本类标准；只符合其中一个指标的，按低一类标准执行。

　　3. 分类指标中的"建筑面积"是指按国家和自治区有关房屋建筑工程建筑面积计算规则规定的方法计算的建（构）筑物的面积。

　　（1）单层厂房、单层公共建筑室内的局部多层，符合建筑面积计算规则的，可累加计算建筑面积。

　　（2）单层或高层建筑物突出屋面的电梯间、水箱间，符合建筑面积计算规则的只计算建筑面积不计算层数。

　　（3）符合建筑面积计算规则的地下室，建筑面积大于标准层50％时，应计算建筑面积和层数；小于50％时，只计算面积，不计算层数；有两层及两层以上不足50％的地下室，当累加面积大于50％时，可以计算一层。

　　（4）多层或高层建筑屋顶有多层建筑面积小于标准层50％时，可以累加计算面积，不计算层数。累加面积达到标准层面积的50％时，折合为一层。

　　4. 分类指标中的"高度"是指建（构）筑物的自身高度。建筑物的高度按设计室外地坪至建筑物檐口滴水处的距离计算；有女儿墙的建筑物，按设计室外地坪至建筑物屋面板上表面的距离计算。构筑物的高度，按设计室外地坪至构筑物本身顶端的距离（不包括避雷针、扶梯高度）计算。

5. 分类指标中的"跨度"是指桁架、梁、拱等跨越空间的结构相邻两支点（中-中）之间的距离。有多跨的建（构）筑物，按其中主要承重结构最大单跨距离计算。

6. "工业建筑"是指生产性房屋建筑工程和按国家有关规定划分为工业项目的房屋建筑工程；"民用建筑"是指为满足人们物质文化生活需要进行社会活动的非生产性房屋建筑工程；"公共建筑"是指：办公、教学、试验楼，博物、展览、文体、纪念馆，饭店、宾馆、招待所，办公、写字、商场、餐饮、娱乐等一体化综合楼。

依据《建设工程分类标准》GB/T 50841—2013，建筑工程划分标准详见表 2-1。

建筑工程划分标准 表 2-1

工程类别	划分标准
一类	1. 25 层以上的房屋建筑。 2. 高度 75m 以上的构筑物或建筑物，工业建筑≥75m，民用建筑≥85m。 3. 单体建筑物面积： 3.1 工业建筑：单层≥5000m²、多层≥10000m²； 3.2 民用建筑：居住≥25000m²、共用≥20000m²。 4. 单跨跨度：单层≥24m，多层≥12m。 5. 车库：层数≥5、面积≥20000m²。 6. 冷库：容积≥5000m²。 7. 锅炉房：蒸发量≥50t/h。
二类	1. 12 层以上的房屋建筑。 2. 高度 50m 以上的构筑物或建筑物： 2.1 工业建筑：单层≥12m、多层≥24m； 2.2 民用建筑：居住≥45m、共用≥50m。 3. 单体建筑物面积： 3.1 工业建筑：单层≥3000m²、多层≥7000m²； 3.2 民用建筑：居住≥15000m²、共用≥12000m²。 4. 单跨跨度：单层≥18m，多层≥9m。 5. 车库：层数≥3、面积≥15000m²。 6. 冷库：容积≥1000m² 7. 锅炉房：蒸发量≥10t/h 8. 变电所：变压器容量≥1000kVA
三类	1. 12 层以下的房屋建筑。 2. 高度 50m 以下的构筑物或建筑物： 2.1 工业建筑：单层<12m、多层<24m； 2.2 民用建筑：居住<45m、共用<50m。 3. 单体建筑物面积： 3.1 工业建筑：单层<3000m²、多层<7000m²； 3.2 民用建筑：居住<15000m²、共用<12000m²。 4. 单跨跨度：单层<18m，多层<9m。 5. 车库：层数<3、面积<15000m²。 6. 冷库：容积<1000m²。 7. 锅炉房：蒸发量<10t/h。 8. 变电所：变压器容量<1000kVA

2.2.2　安装工程划分标准

安装工程类别的划分说明：

1. "单炉蒸发量"是指蒸汽锅炉的蒸发量。热水锅炉应换算成蒸发量后再按划分标准确定工程类别。

2. "室外热力管网"是指工业厂（矿）区、住宅小区、开发区、新建行政企事业单位庭院内敷设的向多个建筑工程供暖、供汽的热力管道工程。只有一条管沟，向一座建（构）筑物供热的管道称为"热力管线工程"。同沟敷设的其他管道随热力管网或热力管线确定工程类别。

3. 单独敷设的室外给水管道、燃气、蒸汽管道和室外金属、塑料排水管道，不论管径大小，一律划分为三类工程标准。

4. "容器、设备制作"是指施工单位在施工现场或加工厂按设计图纸加工制作的非标准设备，不包括生产厂家制作的设备。

安装工程划分标准详见表 2-2。

安装工程划分标准　　　　　　　　　　　　　　　　　　　　　　　表 2-2

工程类别	划分标准
一类	1. 电压 35kV 以上变配电装置和架空线路或电缆敷设工程。 2. 单炉蒸发量在 10t/h 以上的散装锅炉安装及相配套的设备、管道、电气、仪表安装工程。 3. 砌体总实物量在 50m³ 以上的炉窑、塔器、设备砌筑工程和耐热、耐酸砌体衬里工程。 4. 最大管径 600mm，管网总长度 5000m 及以上的室外热力管网工程。 5. 运行速度在 1m/s 及以上的电梯，电扶梯分部安装工程。 6. 容积在 3000m³ 及以上的气罐，不锈钢及有色金属贮罐。 7. 压力容器的现场组焊安装。 8. 单台重量 10t 或组装总重 50t(其中最大单件重须 10t 及以上)及以上设备安装。 9. 金属重量 100t/台及以上的容器、工业炉、专业炉的现场制作及安装工程
二类	1. 电压 6kV 或 10kV 变配电装置和架空线路或电缆附敷工程。 2. 单炉蒸发量在 4t/h 及以上的锅炉安装及相配套的设备、管道、电气、仪表安装工程。 3. 砌体总实物量在 20m³ 以上的炉窑、塔器、设备砌筑工程和耐热、耐酸碱砌体衬里工程。 4. 最大管径 200～600mm 的室外热力管网工程。 5. 一类工程以外的电梯、小型杂物货梯的安装工程。 6. 单个容积在 3000m³ 以下的气缸、不锈钢及有色金属贮缸、碳钢贮缸。 7. 单台重量 10t 或组装总重 50t 以下的设备安装。 8. 金属重量 100t 以下的容器、工业炉、专业炉的制作安装
三类	1. 单炉蒸发量在 4t/h 以下的锅炉安装及其配套的设备、管道、电气、仪表安装工程。 2. 砌体总实物量在 20m³ 以下的炉窑、塔器、设备砌筑工程或耐热、耐酸碱砌体衬里工程。 3. 最大管径 200mm 的室外热力管网工程。 4. 一、二类工程以外的工程项

🔍 拓展阅读

市政工程划分标准

市政工程类别的划分说明：

1. 市政工程是指城镇管辖范围内的，按规定执行市政工程预算定额计算工程造价的工程及其类似工程。执行市政定额的城市输水、输气管道工程，按市政工程计取各项费用。

2. 市政道路工程的"面积"是指行车道路面面积，不包括人行道和绿化、隔离带的面积。

3. 桥梁工程的长度指一座桥的主桥长，不包括引桥的长度。

4. 涵洞工程的类别随所在路段的类别确定。

5. 管道工程中的"管径"是指公称直径（混凝土和钢筋混凝土管、陶土管指内径）。"长度"是指本类别及其以上类别中所有管道的总长度（如：燃气、供热管道工程二类中的"长度"大于500m，是指直径大于150mm所有管道的合计长度大于500m。不包括直径小于150mm的管道长度）；对于供热管道，是指一根供水或回水管的长度，而不是供回水管的合计长度。

6. 人行天桥、地下通道均按桥梁工程二类取费标准执行。

7. 城市道路的路灯，广场、庭院高杆灯均按安装工程二类取费标准执行。与之类似的零星路灯安装工程三类标准执行。

8. 同一类别中有几个指标的，同时符合两个及其以上指标的执行本标准。只符合其中一个的，按低一类标准执行。

9. 由多家施工单位分别施工的道路、管道工程，以各自承担部分为对象进行类别划分。

10. 城市广场工程建设，不分面积、结构层厚度，一律按市政道路工程三类标准取费。

2-4 市政工程划分标准

园林绿化工程划分标准

2-5 园林绿化工程划分标准

园林工程分为园林绿化和园林建筑两个类别。

1. 园林绿化包括：苗木的栽（移）植，花卉、草皮的植铺。

2. 园林建筑包括：园路、园桥、假山、喷泉和亭、台、廊、牌楼等园林建筑小品以及喷灌、照明等线路的敷设安装。

📖 小启示

熟悉不同种类、不同等级标准工程项目划分标准，能够帮助我们准确参照相应的国家规定，正确对接审批机关，进行正确的申报。工作中，我们应慎重对待每个技术性细节，严密谨慎，找到依据，避免错误。

能力训练题 🔍

一、单选题

1. 建筑工程类别的划分以（　　）为对象。

A. 单项工程　　　　B. 单位工程　　　　C. 分部工程　　　　D. 分项工程

2. 建筑工程划分标准中一类工程是高度在（　　）m 以上的构筑物或建筑物。

A. 25　　　　　　　B. 50　　　　　　　C. 75　　　　　　　D. 100

3. 安装工程划分标准中二类工程单炉蒸发量在（　　）t/h 及以上的锅炉安装及相配套的设备、管道、电气、仪表工程。

A. 4　　　　　　　　B. 6　　　　　　　　C. 8　　　　　　　　D. 10

4. 市政工程划分标准一类道路工程是指（　　）条机动车道及以上的高级路面工程。

A. 4　　　　　　　　B. 6　　　　　　　　C. 8　　　　　　　　D. 10

5. 园林绿化工程划分标准中，高度 9m 及以下的重檐牌楼、牌坊属于（　　）工程。

A. 一类　　　　　　B. 二类　　　　　　C. 三类　　　　　　D. 四类

二、多选题

1. 建筑工程类别根据各项划分标准可以划分为（　　）工程。

A. 一类　　　　　　B. 二类　　　　　　C. 三类　　　　　　D. 四类

E. 五类

2. 市政道路工程的"面积"不包括（　　）的面积。

A. 行车道路面　　　B. 人行道　　　　　C. 绿化　　　　　　D. 隔离带

E. 挡土墙

3. 园林建筑包括：（　　）、亭、台、廊、牌楼等园林建筑小品以及喷灌、照明等线路的敷设安装。

A. 园路　　　　　　B. 园桥　　　　　　C. 假山　　　　　　D. 喷泉

E. 花卉

三、简答题

1. 请简述公共建筑包括哪些建筑物。

2. 请简述室外热力管网的含义。

专题实训 1 招标投标前期准备工作实训

模块	2 建设工程招标业务	项目	2 招标准备	专题实训	1 招标投标前期准备工作实训
知识目标	了解组建团队的过程； 了解组建投标人公司的流程及资料				
能力目标	能够组建起招标人团队； 能够组建起投标人公司				
重点难点	重点：招标人团队的建立； 难点：投标人公司所必需的资料				

任务一：组建团队

1. 根据班级人数进行小组划分，每个小组 4～6 人（推荐随机划分方式）。

2. 每个小组完成以下内容：

（1）确定队伍名称。

（2）选举组长。

（3）设计队伍徽标。

（4）设计队伍口号。

（5）成果展示。

任务二：成立招标人（招标代理）团队

1. 任务一中每个团队组成一个招标人（招标代理）公司，确定公司的基本信息资料。

（1）项目经理组织团队成员，讨论确定公司名称、企业法定代表人、成立日期等基本信息资料。

（2）找出需要完善的证件资料内容：

1）企业营业执照。

2）开户许可证。

3）组织机构代码证。

4）企业资质证书。

2. 完善招标人（招标代理）公司的各类企业证件资料。

（1）项目经理对企业证件资料进行分工，团队成员分别完成其中的某一个证件资料。

（2）团队成员领取证书后，查询相关证件资料信息，并将证书内容填写完善。

（3）证书填写完成后，交由项目经理进行审核。

（4）项目经理审核无误后，将证件资料置于招标投标沙盘盘面对应位置处。

3. 完成企业信息网上注册、备案，并提交一份企业信息备案文件。

任务三：建立投标人公司

1. 每个团队成立一个投标人公司，确定公司的基本信息资料。

（1）项目经理组织团队成员，讨论确定公司名称、企业法定代表人、成立日期等基本信息资料。

（2）找出需要完善的证件资料内容。

1）企业营业执照。

2）开户许可证。

3）组织机构代码证。

4）企业资质证书。

5）安全生产许可证。

6）质量管理体系认证证书。

7）环境管理体系认证证书。

8）职业健康管理体系认证证书。

9）企业资信等级证书。

2. 完善投标人公司的各类企业证件资料。

（1）项目经理对企业证件资料进行分工，团队成员分别完成其中的某个证件资料。

（2）团队成员领取证书后，查询相关证件资料信息，并将证书内容填写完善。

（3）证书填写完成后，交由项目经理进行审核。

（4）项目经理审核无误后，将证件资料置于招标投标沙盘盘面对应位置处。

3. 完成企业信息网上注册、备案，并提交一份企业信息备案文件。

项目3

招标方式选择

Chapter 03

 思维导图

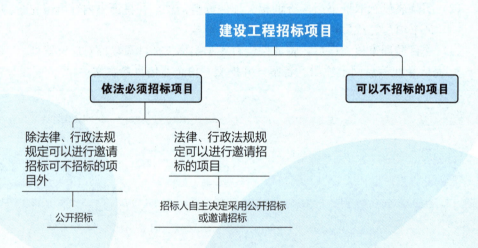

任务 3.1 公开招标

模块	2 建设工程招标业务	项目	3 招标方式选择	任务	3.1 公开招标
知识目标	了解公开招标的概念； 理解公开招标的程序及优缺点； 掌握公开招标的程序及适用范围				
能力目标	能够以角色扮演等方法模拟工程施工公开招标； 会判定哪些情况下采用公开招标方式进行招标				
重点难点	重点：公开招标的程序及适用范围； 难点：公开招标适用范围				

3.1.1 公开招标的概念

《中华人民共和国招标投标法》中规定，公开招标是指招标人以招标公告的方式，邀请不特定的法人或者非法人组织参加投标的一种招标方式，由于公开招标形式一般对投标人的数量不做限制，故也被称为"无限竞争招标"。依法必须进行招标的项目，公开招标是采购的主要方式，除法律、行政法规规定可以进行邀请招标和不招标的外，应当公开招标。《房屋建筑和市政基础设施工程施工招标投标管理办法》（2001 年 6 月 1 日建设部令第 89 号发布，根据 2018 年 9 月 28 日住房和城乡建设部令第 43 号修正）规定，依法必须进行施工招标的工程，全部使用国有资金投资或者国有资金投资占控股或者主导地位的，应当公开招标，但经中华人民共和国国家计划委员会或者省、自治区、直辖市人民政府依法批准可以进行邀请招标的重点建设项目除外。

我国鼓励招标人发布未来一定时期内的拟招标项目信息，供潜在投标人知悉和进行投标准备。依法必须进行招标的项目，除属于应急、抢险等紧急用途的外，招标人应当编制包括拟招标项目概况、标段划分、预计招标时间等在内的招标计划，于首次招标的招标公告发布至少 10 日前在国家规定的媒介公布；招标计划应当根据项目进展情况进行更新。

3.1.2 公开招标的程序

1. 工程建设项目审批

根据《关于全面开展工程建设项目审批制度改革的实施意见》（国办发〔2019〕11 号），依据《工程建设项目审批管理系统管理暂行办法》和《住房和城乡建设部关于进一步深化工程建设项目审批制度改革推进全流程在线审批的通知》（建办〔2020〕97 号），完成网上填报，按照国家规定需要履行项目立项用地规划许可等审批手续的，已经履行审批手续，具备了进行招标的条件，即可进行招标申请。

2. 招标资格审查

根据《中华人民共和国招标投标法》与相关条例的规定，招标人具有编制招标文件、组织资格审查和组织评标能力的，可以自行办理招标事宜。任何单位和个人不得强制其委托招标代理机构办理招标事宜。招标人自行组织招标的，应当具有编制招标文件和组织评标的能力，具体包括以下内容：

（1）具有项目法人资格（或者法人资格）；

（2）具有与招标项目规模和复杂程度相适应的工程技术、概预算、财物和工程管理等方面专业技术力量；

（3）有从事同类工程建设项目招标的经验；

（4）拥有 3 名以上取得招标职业资格的专职招标业务人员；

（5）熟悉和掌握招标投标法及有关法规规章。

招标人不具备自行招标条件的，需委托有资格的招标代理机构办理招标事宜。招标代理机构是依法设立、从事招标代理业务并提供相关服务的社会中介组织，招标代理机构应当具备策划招标方案、编制招标文件、组织资格审查和组织评标的相应专业能力。《中华人民共和国招标投标法》规定，招标人有权自行选择招标代理机构，委托其办理招标事宜。任何单位和个人不得以任何方式为招标人指定招标代理机构，或者限定招标人选择招标代理机构的方式。招标代理机构与行政机关、其他国家机关、政府设立或者指定的招标投标交易服务机构不得存在隶属关系或者其他利益关系，招标代理机构应当在招标人委托的范围内办理招标事宜，并遵守本法关于招标人的规定。

3. 招标申请

招标人按要求填写"建设工程招标申请表"见表 3-1，经上级部门批准后，报招标管理机构审批。

建设工程招标申请表　　　　　　　　　　　　　　　　　　　　表 3-1

建设单位			单位性质	
联系人			联系电话	
工程名称			建设地点	
结构类型			建设规模	
投资概算			计划工期安排	
批准文号			规划证	
施工图纸			设计单位	
图纸审查批准号			落实资金	
招标范围				
施工现场条件	水		电		路
	拆迁		场地平整		
招标方式	□公开招标			□邀请招标	
何种组织形式	□自行招标			□委托招标	
建设单位（盖章） 年　月　日			招标监督管理机构（盖章） 年　月　日	

说明：本表一式二份，招标人、交易中心各一份。

4. 资格预审文件与招标文件的编制

（1）资格预审文件编制

《中华人民共和国招标投标法》中规定，招标人可以根据招标项目特点自主选择采用资格预审或者资格后审办法，对潜在投标人或者投标人进行资格审查，采用资格预审办法的，招标人应当发布资格预审公告、编制资格预审文件。

资格预审文件编制的具体内容及程序详见本书任务 5.2 相关内容。

（2）招标文件编制

根据《中华人民共和国招标投标法》的规定，招标人应当根据招标项目的特点和需要编制招标文件，任何单位和个人不得非法干预招标文件的编制。招标文件应当包括招标项目的需求清单、技术要求、对投标人资格审查的标准、投标报价要求、评标标准和方法、定标方法等所有实质性要求和条件以及拟签订合同的主要条款。依法必须进行招标的项目，招标文件应当使用国务院发展改革部门会同有关行政监督部门制定发布的标准文本和国务院有关行政监督部门制定发布的行业标准文本编制。

依据《房屋建筑和市政基础设施工程施工招标投标管理办法》（2018 年修订）第十八条规定，"依法必须进行施工招标的工程，招标人应当在招标文件发出的同时，将招标文件报工程所在地的县级以上地方人民政府建设行政主管部门备案。建设行政主管部门发现招标文件有违反法律、法规内容的，应当责令招标人改正。"招标文件备案流程图如图 3-1 所示。

招标文件编制的具体内容及程序详见本书任务 6.1～任务 6.3 相关内容。

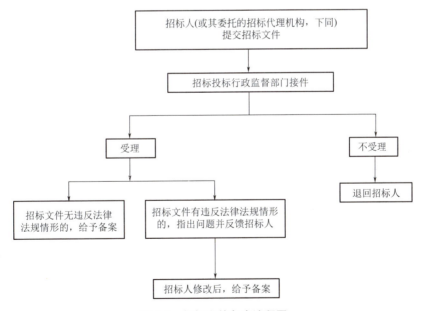

图 3-1   招标文件备案流程图

5. 发布招标公告（资格预审公告）

根据《中华人民共和国招标投标法实施条例》的规定，"公开招标的项目，应当依照招标投标法和招标投标法实施条例的规定发布招标公告、编制招标文件。招标人采用资格预审办法对潜在投标人进行资格审查的，应当发布资格预审公告、编制资格预审文件。"

招标公告的具体内容及程序详见本书任务 4.1 相关内容。

6. 资格预审文件的发售、提交与澄清修改

根据《中华人民共和国招标投标法实施条例》的规定，"招标人应当按照资格预审公告、招标公告或者投标邀请书规定的时间、地点发售资格预审文件或者招标文件。资格预审文件或者招标文件的发售期不得少于 5 日。招标人发售资格预审文件、招标文件收取的费用应当限于补偿印刷、邮寄的成本支出，不得以营利为目的。

招标人应当合理确定提交资格预审申请文件的时间。依法必须进行招标的项目提交资格预审申请文件的时间，自资格预审文件停止发售之日起不得少于 5 日。

招标人可以对已发出的资格预审文件或招标文件进行必要的澄清或者修改。澄清或者修改的内容可能影响资格预审申请文件或招标文件编制的，招标人应当在提交资格预审申请文件截止时间至少 3 日前，或者投标截止时间至少 15 日前，以书面形式通知所有获取资格预审文件或者招标文件的潜在投标人；不足 3 日或者 15 日的，招标人应当顺延提交资格预审申请文件或投标文件的截止时间。"

7. 资格预审

根据《中华人民共和国招标投标法实施条例》的规定，招标人或者招标代理机构应当按照资格预审文件载明的标准和方法，在投标前对潜在的投标人相关资质等内容进行审查。

采用资格后审办法的，应当在开标后由评标委员会按照招标文件规定的标准和方法对投标人的资格进行审查。

资格预审的具体内容及程序详见本书任务 5.2 相关内容。

8. 招标文件的发售

根据《中华人民共和国招标投标法实施条例》的规定，招标人应当按照招标公告规定的时间、地点发售招标文件，招标文件的发售期不得少于 5 日。招标人发售招标文件收取的费用应当限于补偿印刷、邮寄的成本支出，不得以营利为目的。

根据《中华人民共和国招标投标法》的规定，招标人应当确定投标人编制投标文件所需要的合理时间。但是，依法必须进行招标的项目，自招标文件开始发出之日起至投标人提交投标文件截止之日止，最短不得少于 20 日。招标人对已发出的招标文件进行必要的澄清或者修改的，应当在招标文件要求提交投标文件截止时间至少 15 日前，以书面形式通知所有招标文件收受人。该澄清或者修改的内容为招标文件的组成部分。

9. 现场踏勘与投标答疑会

招标人根据招标项目的具体情况，可以组织潜在投标人踏勘项目现场或者召开投标预备会，潜在投标人自主决定是否参加。根据《中华人民共和国招标投标法实施条例》的规定，招标人不得组织单个或者部分潜在投标人踏勘项目现场。招标人在招标文件里规定的时间内组织投标申请人对工程现场场地和周围环境等客观条件进行的现场勘察，投标人到现场考察，可进一步了解现场周围的环境情况，以获取有用的信息，并据此编制投标文件。投标人经过现场踏勘，若有疑问，应在投标答疑会中以书面的形式向招标人提出。

招标人应按照招标文件中规定的时间和地点，组织并主持召开答疑会，解答投标人提

出的关于招标文件和现场踏勘的疑问，并在答疑会结束后，将答疑会中所有的问题以及问题的解答，以书面的形式发放给投标人。会议记录作为招标文件的一部分，若与销售的招标文件不一致的，以会议记录的解答为准。

10. 投标文件的接收

根据《中华人民共和国招标投标法》的规定，投标人应当按照招标文件的要求编制投标文件。投标文件应当对招标文件提出的实质性要求和条件作出响应。招标项目属于建设施工的，投标文件的内容应当包括拟派出的项目负责人与主要技术人员的简历、业绩和拟用于完成招标项目的机械设备等。

投标人应当在招标文件要求提交投标文件的截止时间前，将投标文件送达投标地点或者提交电子招标投标交易平台。招标人或者电子招标投标交易平台收到投标文件后，应当签收保存，不得开启或者解密。投标人少于 3 个的，对于依法必须进行招标的项目，不得开标，招标人应当分析招标失败的原因，采取对招标文件设定的投标人资格条件等进行修改或者其他合理、充分措施后，依照本法重新招标。重新招标后，投标人仍少于 3 个的，可以重新招标，也可以开标、评标，或者依法以其他方式从现有投标人中确定中标人，并向有关行政监督部门备案。未通过资格预审的申请人提交的投标文件，以及逾期送达或者不按照招标文件要求密封的投标文件，招标人应当拒收。招标人应当如实记载投标文件的送达时间和密封情况，并存档备查。

投标人在招标文件要求提交投标文件的截止时间前，可以补充、修改或者撤回已提交的投标文件，并书面通知招标人。补充、修改的内容为投标文件的组成部分。

11. 开标

根据《中华人民共和国招标投标法》的规定，开标应当在招标文件确定的时间公开进行；开标地点应当为招标文件中预先确定的地点或者发出招标文件的电子招标投标交易平台。开标由招标人主持，所有投标人自主决定是否参加，实行电子开标的，所有投标人应当在线参加。

开标时，由投标人或者其委托的代表分别检查各自投标文件有无提前开启情况；经确认无误后，当众拆封或者解密，公布投标人名称、投标价格和投标文件的其他主要内容。招标人在招标文件要求提交投标文件的截止时间前收到的所有投标文件，开标时都应当当众予以拆封或者解密、公布。未经开标公布的投标文件不得进入评标环节。

开标过程应当记录，并存档备查。

12. 评标

根据《中华人民共和国招标投标法》的规定，评标由招标人依法组建的评标委员会负责，招标人应当采取必要的措施，保证评标在严格保密的情况下进行。任何单位和个人不得非法干预、影响评标的过程和结果。招标人应当向评标委员会提供评标所必需的信息，在评标开始前向评标委员会介绍招标项目背景、特点和需求，并在评标过程中根据评标委员会的要求对法律法规和招标文件内容进行说明。招标人提供的信息和介绍说明内容不得含有歧视性、倾向性、误导性，不得超出招标文件的范围或者改变招标文件的实质性内容，并应当随评标报告记录在案。

评标委员会应当按照招标文件确定的评标标准和方法，集体研究并分别独立对投标文件进行评审和比较。评标委员会完成评标后，应当向招标人提出书面评标报告，推荐不超过 3 个合格的中标候选人，并对每个中标候选人的优势、风险等评审情况进行说明；除招标文件明确要求排序的外，推荐中标候选人不标明排序。

13. 定标

根据《中华人民共和国招标投标法》的规定，招标人根据评标委员会提出的书面评标报告和推荐的中标候选人，按照招标文件规定的定标方法，结合对中标候选人合同履行能力和风险进行复核的情况，自收到评标报告之日起 20 日内自主确定中标人。定标方法应当科学、规范、透明。招标人也可以授权评标委员会直接确定中标人。

国务院对特定招标项目的评标有特别规定的，从其规定。

依法必须进行招标的项目，招标人应当自定标结束之日起 3 日内在发布招标公告的媒介公示中标人，公示期不得少于 3 日。中标人公示应当载明中标人的名称、投标报价、评分或者评标价、质量、工期（交货期）、资质业绩、项目负责人信息，确定中标人的主要理由，中标候选人名单，所有被否决的投标，提出异议的渠道和方式，以及法律法规和招标文件规定公示的其他内容。在公示中标人的同时，对于投标符合招标文件要求的投标人，招标人应当书面告知其评分或者评标价，对于被否决的投标，招标人应当书面告知其原因。

14. 发出中标通知书

根据《中华人民共和国招标投标法》的规定，中标人公示结束且无尚未处理的异议后，招标人应当向中标人发出中标通知书，并同时将中标结果通知所有未中标的投标人。依法必须进行招标的项目，招标人应当自中标通知书发出之日起 3 日内在发布招标公告的媒介公告中标结果。

中标通知书对招标人和中标人具有法律效力。中标通知书到达中标人后，招标人改变中标结果的，或者中标人放弃中标项目的，应当依法承担违约法律责任。

15. 签订合同

根据《中华人民共和国招标投标法》的规定，招标人和中标人应当自中标通知书发出之日起 30 日内，按照招标文件和中标人的投标文件订立书面合同。招标人可以和中标人进行合同谈判，但谈判内容不得更改招标文件和中标人投标文件的实质性内容。招标人和中标人不得再行订立背离合同实质性内容的其他协议。

3-1
建设工程
招标程序

中标人放弃中标、不能履行合同、不按照招标文件要求提供履约担保，或者被查实存在影响中标结果的违法行为等不符合中标条件的情形的，招标人可以根据评标委员会提出的书面评标报告和推荐的中标候选人重新确定其他中标候选人为中标人，或者组织评标委员会重新评标并推荐中标候选人，也可以重新招标。

公开招标主要程序如图 3-2 所示。

3.1.3　公开招标的优缺点

1. 优点

（1）公平竞争

公开招标对投标人的数量不做限制，为投标者提供了公平竞争的平台，符合招标条件的投资者都可在公平竞争的条件下，享有中标的权利和机会。

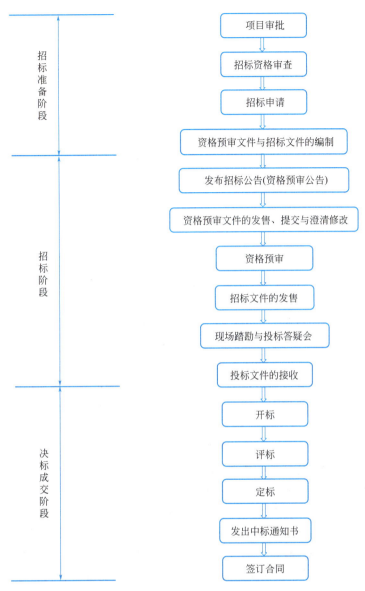

图 3-2　公开招标流程图

（2）公开透明

公开招标各项资料公开，招标程序规范、严密，有利于防范招标各人员徇私舞弊，能够保证招标效果。

（3）选择更优

公开招标竞争性大、竞争激烈，招标人能够最大限度选择最优的投标人，有利于降低工程造价、缩短工期、保证工程质量。

2. 缺点

公开招标耗时长、费用高，由于公开招标对投标人的数量不做限制，申请投标人较多，评标的工作量也较大，所需招标时间长、费用高。

3.1.4　公开招标的适用范围

《中华人民共和国招标投标法》第三条规定："在中华人民共和国境内进行下列工程建设项目包括项目的勘察、设计、施工、监理以及与工程建设有关的重要设备、材料的采购，必须进行招标：

（一）大型基础设施、公用事业等关系社会公共利益、公众安全的项目；

（二）全部或者部分使用国有资金投资或者国家融资的项目；

（三）使用国际组织或者外国政府贷款、援助资金的项目。"

前款所列项目的具体范围和规模标准，由国务院发展计划部门会同国务院有关部门制订，报国务院批准。

法律或者国务院对必须进行招标的其他项目的范围有规定的，依照其规定。

为了确定必须招标的工程项目，规范招标投标活动，提高工作效率、降低企业成本、预防腐败，根据《中华人民共和国招标投标法》第三条的规定，国家发展改革委会同国务院有关部门制定了《必须招标的工程项目规定》（国家发展改革委 2018 年第 16 号令）。

《必须招标的工程项目规定》第二条规定："全部或者部分使用国有资金投资或者国家融资的项目包括：

（一）使用预算资金 200 万元人民币以上，并且该资金占投资额 10％以上的项目；

（二）使用国有企业事业单位资金，并且该资金占控股或者主导地位的项目。"

《必须招标的工程项目规定》第三条规定："使用国际组织或者外国政府贷款、援助资金的项目包括：

（一）使用世界银行、亚洲开发银行等国际组织贷款、援助资金的项目；

（二）使用外国政府及其机构贷款、援助资金的项目。"

《必须招标的工程项目规定》第四条规定："不属于本规定第二条、第三条规定情形的大型基础设施、公用事业等关系社会公共利益、公众安全的项目，必须招标的具体范围由国务院发展改革部门会同国务院有关部门按照确有必要、严格限定的原则制订，报国务院批准。"

《必须招标的工程项目规定》第五条规定："本规定第二条至第四条规定范围内的项目，其勘察、设计、施工、监理以及与工程建设有关的重要设备、材料等的采购达到下列标准之一的，必须招标：

（一）施工单项合同估算价在 400 万元人民币以上；

（二）重要设备、材料等货物的采购，单项合同估算价在 200 万元人民币以上；

（三）勘察、设计、监理等服务的采购，单项合同估算价在 100 万元人民币以上。同一项目中可以合并进行的勘察、设计、施工、监理以及与工程建设有关的重要设备、材料等的采购，合同估算价合计达到前款规定标准的，必须招标。"

　　我们建筑人要自觉遵守各项法律法规的规定，严格按照规定进行工程项目招标方式的选择和招标程序的履行，恪守职业道德，展现高素质的专业精神。

能力训练题 🔍

一、单选题

1.《中华人民共和国招标投标法》规定，招标人采用公开招标方式，应当发布招标公告，依法必须进行招标项目的招标公告，应当通过（ ）的报刊、信息网络或者其他媒介公开发布。

A. 国家指定   B. 业主指定

C. 当地政府指定   D. 监理机构指定

2. 按照《中华人民共和国招标投标法》及相关规定，必须进行施工招标的工程项目是（ ）。

A. 施工企业在其施工资质许可范围内自建自用的工程

B. 属于利用扶贫资金实行以工代赈需要使用农民工的工程

C. 施工主要技术采用特定的专利或者专有技术工程

D. 经济适用房工程

3. 按照《中华人民共和国招标投标法》及相关规定，下列项目不属于必须招标的工程建设项目范围的是（ ）。

A. 某城市的地铁工程   B. 国家博物馆的维修工程

C. 某省的体育馆建设工程   D. 张某给自己建的别墅

4. 下列排序符合《中华人民共和国招标投标法》和《工程建设项目施工招标投标办法》规定的公开招标程序的是（ ）。

① 发布招标公告 ② 资质审查 ③ 接受投标 ④ 开标、评标

A.①②③④   B.①③②④   C.②①③④   D.①③④②

5. 公开招标过程中，通过资格预审的申请人少于（ ）人，应当重新招标。

A. 3   B. 5   C. 7   D. 8

二、多选题

1. 下列属于公开招标程序内容的有（ ）。

A. 发布招标公告 B. 资格预审 C. 招标文件的发售

D. 发送招标邀请 E. 签订合同

2. 下列属于招标公告内容的是（ ）。

A. 招标项目的规模   B. 招标项目招标范围

C. 招标项目标段的划分   D. 评标的方法

E. 合同条款

3. 下列属于工程建设项目报建内容的是（ ）。

A. 工程名称和建设地点   B. 投资规模

C. 资金来源   D. 开工竣工日期

E. 发包方式

4. 工程建设招标范围包括（ ）。

A. 全部或者部分使用国有资金投资或者国家融资的项目

B. 使用国际组织或者外国政府贷款、援助资金的项目

C. 关系社会公共利益、公众安全的大型公用事业项目

D. 施工单项合同估算价 100 万元人民币的项目

E. 使用国有企业事业单位资金，并且该资金占控股或者主导地位的项目

5. 招标人自行组织招标的，应当具有编制招标文件和组织评标的能力，具体内容包括（　　）。

A. 具有项目法人资格（或者法人资格）

B. 具有与招标项目规模和复杂程度相适应的工程技术、概预算、财物和工程管理等方面专业技术力量

C. 有从事同类工程建设项目招标的经验

D. 拥有 3 名以上取得招标职业资格的专职招标业务人员

E. 熟悉和掌握招标投标法及有关法规规章

三、简答题

1. 采用公开招标的优缺点有哪些？

2. 公开招标的程序包括哪些？

四、案例分析题

案例概况：某高校使用国家专项建设基金及银行贷款进行综合楼工程项目建设，该项目为框架剪力墙结构，地下 1 层地上 21 层，高度 96m，建筑面积 52218.10m^2，该项目已按规定履行审批手续，资金已落实，施工图纸和其他技术资料已具备。

问题：该项目施工是否必须招标？若招标应采用哪种方式，为什么？

任务 3.2　邀请招标

模块	2 建设工程招标业务	项目	3 招标方式选择	任务	3.2 邀请招标
知识目标	了解邀请招标的概念； 理解邀请招标的程序、审批及优缺点； 掌握邀请招标的程序、审批及适用范围				
能力目标	能够以角色扮演等方法模拟工程施工邀请招标； 会判定哪些情况下采用邀请招标方式进行招标				
重点难点	重点：邀请招标的程序、审批及适用范围； 难点：邀请招标审批及适用范围				

3.2.1　邀请招标的概念

《中华人民共和国招标投标法》中规定，邀请招标是指招标人通过用投标邀请书的方式，邀请特定的法人或者非法人组织投标的一种招标方式。由于采用邀请招标形式时投标人的数量由招标人确定，故也被称为"有限竞争招标"。

投标邀请书

（工程项目名称）施工投标邀请书

_____（被邀请单位名称）：

你单位已通过资格预审，现邀请你单位按招标文件规定的内容，参加（工程项目名称）施工投标。

1. 请你单位于_____年___月___日至_____年___月___日（法定公休日、法定节假日除外），每日上午 8:30 时至 11:30 时，下午 15:00 时至 17:00 时（北京时间，下同），在×××公司（地址：×××）持本投标邀请书（传真件）、单位介绍信（原件）及经办人身份证（原件及复印件）购买招标文件。

2. 招标文件每套售价 200 元，售后不退。

3. 招标人不组织工程现场踏勘，投标人自行踏勘现场；招标人不召开投标预备会。

4. 递交投标文件的截止时间（投标截止时间，下同）为_____年___月___日 15 时 30 分，投标人应于当日 14 时 30 分至 15 时 30 分将投标文件递交至×××公司（地址：×××）。

5. 逾期送达的或者未送达指定地点的投标文件，招标人不予受理。

招标人（盖章）：×××公司　　　　代理机构（盖章）：×××公司
地　　址：　　　　　　　　　　　　地　　址：
邮政编码：　　　　　　　　　　　　邮政编码：
联 系 人：　　　　　　　　　　　　联 系 人：
电　　话：　　　　　　　　　　　　电　　话：

年　　月　　日

招标人采用邀请招标方式的，应当向 3 个以上具备承担招标项目的能力、资信良好的特定的法人或者非法人组织发出投标邀请书。投标邀请书应当载明招标人的名称和地址，招标项目的性质、数量、资金来源、项目估算或投资概算、实施地点和时间、投标人资格

条件要求、递交投标文件的时间和方式、评标方法和定标方法、对投标担保和履约担保的要求、潜在的利益冲突事项以及获取招标文件的办法等。

邀请招标招标人只需要向特定的投标人发出投标邀请书，不必发布招标公告，邀请投标人不能少于 3 家，一般选择 3～10 家较为适宜，要视具体的招标项目的规模大小而定，被邀请的投标人要在资金、信誉、能力等方面达到要求。接受邀请的人才有资格参加投标，其他人无权索要招标文件，不能参加投标。

工程项目招标的范围及招标形式的选择一定是有理可依，作为工程人，要熟悉相关条款，做到知法、懂法、守法。

3.2.2　邀请招标程序

邀请招标的程序与公开招标的主要区别在于，邀请招标不必发布资格预审公告和招标公告，不必进行资格预审，而是由招标人直接将投标邀请书发给经过预先通告调查、考查选定的投标人。除此之外，邀请招标的程序与公开招标的程序相同。邀请招标主要程序如图 3-3 所示。

3.2.3　邀请招标的优缺点

1. 优点

邀请招标由于目标比较集中，投标人一般为 3～10 家，数量比公开招标少，不需要进行招标公告等程序，因此，邀请招标工作量小、耗时短、费用低，被邀请的投标人中标概率高。

2. 缺点

（1）邀请招标参加投标人数量少，招标人的选择范围较小，竞争性差，不利于招标人获得最优报价，取得最佳投资效益。

（2）招标人在选择邀请人前很难了解邀请人的所有情况，所掌握的信息存在一定的局限性，常会忽略一些在技术、报价等方面更优的企业，失去发现最适合承担项目建设的承包商。

3.2.4　邀请招标的适用范围及审批

由于邀请招标存在的不足，我国法律法规对依法必须进行招标的项目采用邀请招标的方式作出了限制规定。

《中华人民共和国招标投标法实施条例》第八条规定："国有资金占控股或者主导地位的依法必须进行招标的项目，应当公开招标；但有下列情形之一的，可以邀请招标：

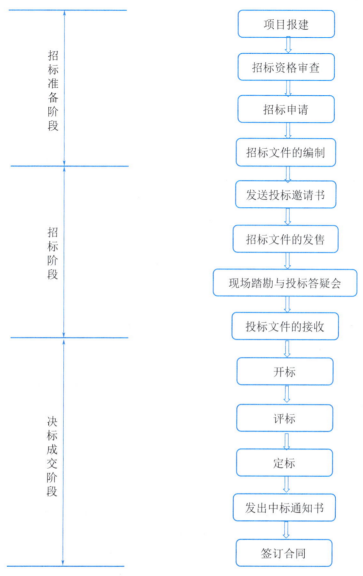

图 3-3　邀请招标流程图

（一）技术复杂、有特殊要求或者受自然环境限制，只有少量潜在投标人可供选择；

（二）采用公开招标方式的费用占项目合同金额的比例过大。"

按照国家有关规定需要履行项目审批、核准手续的依法必须进行招标的项目，因采用公开招标方式的费用占项目合同金额的比例过大，而采用邀请招标的，其招标范围、招标方式、招标组织形式应当报项目审批、核准部门审批、核准。项目审批、核准部门应当及时将审批、核准确定的招标范围、招标方式、招标组织形式通报有关行政监督部门，由项目审批、核准部门在审批、核准项目时作出认定；其他项目由招标人申请有关行政监督部门作出认定。

3-2
可以不招标的情形

拓展知识

我国相关法律法规对一些特殊情况，不适合采用公开招标和邀请招标的项目，作出了规定可不进行招标，具体如下：

《中华人民共和国招标投标法》第六十六条规定："涉及国家安全、国家秘密、抢险救灾或者属于利用扶贫资金实行以工代赈、需要使用农民工等特殊情况，不适宜进行招标的项目，按照国家有关规定可以不进行招标。"

《中华人民共和国招标投标法实施条例》第九条规定："除招标投标法第六十六条规定的可以不进行招标的特殊情况外，有下列情形之一的，可以不进行招标：

（一）需要采用不可替代的专利或者专有技术；

（二）采购人依法能够自行建设、生产或者提供；

（三）已通过招标方式选定的特许经营项目投资人依法能够自行建设、生产或者提供；

（四）需要向原中标人采购工程、货物或者服务，否则将影响施工或者功能配套要求；

（五）国家规定的其他特殊情形。"

《房屋建筑和市政基础设施工程施工招标投标管理办法》第九条规定："工程有下列情形之一的，经县级以上地方人民政府建设行政主管部门批准，可以不进行施工招标：

（一）停建或者缓建后恢复建设的单位工程，且承包人未发生变更的；

（二）施工企业自建自用的工程，且该施工企业资质等级符合工程要求的；

（三）在建工程追加的附属小型工程或者主体加层工程，且承包人未发生变更的；

（四）法律、法规、规章规定的其他情形。"

小案例

武汉火神山医院的建设是在 2020 年 1 月新型冠状病毒肺炎疫情无比紧急的形势下，不经过招标由政府直接委托建设的典型案例。2020 年 1 月 23 日，武汉市城乡建设局紧急召集中建三局集团有限公司等单位举行专题会议，2020 年 1 月 24 日，武汉火神山医院相关设计方案完成；2020 年 1 月 29 日，武汉火神山医院建设已进入病房安装攻坚期；2020 年 2 月 2 日上午，武汉火神山医院正式交付。从方案设计到建成交付仅用 10 天，被誉为"中国速度"。

请大家谈一谈，为什么说只有在中国才能够在疫情背景下，以这样的速度建成火神山医院？

能力训练题

一、单选题

1. 与公开招标相比，邀请招标的特点是（　　）。

A. 耗时少　　　　　B. 竞争性大　　　　　C. 费用高　　　　　D. 工作量大

2. 国务院发展计划部门确定的国家重点项目和省、自治区、直辖市人民政府确定的地方重点项目不适宜公开招标的，经国务院发展计划部门或者省、自治区、直辖市人民政府批准，可以（　　）。

A. 直接发包　　　　B. 进行邀请招标　　　C. 进行议标　　　　D. 不用招标

3. 下列排序符合《中华人民共和国招标投标法》《工程建设项目施工招标投标办法》规定的邀请招标程序的是（　　）。

①招标文件发售　②发送招标邀请　③接受投标　④开标、评标

A. ①②③④　　　　B. ①③②④　　　　C. ②①③④　　　　D. ①③④②

4. 招标人采用邀请招标方式进行招标时，应当向（　　）个以上具备承担招标项目能力、资信良好的特定法人或者其他组织发出投标邀请书。

A. 2　　　　　　　　B. 3　　　　　　　　C. 4　　　　　　　　D. 5

二、多选题

1. 根据《中华人民共和国招标投标法》规定，招标方式分为（　　）。

A. 指定招标　　　　B. 公开招标　　　　C. 协商招标　　　　D. 邀请招标

E. 行业招标

2. 下列特殊情况中，属于不适宜进行招标的项目，按照国家规定可以不进行招标的是（　　）。

A. 涉及国家安全、国家秘密

B. 使用国际组织或者外国政府资金的项目

C. 抢险救灾项目

D. 生态环境保护项目

E. 利用扶贫资金实行以工代赈需要使用农民工等特殊情况

3. 投标邀请书应载明（　　）等内容。

A. 招标人的名称和地址　　　　　　B. 招标项目的性质

C. 项目实施地点和时间　　　　　　D. 递交投标文件的时间和方式

E. 获取招标文件的办法

4. 根据《工程建设项目招标投标范围和规模标准》的规定，下列项目中，可以不进行招标的是（　　）。

A. 停建或者缓建后恢复建设的单位工程，且承包方未发生变更的

B. 某医院重要设备采购，单项合同估价 85 万元，项目总投资 2800 万元

C. 某社会福利院监理服务合同价为 47 万元，项目总投资额为 4500 万元

D. 某城市道路材料采购合同估算价为 710 万元，项目总投资额为 2300 万元

E. 使用国有企业事业单位资金，并且该资金占控股或者主导地位的项目

5. 公开招标和邀请招标在程序上的区别包括（　　）。

A. 投标竞争激烈程度不同

B. 公开招标中，可获得有竞争性的价格

C. 承包商获得招标信息的方式不同

D. 对投标人资格审查的方式不同

E. 开标及评标方式不同

三、简答题

1. 建设工程招标的方式有哪些，含义分别是什么？

2. 采用邀请招标的优缺点有哪些？

3. 邀请招标的程序包括哪些内容？

四、案例分析题

案例概况：某高校自筹资金进行某教学楼工程项目建设，由 D 建筑公司承建，距工程竣工还有 4 个月时间。为更进一步发挥该教学楼的功能，该高校拟在该教学楼西侧加建二层小楼，补充一些电化教学设备等配套设施，建筑面积 236m²，该附属工程已经得到计划、规划、建设等管理部门批准，设计单位也已经按照甲方需求，对原教学楼设计中的一些管线、设备进行了调整，同时也完成了该附属工程的设计工作，资金能够满足工程发包需要。

问题：该附属工程施工是否可以不招标直接发包，为什么？若招标应注意哪些方面的问题？

项目4

招标公告和公示信息发布

思维导图

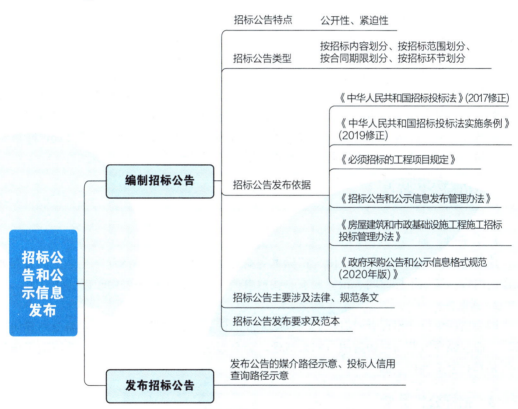

任务 4.1　编制招标公告

模块	2 建设工程招标业务	项目	4 招标公告和公示信息发布	任务	4.1 编制招标公告
知识目标	了解招标公告的概念； 理解招标公告的重要性及相关法律法规条文； 掌握招标公告的编制原则				
能力目标	能够做到自行编制招标公告； 会做到从项目资料信息中分析重点，能编制不同类型的招标公告				
重点难点	招标公告涉及法律条款较多，且需要充分了解整个项目信息情况，进行分析抓重点方能编制好招标公告				

4.1.1　招标公告概念

招标公告是指招标单位或招标人在进行科学研究、技术攻关、工程建设、合作经营或大宗商品交易时，公布标准和条件，提出价格和要求等项目内容，以期从中选择承包单位或承包人的一种文书。在市场经济条件下，招标有利于促进竞争，加强横向经济联系，提高经济效益。对于招标者来说，通过招标公告择善而从，可以节约成本或投资，降低造价，缩短工期或交货期，确保工程或商品项目质量，促进经济效益的提高。

4.1.2　招标公告特点

1. 公开性

这是由招标的性质决定的。因为招标本身就是横向联系的经济活动，凡是招标者需要知道的内容，诸如招标时间、招标要求、注意事项，都应在招标公告中予以公开说明。

2. 紧迫性

因为招标单位和招标者只有在遇到难以完成的任务和解决的问题时，才需要外界协助解决。而且要在短期内尽快解决，如果拖延，势必影响工作任务的完成，这就决定了招标公告是具有紧迫性特点的。

4.1.3　招标公告类型

招标公告类型繁多，按照不同的分类方法可以分成不同的类型：

1. 按照招标内容来划分，可以分为建筑工程招标公告、劳务招标公告、大宗商品交易公告、设计招标公告、企业承包招标公告、企业租赁招标公告等。

2. 按照招标的范围来划分，可以分为国际招标公告、国内招标公告、系统内部招标公告和单位内部招标公告等。

3. 按照合同期限来划分，可分为长期招标公告和短期招标公告两类。

4. 按照招标环节来划分，可以分为招标公告、招标通知书、招标章程等。

4.1.4　招标公告发布依据

1.《中华人民共和国招标投标法》（2017 年修正 ）；

2.《中华人民共和国招标投标法实施条例》（2019 年修正 ）；

3.《必须招标的工程项目规定》；

4.《招标公告和公示信息发布管理办法》；

5. 住房和城乡建设部关于修改《房屋建筑和市政基础设施工程施工招标投标管理办法》的决定；

6. 关于印发《政府采购公告和公示信息格式规范（ 2020 年版）》的通知。

4-1
招标公告
涉及的主
要法律、
规范条文

　　熟悉法律、知道参照相关的法律法规进行招标投标的活动，是工程人必备的基本素质。随着我国社会经济等各方面的快速发展，对应的法律法规条款也会进行更新修订，我们应该及时跟进了解，保持学习，了解最新信息。孔子说"学而不已，阖棺而止"，鼓励我们养成终身学习的习惯。

4.1.5　招标公告发布要求及范本

　　招标公告是公开招标时发布的一种周知性文书，要公布招标单位、招标项目名称、地点、规模、计划工期、标段划分、招标项目审批、核准或备案机关名称及批准文件编号、项目业主名称、招标时间、招标条件、项目概况与招标范围、投标人资格要求（含资格预审的申请人或资格后审的投标人资格要求）、招标步骤及联系方法等内容，以吸引投标人参加投标。招标公告编制要点如图 4-1 所示，表 4-1 为招标公告范本示例。

图 4-1　招标公告编制要点示意

招标公告范本 表 4-1

招标公告

(项目名称 注：填写应与立项文件中项目名称内容一致) 招标公告

招标编码			
工程名称	注：填写应与立项文件中项目名称内容一致		
建设单位	注：填写应与立项文件中项目建设单位一致		
工程地点	注：应按立项文件内容填写		
建设内容	注：应按立项文件内容填写		
建筑面积	注：应按立项文件内容填写	招标内容	注：应按立项文件内容填写
工程招标范围	注：填写应与立项文件中及施工图纸、招标工程量清单编制说明中招标范围相一致		
招标代理单位	注：公开招标则填写招标代理单位全称，如自行招标，本括号内的代理内容应删除		
投标资质要求	注：明确投标人应符合建筑资质等级		
资格审查方式	注：需填写明确是资格后审或资格预审	合同估算价	
资格审查必要合格条件	注：应明确投标人公司经营范围、企业资质类别及资质等级、注册建造师类别和等级、项目负责人、技术负责人、关键岗位人员等要求		
联系人		联系方式	
公告发布开始时间		公告发布截止时间	注：公告发布时间最短不得少于 5 日
招标文件下载开始时间		招标文件下载截止时间	
地区	注：填写与立项批复中项目地址一致		
公告内容	**招标公告** 1. 招标条件 本招标项目 __项目名称__ 已由 __项目审批、核准或备案机关名称__ 以 __批文名称及编号__ 批准建设，招标人(项目业主)为_____，建设资金来自 __资金来源__，项目出资比例为_____。项目已具备招标条件，现对该项目的施工进行公开招标。 2. 项目概况与招标范围 __说明本招标项目的建设地点、规模、合同估算价、计划工期、招标范围、标段划分(如果有)等__。 3. 投标人资格要求 3.1 本次招标要求投标人须具备_____资质，并在人员、设备、资金等方面具有相应的施工能力，其中，投标人拟派项目经理须具备_____专业_____级(含以上级)注册建造师执业资格，具备有效的安全生产考核合格证书，且未担任其他在施建设工程项目的项目经理。 3.2 本次招标 __接受或不接受__ 联合体投标。联合体投标的，应满足下列要求：_____。 3.3 各投标人均可就本招标项目上述标段中的 __具体数量__ 个标段投标，但最多允许中标 __具体数量__ 个标段(适用于分标段的招标项目)。 4. 招标文件的获取 凡有意参加投标者，请登录"×××设工程信息网"下载相关招标文件、图纸、澄清或修改等资料。 5. 投标文件的递交 5.1 投标文件递交的截止时间(投标截止时间，下同)为____年____月____日____时____分，地点为 __有形建筑市场交易中心名称及地址__。 5.2 逾期送达的或者未送达指定地点的投标文件，招标人不予受理。 6. 发布公告的媒介

续表

公告内容	本次招标公告同时在　发布公告的媒介名称　上发布。 7. 联系方式 招 标 人：　　　　　　　　　　招标代理机构： 地　　址：　　　　　　　　　　地　　址： 邮　　编：　　　　　　　　　　邮　　编： 联 系 人：　　　　　　　　　　联 系 人： 电　　话：　　　　　　　　　　电　　话： 传　　真：　　　　　　　　　　传　　真： 电子邮件：　　　　　　　　　　电子邮件： 网　　址：　　　　　　　　　　网　　址： 开户银行：　　　　　　　　　　开户银行： 账　　号：　　　　　　　　　　账　　号： 　　　　　　　　　　　　　　　　　　　　年　　　月　　　日

4-2
《招标公告和公示
信息发布管理办法》　　　4-3
《政府采购公告和公
示信息格式规范
（2020年版）》　　　4-4
《政府采购信息
公告管理办法》

能力训练题

一、单选题

1. 根据《中华人民共和国招标投标法实施条例》（2019 年修正）资格预审文件或者招标文件的发售期不得少于（　　　）日。

A. 3　　　　　　　　　B. 5　　　　　　　　　C. 10　　　　　　　　　D. 15

2. 根据《中华人民共和国招标投标法实施条例》（2019 年修正）招标人有下列（　　）情形，由有关行政监督部门责令改正，可以处 1 万元以上 5 万元以下的罚款。

A. 接受通过资格预审的单位或者个人参加投标

B. 接受应当拒收的投标文件

C. 在不同媒介发布的同一招标项目的资格预审公告或者招标公告的内容不一致，影响潜在投标人申请资格预审或者投标

D. 招标文件、资格预审文件的发售、澄清、修改的时限，或者确定的提交资格预审申请文件、投标文件的时限不符合招标投标法及其实施条例规定

二、多选题

1. 根据《中华人民共和国招标投标法》（2017 年修正）招标公告上应当载明的内容有（　　）。

A. 招标项目的性质　　B. 评标办法　　　　　C. 招标控制价　　　　D. 履约保证金

E. 购买招标文件的时间和地点

2.《中华人民共和国招标投标法》（2017 年修正）中关于招标信息的发布表述中正确的是（　　　）。

A. 发布招标公告、发出投标邀请书后不得擅自终止招标

B. 资格预审文件停止发售之日起不得少于 5 个工作日

C. 招标人应当保证招标公告内容的真实、准确和完整

D. 在不同媒介发布的同一招标项目的资格预审公告或者招标公告的内容应当一致

E. 招标公告应在地方政府依法指定的媒介发布

任务 4.2　发布招标公告

模块	2 建设工程招标业务	项目	4 招标公告和公示信息发布	任务	4.2 发布招标公告
知识目标	了解招标公告的发布媒介； 了解投标人信用查询路径示意				
能力目标	会在公共媒介上查看招标公告信息； 会对投标人信用进行查询				
重点难点	招标公告发布媒介				

党的十九大报告指出，要推动互联网、大数据、人工智能和实体经济深度融合。《国务院关于积极推进"互联网＋"行动的指导意见》（国发〔2015〕40 号）明确提出，"按照市场化、专业化方向，大力推广电子招标投标"。近年来，我国"互联网＋"招标采购快速发展，为依托电子招标投标系统开展招标公告和公示信息发布等相关活动奠定了坚实基础。同时，有关法规制度对电子招标投标系统发布招标公告和公示信息也有明确要求。招标公告发布媒介有传统媒介和互联网媒介。

4.2.1　招标公告发布媒介

1. 《招标公告和公示信息发布管理办法》中规定的媒介

依据国家发展改革委《招标公告和公示信息发布管理办法》（〔2017〕10 号令）的规范。

第八条：依法必须招标项目的招标公告和公示信息应当在"中国招标投标公共服务平台"或者项目所在地省级电子招标投标公共服务平台（以下统一简称"发布媒介"）发布。

第九条：省级电子招标投标公共服务平台应当与"中国招标投标公共服务平台"对接，按规定同步交互招标公告和公示信息。对依法必须招标项目的招标公告和公示信息，发布媒介应当与相应的公共资源交易平台实现信息共享。

"中国招标投标公共服务平台"应当汇总公开全国招标公告和公示信息，以及本办法第八条规定的发布媒介名称、网址、办公场所、联系方式等基本信息，及时维护更新，与全国公共资源交易平台共享，并归集至全国信用信息共享平台，按规定通过"信用中国"网站向社会公开。

2. 其他有关部门指定的招标公告发布媒介

1）住建部规定依法必须进行施工公开招标的工程项目，除了应当在国家或者地方指定的报刊、信息网络或者其他媒介上发布招标公告，并同时在中国工程建设和建筑业信息网上发布招标公告。

2）商务部规定招标人或招标机构除应在国家指定的媒介以及招标网上发布招标公告

外，也可同时在其他媒介上刊登招标公告，并指定中国国际招标网（http：//www. chinabidding. com）为机电产品国际招标业务提供服务的专门网络。

3. 财政部指定全国政府采购信息的发布媒介

财政部依法指定全国政府采购信息的发布媒介是《中国财经报》、中国政府采购网（http：//www. ccgp. gov. cn）和《中国政府采购》杂志。

4. 省市发展改革委关于指定招标公告和资格预审公告发布媒介

依法必须进行招标的项目的招标公告和公示信息，应当通过国家指定的中国招标投标公共服务平台或者省市公共资源交易网等信息网络，或者国家指定的报刊或者其他媒介发布。

各公共资源交易网应当免费发布依法必须进行招标的项目的境内资格预审公告、招标公告和公示信息，不得收取费用，并允许社会公众和市场主体免费、及时查阅前述招标公告和公示的完整信息。

5. 地方政府指定的招标公告发布媒介

依法必须招标的民用建筑项目的招标公告，可在省、自治区、直辖市人民政府发展计划部门指定的媒介发布，各省级政府发展计划部门一般都指定了招标公告的发布媒介。见表 4-2。

发布公告的媒介路径示意　　　　　　　　　　　　　　表 4-2

发布公告的媒介路径示意		
依据:《招标公告和公示信息发布管理办法》(国家发展改革委第 10 号令)		
级别	机构	网址
国家级(例)	中国采购与招标网	http://www. chinabidding. com. cn/
	中国招标投标公共服务平台	http://www. cebpubservice. com/
省级(例)	重庆市公共资源交易中心	https://www. cqggzy. com/
	江西省公共资源交易中心	http://www. jxsggzy. cn/
	广东省招标投标监管网	http://zbtb. gd. gov. cn/
市级(例)	抚州市公共资源交易网	http://ztb. jxfz. gov. cn/
	广州公共资源交易网	http://www. gzzb. gd. cn/
发布纸质媒体	《中国日报》《中国经济导报》《中国建设报》 注:线下纸质媒介招标信息发布应遵循地区要求在指定纸质媒介发布	

4.2.2　投标人信用查询路径示意

投标人信用查询平台见表 4-3。

投标人信用查询路径示意　　　　　　　　　　　　　　表 4-3

信用资格要求	信用查询平台	网址
投标人未被纳入全国信用信息共享平台中经营异常名录和严重违法失信企业名单	国家企业信用信息公示系统	www. gsxt. gov. cn

续表

信用资格要求	信用查询平台	网址
未被纳入"信用中国"中公布的失信被执行人、企业经营异常名录、重大税收违法案件当事人名单、政府采购严重违法失信名单	信用中国	www.creditchina.gov.cn
企业和项目负责人在住房和城乡建设部"全国建筑市场监管公共服务平台"上未有被限制参与投标的信息	全国建筑市场监管公共服务平台	www.mohurd.gov.cn

4-5 某照明工程公开招标公告举例

4-6 某幼儿园施工招标公告举例

4-7 某棚户区改造建设项目招标公告举例

4-8 某设备采购项目招标公告举例

能力训练题 🔍

一、单选题

1. 建设工程施工公开招标的程序中，在资格预审工作完成之后，紧接着进行的工作是（   ）。

A. 编制工程标底价格

B. 发放招标文件

C. 召开投标预备会

D. 刊登资格预审通知，招标报告

2. 招标公告的内容有（   ）。

A. 评标办法

B. 招标项目的规模、招标范围、标段的划分等

C. 有关废标的规定

D. 主要合同条款

3. 招标公告是（   ），投标书是（   ）。

A. 要约，承诺

B. 要约邀请，要约

C. 承诺，要约

D. 新要约，承诺

二、多选题

1.《国务院关于积极推进"互联网＋"行动的指导意见》（国发〔2015〕40号）明确提出，"按照（   ）方向，大力推广电子招标投标"。

A. 市场化   B. 专业化   C. 规范化   D. 公开化

E. 信息化

2. 下列属于招标公告发布媒介的有（   ）。

A.《中国建设报》

B. 中国工程建设和建筑业信息网

C. 中国政府采购网

D. 省公共资源交易网

E. 中国招标投标公共服务平台

项目5

投标人资格审查

Chapter 05

思维导图

```
                                        资格审查的内容 ── 审查条件
                                                      审查因素

                                        资格审查的办法 ── 合格制                                 资格预审公告
                                                      有限数量制                               申请人须知
                                                                         资格预审文件 ──      资格审查办法
                                                      编制资格预审文件 ─┘                      资格预审申请文件格式
                                                      发布资格预审公告                          项目建设概况
                                                      出售资格预审文件
                                                      资格预审文件的澄清、修改
投标人资格审查                                           潜在投标人编制并递交资格预审申请文件
                                                      组建资格审查委员会
                                            资格预审   评审资格预审申请文件
                                                      编写资格评审报告
                                                      确定资格预审合格的申请人
                                                      向通过资格预审的申请人发出投标邀请书或资格预审合格
                                                      通知书，并向未通过资格预审的申请人发出资格预审结果
                                                      的书面通知
                           资格审查的分类              编制招标文件
                                                      发布招标公告/投标邀请书
                                                      出售招标文件
                                                      招标文件的澄清、修改
                                                      潜在投标人编制并递交投标文件
              适用范围                                  组建评标委员会
                                            资格后审   初步评审阶段(资格后审)
              资格后审的内容                             详细评审
                                                      编写书面评标报告
                                                      招标人确定中标人
                                                      签订承发包合同
                                                      标后备案
```

<table>
<tr><td>任务 5.1</td><td colspan="5">资格审查</td></tr>
</table>

模块	2 建设工程招标业务	项目	5 投标人资格审查	任务	5.1 资格审查
知识目标	了解资格审查的目的； 理解资格审查的内容； 掌握资格审查的分类和审查办法				
能力目标	能结合具体招标工程判断工程采用哪种资格审查方式； 会根据资格审查的内容对资格申请人进行资格审查				
重点难点	重点：资格审查的内容； 难点：资格预审和资格后审的区别				

为了审查投标人的企业总体能力是否适合招标工程的需要，由招标人或招标人委托的资格审查委员会、评标委员会对投标人资格进行审查。采用资格审查，可以减少招标人评审和比较投标文件时的数量，节约评标的费用和时间。资格审查程序，既是招标人的一项权利，又是多数招标活动经常采取的一种方法，它既能保障招标人的利益，又能促进招标活动的顺利进行。

5.1.1　资格审查的分类

根据《中华人民共和国招标投标法》规定，招标人可以根据招标项目特点自主选择采用资格预审或者资格后审办法，对潜在投标人或者投标人进行资格审查。根据《工程建设项目施工招标投标办法》第十七条规定："资格审查分为资格预审和资格后审。资格预审，是指在投标前对潜在投标人进行的资格审查。资格后审，是指在开标后对投标人进行的资格审查。进行资格预审的，一般不再进行资格后审，但招标文件另有规定的除外。"

（1）资格预审，是指招标人在发放招标文件前，对报名参加投标的申请人的承包能力、业绩、资格和资质、历史工程情况、财务状况和信誉等进行审查，以确定投标人是否具有承担并完成工程项目的能力，是否可以参加下一步的投标。

（2）资格后审，是在开标后的评标阶段，评标委员会对投标人能否胜任工程、机构是否健全、有无类似工程经验、人员是否合格、机械设备是否适用、资金是否足够周转等方面作实质性的审核。

资格预审和资格后审从审查时间、评审人、评审对象、审查方法方面都各有不同，两种审查方式都有自己的优缺点和适用范围，具体区别详见表 5-1。

资格预审和资格后审的区别　　　　　　　　　　　　表 5-1

区别	资格预审	资格后审
审查时间	发放招标文件前	开标后评标阶段
评审人	招标人或资格审查委员会	评标委员会

续表

区别	资格预审	资格后审
评审对象	申请人的资格预审申请文件	投标人的投标文件
审查办法	合格制或有限数量制	有限数量制
优点	避免不合格的申请人进入投标阶段,节约社会成本;提高投标人投标的针对性、积极性;减少评标阶段的工作量,缩短评标时间,提高评标的科学性、可比性	减少了资格预审环节,缩短招标时间;投标人数量相对较多,竞争性强,增加了串标、围标难度
缺点	延长招标投标的过程,增加招标人组织资格预审和申请人参加资格预审的费用;通过资格预审的申请人相对较少,容易串标	投标方案差异大,会增加评标工作难度;在投标人过多时,会增加评标费用和评标工作量;增加社会综合成本
适用范围	比较适用于技术难度较大或投标文件编制费用较高,或潜在投标人数量较多的招标项目	比较适用于潜在投标人数量不多,具有通用性、标准性的招标项目

5.1.2　资格审查的内容

1. 资格审查的条件

根据《工程建设项目施工招标投标办法》第二十条规定:"资格审查应主要审查潜在投标人或者投标人是否符合下列条件:

(一) 具有独立订立合同的权利;

(二) 具有履行合同的能力,包括专业、技术资格和能力,资金、设备和其他物质设施状况,管理能力,经验、信誉和相应的从业人员;

(三) 没有处于被责令停业,投标资格被取消,财产被接管、冻结,破产状态;

5-1
资格审查
的内容与
主意事项

(四) 在最近三年内没有骗取中标和严重违约及重大工程质量问题;

(五) 法律、行政法规规定的其他资格条件。

资格审查时,招标人不得以不合理的条件限制、排斥潜在投标人或者投标人,不得对潜在投标人或者投标人实行歧视待遇。任何单位和个人不得以行政手段或者其他不合理方式限制投标人的数量。"

想一想

　　有些三四百万的工程项目,招标人要求投标人把上百万资金先打入指定的账户,方可审查投标人的资格;有的招标人要求投标人同意垫资30%以上且分三年还清的条件,才可以审查其资格;还有的招标人在资格审查时,就要求投标人签订小合同,承诺中标以后,再将中标价下浮5%,才是双方签订的合同价。

　　有些工程以地方领导交办工程或上级主管部门承诺建成优质工程给予重奖为由,提高投标人的资质等级,将明文规定的三级企业和项目经理可以承担的工程只允许二级或二级以上的企业和项目经理投标;还有的招标单位领导,将应该公开招标方式擅自改为邀请招标,直接邀请自己信得过的建筑企业投标,认为资质等级越高,工程质量越有保障。

　　这些招标人的表现有公平、公正地去选择合适的投标人吗?他们的行为违反了《中华人民共和国招标投标法》的哪些规定?

2. 资格审查的因素

根据资格审查的五个内容，对应以下资格审查因素：

（1）有效营业执照；签订合同的资格证明文件，如施工安全生产许可证、合同签署人的资格等。

（2）资质等级；财务状况；项目经理资格；企业及项目经理类似项目业绩；企业信誉；项目经理部人员职业或执业资格；主要施工机械配备。

（3）投标资格有效，即招标投标违纪公示中，投标资格没有被取消或暂停；企业经营持续有效，即没有处于被责令停业，财产被接管、冻结、破产状态。

（4）近三年投标行为合法，即近三年内没有骗取中标行为；近三年合同履约行为合法，即没有严重违约事件发生；近三年工程质量合格，没有因重大工程质量问题受到质量监督部门通报或公示。

（5）法律、行政法规规定的其他资格条件。

在资格审查过程中，资格审查条件一定要合理，否则条件过高，会导致合格投标人过少，影响竞争，条件过低，使不具备能力的投标人获得合同而导致不能按照预期目标完成建设项目。

5.1.3 资格审查的办法

《标准施工招标资格预审文件》分别规定了合格制和有限数量制两种资格审查办法，供招标人根据招标项目具体特点和实际需要选择使用。

1. 合格制

合格制是指在资格审查过程中不限定资格审查合格者的数量，凡是通过资格审查各项设置的考核因素和标准的都可以参加投标。在一般情况下，应采用合格制。

合格制的优点是投标竞争性强，有利于获得更优秀的投标人和投标方案，对满足资格条件的所有投标申请人公平、公正；缺点是投标人可能较多，从而加大投标和评标工作量，浪费社会资源。

2. 有限数量制

5-2 资格审查的含义与方式

有限数量制是指在资格审查文件中预先限定通过资格审查的人数，依据资格审查的程序和方法，将审查的各项指标进行量化，量化后按得分从高到低的顺序来确定通过资格审查的人员。当潜在投标人过多时，可采用有限数量制。

采用有限数量制一般有利于降低招标投标活动的社会综合成本，但在一定程度上可能限制了潜在投标人的范围。

能力训练题 🔍

一、单选题

1. 资格预审的审查时间是（　　）。

A. 开标前投标阶段　　　　　　　　　　B. 开标后评标阶段

C. 发售招标文件前 D. 发售招标文件后

2. 资格后审的审查时间是（　　）。

A. 开标前投标阶段 B. 开标后评标阶段

C. 购买招标文件前 D. 购买招标文件后

3. 潜在投标人数量较多的招标项目适合采用（　　）。

A. 资格预审 B. 资格后审

C. 不用进行资格审查 D. 直接评标

4. 在资格审查过程中，资格审查条件一定要合理，否则条件过（　　），会导致合格投标人过少，影响竞争，条件过（　　），使不具备能力的投标人获得合同而导致不能按照预期目标完成建设项目。

A. 一般　　　　　B. 低　　　　　　C. 高　　　　　　D. 合适

5. 当潜在投标人过多时，资格审查办法采用（　　）。

A. 资格预审　　　B. 资格后审　　　C. 合格制　　　　D. 有限数量制

二、多选题

1. 资格审查的种类有（　　）。

A. 资格预审　　　B. 资格后审　　　C. 合格制　　　　D. 有限数量制

E. 综合评估法

2. 资格审查方法主要有（　　）。

A. 资格预审　　　B. 资格后审　　　C. 合格制　　　　D. 有限数量制

E. 综合评估法

3. 资格预审和资格后审在下列（　　）方面不同。

A. 审查时间　　　B. 评审人　　　　C. 评审对象　　　D. 审查办法

E. 审查目的

4. 资格审查必须具备的条件有（　　）。

A. 独立订立合同的权利 B. 投标资格没有被取消

C. 能履行合同 D. 财产被接管

E. 没有处于被责令停业

5. 资格审查必须具备的条件之一就是要具有独立订立合同的权利，对应的资格审查因素是（　　）。

A. 资质等级 B. 有效营业执照

C. 财务状况 D. 安全生产许可证

E. 合同签署人的资格证明文件

三、简答题

1. 简述资格预审和资格后审的区别。

2. 简述资格审查的主要内容。

3. 简述资格审查的办法及分别适用的情况。

四、案例分析题

××市图书馆建设项目，项目总投资 10842 万元，项目总建筑面积为 18763m²，由××发改投〔2019〕256 号、××发改投〔2020〕97 号文件批准建设。××市文化局委托×

×招标代理有限公司组织招标投标事宜。招标代理机构拟将整个建设项目作为一个标段发包,组织资格审查,但不接受联合体投标。

(1) 资格审查有哪些方法?怎样选择资格审查方法?确定了审查方法后,又有哪些办法进行资格审查?

(2) 施工招标资格审查有哪几方面内容?这些审查内容怎样分解为审查因素?

模块	2 建设工程招标业务	项目	5 投标人资格审查	任务	5.2 资格预审
知识目标	了解资格预审的程序； 掌握资格预审公告的主要内容； 掌握资格预审文件包含的主要内容				
能力目标	能够根据具体的招标工程编制资格预审公告； 能编制资格预审文件				
重点难点	重点：资格预审文件的主要内容； 难点：资格预审公告的各个时间节点的确定				

　　资格预审是招标人通过发布资格预审公告，向不特定的潜在投标人发出投标邀请，并组织招标的资格审查委员会按照招标资格预审公告和资格预审文件规定的资格预审条件、标准和方法，对投标申请人的经营资格、专业资质、财务状况、类似项目业绩、履约信誉、企业认证体系等条件进行评审，确定合格的潜在投标人。《房屋建筑和市政基础设施工程施工招标投标管理办法》第十五条规定："招标人可以根据招标工程的需要，对投标申请人进行资格预审，也可以委托工程招标代理机构对投标申请人进行资格预审。实行资格预审的招标工程，招标人应当在招标公告或者投标邀请书中载明资格预审的条件和获取资格预审文件的办法。资格预审文件一般应当包括资格预审申请书格式、申请人须知，以及需要投标申请人提供的企业资质、业绩、技术装备、财务状况和拟派出的项目经理与主要技术人员的简历、业绩等证明材料。"第十六条规定："经资格预审后，招标人应当向资格预审合格的投标申请人发出资格预审合格通知书，告知获取招标文件的时间、地点和方法，并同时向资格预审不合格的投标申请人告知资格预审结果。在资格预审合格的投标申请人过多时，可以由招标人从中选择不少于 7 家资格预审合格的投标申请人。"

5.2.1　资格预审的程序

　　根据国务院有关部门对资格预审的要求和《标准施工招标资格预审文件》的规定，资格预审一般按以下程序进行：

　　1. 编制资格预审文件。

　　由招标人组织有关专家人员编制资格预审文件，也可委托设计单位、咨询公司编制。

5-3
资格审查
的程序

　　2. 发布资格预审公告。

　　在公共资源交易中心及政府制定的报刊、网络发布工程招标信息，刊登资格预审公告。

　　3. 出售资格预审文件。

　　招标人在资格预审公告规定的资格预审文件发售时间、地点和价格，发售资格预审文件。资格预审文件的发售期：不得少于 5 日。

4. 资格预审文件的澄清、修改。

如果招标人需要澄清或修改资格预审文件，影响资格预审申请文件编制的，应在资格预审申请文件提交截止时间 3 日前提出。如果投标人发现招标的资格预审文件有问题或异议，必须在资格预审申请文件提交截止时间 2 日前提出。招标人应在收到异议之日起 3 日内答复。

5. 潜在投标人编制并递交资格预审申请文件。

资格审查通过的潜在投标人即可根据资格审查文件的格式和内容要求，编制资格预审申请文件，在规定的递交资格预审申请文件截止时间前递交到指定的地点。提交资格预审申请文件的期限：自资格预审文件停止发售之日起不得少于 5 日。

6. 组建资格审查委员会。

组建资格审查委员会，由审查委员会对资格预审申请文件进行评审和比较。资格审查委员会应由招标人的代表和有关技术、经济等方面的专家组成，其中技术、经济等方面的专家不得少于成员总数的 2/3。

7. 资格审查委员会评审资格预审申请文件，并编写资格评审报告。

由招标人负责组建资格审查委员会，对资格预审申请文件进行完整性、有效性及正确性的资格预审，经过评审，对每一个投标人统一打分，得出评审结果，由资格审查委员会编写资格评审报告。

8. 招标人审核资格评审报告后，确定资格预审合格的申请人。

9. 向通过资格预审的申请人发出投标邀请书或资格预审合格通知书，并向未通过资格预审的申请人发出资格预审结果的书面通知。

5.2.2　资格预审文件

招标人利用资格预审程序可以较全面地了解申请投标人各方面的情况，并将不合格或竞争力较差的投标人淘汰，以节省评标时间、节约费用。并且招标人只能通过资格预审文件了解申请投标人的各方面情况，不能向投标人当面了解，所以资格预审文件编制水平直接影响后期招标工作。

资格预审文件是告知申请人资格预审条件、标准和方法，并对申请人的经营资格、履约能力进行评审，确定合格投标人的依据，在编制资格预审文件时，应结合招标工作的特点突出对投标人实施能力要求所关注的问题，不能遗漏某一方面的内容。具体包括以下内容：资格预审公告、申请人须知、资格审查办法、资格预审申请文件格式、项目建设概况。

🔍 拓展知识

资格预审文件的发售期不得少于 5 日。招标人发售资格预审文件的费用应当限于补偿印刷、邮寄的成本支出，不得以营利为目的。招标人应当合理确定提交资格预审申请文件的时间。依法必须进行招标的项目提交资格预审申请文件的时间，自资格预审文件停止发售之日起不得少于 5 日。

1. 资格预审公告

《中华人民共和国招标投标法》规定，采用资格预审办法的，招标人应当发布资格预审公告、编制资格预审文件。依法必须招标的项目，如果采用资格预审方式进行招标的项目，资格预审公告应当通过国家指定的媒介发布，招标人应当按照资格预审公告规定的时间、地点发售资格预审文件。

（1）发布资格预审公告的目的

发布资格预审公告的主要目的是通过资格预审信息的发布，使那些感兴趣的申请人知悉，前来购买资格预审文件并参加资格预审，资格预审合格后，申请人编制投标文件并参加投标。

（2）资格预审公告的内容

资格预审公告的主要内容是对招标人和招标项目的描述，一般包括：招标条件、项目概况与招标范围、申请人资格要求、资格预审方法、申请报名、资格预审文件的获取、资格预审申请文件的递交、发布公告的媒介、联系方式等有关事项。通过资格预审公告的发布使潜在申请人在掌握这些信息的基础上，根据自身情况，作出是否购买资格预审文件并投标的决定。资格预审公告内容见表5-2。

2. 申请人须知

申请人须知包括前附表和正文。前附表包括了招标人、招标代理机构、项目基本情况和要求，申请人资质条件、能力和信誉、财务等方面的要求，申请人对资格预审文件澄清、确认、修改的时间要求，投标文件递交的时间、地点要求，资格审查委员会的人数和审查方法等；正文包括总则、资格预审文件、资格预审申请文件的编制、资格预审申请文件的递交、资格预审申请文件的审查、通知和确认、申请人的资格改变、纪律与监督及需要补充的其他内容。

3. 资格审查办法

（1）审查办法

《标准施工招标资格预审文件》分别规定了合格制和有限数量制两种资格审查办法。

（2）审查标准

审查标准包括初步审查和详细审查的标准，以及采用有限数量制的评分标准。

（3）审查程序

审查程序包括资格预审申请文件的初步审查、详细审查、申请文件的澄清以及有限数量制的评分等内容和规则。

（4）审查结果

审查委员会按照规定的程序对资格预审申请文件进行审查，确定通过资格预审的申请人名单，并向招标人提交书面审查报告。通过详细审查申请人的数量不足3个的，招标人重新组织资格预审或不再组织资格预审而直接重新招标。

4. 资格预审申请文件格式

资格预审申请文件必须实质性响应资格预审文件的要求，为了方便评审，资格预审申请文件必须按照资格预审文件规定的统一格式填写。《标准施工招标资格预审文件》对资格预审申请文件格式做了统一的规定，主要包括以下内容：资格预审申请函、法定代表人身份证明、授权委托书、联合体协议书（如有）、申请人基本情况表、近年财务状况表、近年完成的类似项目情况表、近年发生的诉讼和仲裁情况表、其他材料。

5. 项目建设概况

项目建设概况是对招标项目的基本建设情况进行详细描述，方便投标人对项目做深入了解，其主要内容包括：项目说明、建设条件、建设要求和其他需要说明的情况。

×××综合整治工程资格预审公告　　　　　　　　　　　表 5-2

×××综合整治工程资格预审公告

×××工程造价咨询有限公司受××县某单位的委托，对×××综合整治工程就潜在施工单位进行公开报名。

1. 报名时间：2020年4月23日至2020年4月29日，每天上午8时30分至11时30分；下午14时30分至17时30分，报名费100元。

2. 报价材料递交时间：2020年4月30日17:00之前，报价人需将报价材料送达或邮寄至：××市××路中段第×幢××室；联系人：×××；电话：××××××××××。报价材料需密封并加盖单位公章，逾期送达概不接受。

3. 投标人报名条件须符合以下要求：

(1)投标人必须具备独立的法人资格，并具备有效的企业营业执照；

(2)投标人须具备行政主管部门核发的合法有效的建筑装修装饰工程专业承包二级及(含)以上资质和《施工企业安全生产许可证》，信用评价良好，近年来无恶意拖欠农民工工资，无违法违规行为；

(3)投标人的最新企业季度信用得分不得低于60分(适用于房屋建筑和市政基础设施总承包项目)；

(4)投标人近三年内未受行政主管部门处分或列入黑名单的；

(5)投标人承诺各级股东中均无任何外资、合资成分及港、澳、台背景。中标人参与的施工所有人员无外籍及港、澳、台背景并接受招标人进行政治审核；

(6)人员配备应满足施工及项目许可等相应规定要求，签订某具体的工程施工合同时，应提供相应的人员、机械配备清单。

4. 投标人报名时须提交与本项目的相关合格有效的资质证书复印件、企业营业执照复印件、安全生产许可证复印件、承诺函、最新企业季度信用得分(页面打印含网址和打印日期)(适用于房屋建筑和市政基础设施总承包项目)，复印件须加盖企业公章。投标人必须填写完整且有效的联系人、固定电话、移动电话和公司注册地详细地址，投标人应对所递交的资料的真实性负责，若以弄虚作假给投标人造成损失的，依法承担赔偿责任。

5. 招标人有权根据项目实际情况决定是否发布该项目的招标文件。

6. 资格预审公告将在中国政府采购网上发布相关信息，请及时关注。

7. 联系方式

招标人：××××××××××

地　　址：××省××市××县

联系人：×××

电　话：××××××××××

招标代理机构：×××工程造价咨询有限公司

地　　址：××市××区

联系人：×××

电　话：××××××××××

日期：2020年4月

能力训练题 🔍

一、单选题

1. 资格预审文件的发售期不得少于（　　　）。

A. 7 日　　　　　　　　B. 7 个工作日　　　　　　C. 5 日　　　　　　　　D. 5 个工作日

2. 下列资格预审的部分程序：①资格预审文件的澄清和修改，②发布资格预审公告，③评审资格预审文件，④编制资格预审文件，正确的流程是（ ）。

A. ①②③④ B. ②④①③ C. ④②③① D. ④②①③

3. 如果招标人需要澄清或修改资格预审文件，影响资格预审申请文件编制的，应在资格预审申请文件提交截止时间（ ）前提出。

A. 3 日 B. 3 个工作日 C. 5 日 D. 5 个工作日

4. 提交资格预审申请文件的期限：自资格预审文件停止发售之日起不得少于（ ）。

A. 3 日 B. 3 个工作日 C. 5 日 D. 5 个工作日

5. 资格审查委员会应由招标人的代表和有关技术、经济等方面的专家组成，其中技术、经济等方面的专家不得少于成员总数的（ ）。

A. 1/2 B. 2/3 C. 1/3 D. 3/4

二、多选题

1. 资格预审文件的主要内容有（ ）。

A. 资格预审公告 B. 投标人须知
C. 资格审查办法 D. 资格预审申请文件格式
E. 项目建设概况

2. 下列属于资格预审程序的是（ ）。

A. 发布资格预审公告 B. 编制资格预审文件
C. 详细评审 D. 组建资格审查委员会
E. 资格预审文件的澄清和修改

3. 资格预审文件由（ ）编制。

A. 招标人组织有关专家人员编制 B. 委托施工单位编制
C. 委托设计单位编制 D. 委托咨询公司编制
E. 委托项目主管部门编制

4. 资格预审公告的内容有（ ）。

A. 申请人须知 B. 项目概况与招标范围
C. 申请人资格要求 D. 招标条件
E. 资格审查办法

5. 资格预审申请文件包括的内容有（ ）。

A. 申请人须知 B. 资格预审申请函
C. 法定代表人身份证明 D. 申请人基本情况表
E. 近年财务状况表

三、简答题

1. 简述资格预审的程序。
2. 简述资格预审公告的内容。
3. 简述资格预审文件的内容。

任务 5.3　资格后审

模块	2 建设工程招标业务	项目	5 投标人资格审查	任务	5.3 资格后审
知识目标	了解资格后审的适用范围； 了解资格后审的流程； 理解资格后审的主要内容； 掌握资格后审的评审方式				
能力目标	能够进行资格后审； 会判断资格后审的适用项目				
重点难点	重点：资格后审的适用范围； 难点：资格后审的主要内容				

5.3.1　资格后审的内容

　　资格后审是针对已购买招标文件的投标人，这些投标人都已具备了完成工程项目的基本资质，在开标后的评标阶段，评标委员会对投标人能否胜任工程、机构是否健全、有无类似工程经验、人员是否合格、机械设备是否适用、资金是否足够周转等方面作实质性的审核。

　　资格后审是在开标后的初步评审阶段，评标委员会根据招标文件规定的投标资格条件对投标人资格进行评审，投标资格评审合格的投标文件进入详细评审阶段。采用资格后审方式的招标项目，不发资格预审公告，通过发布招标公告，邀请一切愿意参加工程投标的承包商申请投标。

5.3.2　资格后审的适用范围

　　对于一些工期要求比较紧，工程技术、结构不太复杂的项目，为了争取早日开工，可不进行资格预审，而进行资格后审。即在招标文件中加入资格审查的内容，投标人在提交投标文件的同时进行资格审定，淘汰不合格的投标人，对其投标文件不予评审。只对合格的投标人的商务部分、技术部分进行详评。资格审查无论是资格预审还是资格后审，其方法和过程基本一致，都需要对投标人提交的资格文件进行审查。在详细评审前，为了减轻评审的工作量，可以制定一种层级筛选方法，即根据资格审查文件的要求，将影响的强制性标准作为制约因素，制定最低标准，把各投标人的资格文件与各项最低标准比较，进行初次筛选，只有满足所有最低要求的申请人才可以进入下一阶段评审。

5.3.3　资格后审的程序

　　采用资格后审的项目一般按公开招标程序进行。

1. 编制招标文件。

招标人根据招标项目特点和需要表明招标项目情况、技术要求、招标程序和规则、投标要求、评标办法以及拟签订合同的书面文件。

2. 发布招标公告或投标邀请书。

采用公开招标方式的，招标人应当发布招标公告，邀请不特定的法人或者其他组织投标。依法必须进行施工招标项目的招标公告，应当在国家指定的报刊和信息网络上发布。

采用邀请招标方式的，招标人应当向 3 家以上具备承担施工招标项目的能力、资信良好的特定的法人或者其他组织发出投标邀请书。

3. 出售招标文件。

招标人在招标文件规定的时间、地点向潜在投标人发售招标文件，发售招标文件的截止时间不得少于 5 日。

4. 招标文件的澄清、修改。

招标人对已发出的招标文件进行必要的澄清或者修改，应当在招标文件要求提交投标文件截止时间至少 15 日前，以书面形式通知所有招标文件收受人。如果澄清和修改发出的时间距投标截止时间不足 15 日，相应延长投标截止时间。

5. 潜在投标人编制并递交投标文件。

潜在投标人根据招标文件的格式和内容要求，编制投标文件。投标文件必须盖有投标单位的印章和法人签字，密封后在投标截止日期前按规定地点提交至招标人。《中华人民共和国招标投标法》第二十四条规定："招标人应当确定投标人编制投标文件所需的合理时间；但是，依法必须招标的项目，自招标文件开始发出之日起至投标人提交投标文件截止之日止，最短不得少于 20 日。"

6. 组建评标委员会。

由招标人依法组建的评标委员会，评标委员会由招标人或其委托的招标代理机构熟悉相关业务的代表，以及有关技术经济方面的专家组成，成员人数为 5 人以上单数，其中技术、经济方面的专家不得少于成员总数的 2/3。评标委员会成员的名单在中标结果确定前应当保密。

7. 评标委员会进入初步评审阶段（资格后审），资格后审不合格的投标人不再进入详细评审。

8. 评标委员会进入详细评审。

9. 评标委员会编写书面评标报告。

10. 招标人确定中标人，向中标人发出中标通知书的同时，并向中标的投标人发出中标结果通知书。

11. 签订承发包合同。

根据规定，招标人和中标人应当自中标通知书发出之日起 30 日内，按照招标文件和中标人的投标文件订立书面合同；招标人和中标人不得另行订立背离合同实质性内容的其他协议。

12. 标后备案。

招标人应当自确定中标人之日起 15 日内，向工程所在地的县级以上地方人民政府建设行政主管部门提交施工招标投标情况的书面报告。

能力训练题 🔍

一、单选题

1. 资格后审是在开标后的初步评审阶段，（ ）根据招标文件规定的投标资格条件对投标人资格进行评审。

A. 资格审查委员会　　　　　　　　B. 招标人

C. 投标人　　　　　　　　　　　　D. 评标委员会

2. 工期要求比较紧，工程技术、结构不太复杂的项目进行（ ）。

A. 资格预审　　　　　　　　　　　B. 资格后审

C. 详细评审　　　　　　　　　　　D. 初步评审

3. 发售招标文件的截止时间不得少于（ ）。

A. 7 日　　　　　　　　　　　　　B. 7 个工作日

C. 5 日　　　　　　　　　　　　　D. 5 个工作日

4. 招标人对已发出的招标文件进行必要的澄清或者修改，应当在招标文件要求提交投标文件截止时间至少（ ）前，以书面形式通知所有招标文件收受人。

A. 7 日　　　　B. 15 日　　　　C. 5 日　　　　D. 20 日

5. 自招标文件开始发出之日起至投标人提交投标文件截止之日止，最短不得少于（ ）。

A. 7 日　　　　B. 15 日　　　　C. 5 日　　　　D. 20 日

二、多选题

1. 资格后审审查的主要内容有（ ）。

A. 投标人能否胜任工程　　　　　　B. 机械设备是否适用

C. 资金是否足够周转　　　　　　　D. 是否具有独立订立合同的权利

E. 机构是否健全

2. 评标委员会的组成（ ）。

A. 招标人或招标代理机构熟悉相关业务的代表

B. 投标人业务代表

C. 技术经济方面的专家占成员总数的 2/3

D. 7 人以上的单数

E. 技术经济方面的专家占成员总数的 1/2

3. 下列属于资格后审程序的有（ ）。

A. 建立资格审查委员会　　　　　　B. 编制招标文件

C. 初步评审　　　　　　　　　　　D. 详细评审

E. 编写书面评标报告

三、简答题

1. 简述资格后审的适用范围。

2. 简述资格后审的程序。

3. 简述评标委员会的组成。

专题实训 2　资格预审实训

模块	2 建设工程招标业务	项目	5 投标人资格审查	专题实训	2 资格预审实训
知识目标	了解资格预审的程序； 掌握资格预审文件包含的内容				
能力目标	能够编制资格预审公告； 会编制申请人须知前附表				
重点难点	重点：资格预审公告、申请人须知前附表的编制； 难点：资格预审公告和申请人须知前附表的各项时间节点的确定				

××广场四期写字楼装修工程背景资料

一、基本信息

建设单位：×××房地产开发有限公司。

建设地点：××市××区××路 101 号。

建设规模：××广场四期（地下室为二层连体地下室，上部为 23 层的酒店和 33 层的 5A 写字楼）总建筑面积约计 12.35 万 m^2（其中：酒店地上建筑面积约 4.05 万 m^2，写字楼地上建筑面积约 5.0 万 m^2，地下室建筑面积约 3.3 万 m^2）。本招标范围装修面积约 2.4 万 m^2。工程质式为现浇钢筋混凝土框架和框剪结构，建筑防火等级为一级。

建设面积：2.4 万 m^2。

估算合同额：2880 万元。

资金情况：企业自筹和银行贷款（出资比例 7：3），资金已落实。

招标范围：四期 5A 写字楼：B2 层、B1 层电梯厅、电梯轿厢、首层大堂、卫生间、4 层至 20 层标准层公共区域（含电梯厅、走道、卫生间）及精装办公室精装修的装饰工程。

二、建设单位背景信息

××广场项目用地性质为商业、商务办公、酒店用地。用地面积为 151078 m^2，涵盖了高层甲级办公（建筑高度 145m）、高层酒店（建筑高度不超过 95m）、高层办公（建筑高度不超过 100m）、大型购物中心以及集中式商业街区等不同功能。项目分四期建设。本项目总建筑面积 675019.9 m^2，其中地上 444034.0 m^2，地下 230985.9 m^2。一期为 SOHO 办公区部分、二期为商业街区、三期为购物中心及 SOHO、四期为酒店及写字楼。

本次招标的内容为四期 5A 写字楼工程，包括了 B2 层、B1 层电梯厅、电梯轿厢、首层大堂、卫生间、4 层至 20 层标准层公共区域（含电梯厅、走道、卫生间）及精装办公室精装修的装饰工程。目前该工程已经完成发改委立项，取得规划许可证，同时招标图纸、勘察报告均已通过相关部门审批，工程概预算也已递交相关部门审批中。

本工程招标工作全权委托给一家招标代理公司，同时招标工程量清单及招标控制价委托给某工程咨询公司。本工程采用固定总价合同，除非工程量清单发生错误可以根据《建设工程工程量清单计价规范》GB 50500—2013 的相关规定进行调整，其余不做调整。

三、招标投标要求

本工程定额工期为 143 日历天，计划开工日期为 2020 年 9 月 26 日，计划竣工日期为 2021 年 2 月 15 日。工程质量要求为确保省优，力争国优。

经过××房地产有限公司的努力，本工程自 2020 年 7 月 3 日即能具备招标条件（备注：此条件不作为招标条件和招标方式的判定条件），本工程采用资格预审（合格制）的招标方式公开招标，具备招标条件后即开始公开发布资格预审公告。本工程招标控制价为 2880 万元，同时由于工期紧张，项目计划在 2020 年 8 月 31 日前完成全部招标工作，并开始实施进场准备工作。为了确保该工程招标投标活动的严肃性，需投标人提交投标保证金。保证金形式、金额及有效期按相关法律规定执行。中标人中标后，需向建设单位缴纳 5% 的合同款作为履约保证金。

<h3 style="text-align:center">《资格预审文件》的编制实训任务书</h3>

一、实训目的

通过本次实训内容，使同学们了解《中华人民共和国建筑法》《中华人民共和国招标投标法》《中华人民共和国民法典》，了解招标方面的相关制度，了解《标准施工资格预审文件（2010 年版）》的结构、内容、编制方法及资格预审程序。

二、实训组织

根据引例提供的基本信息，按照《标准施工资格预审文件（2010 年版）》范本来编制资格预审文件。

三、实训时间及安排

完成"项目 5 投标人资格审查"的课程教学后进行该项实训任务，实训时间：2课时。

四、实训内容及方法

本次实训内容为××广场四期写字楼装修工程，大家根据工程背景资料编写附表中的资格预审公告（1 课时）、申请人须知前附表（1 课时）两部分内容；熟悉资格预审的程序和资格预审文件的结构。

五、实训要求

要求同学们以小组为单位进行，每小组成员认真完成组长安排的工作，严格服从组长指挥。

在编制资格预审文件的时候，按照工程背景资料的信息来进行编写。

同学们可以虚拟一家招标代理机构公司进行编写。

遇到问题不能解决时，请及时与指导老师联系。

附表

第一章　资格预审公告

_____(项目名称)_____标段施工招标

资格预审公告(代招标公告)

1. 招标条件

本招标项目_____(项目名称)已由_____(项目审批、核准或备案机关名称)以(批文名称及编号)批准建设,项目业主为_____,建设资金来自_____(资金来源),项目出资比例为_____,招标人为_____,招标代理机构为_____。项目已具备招标条件,现进行公开招标,特邀请有兴趣的潜在投标人(以下简称申请人)提出资格预审申请。

2. 项目概况与招标范围

_____[说明本次招标项目的建设地点、规模、计划工期、合同估算价、招标范围、标段划分(如果有)等]。

3. 申请人资格要求

3.1 本次资格预审要求申请人具备_____资质,_____(类似项目描述)业绩,并在人员、设备、资金等方面具备相应的施工能力,其中,申请人拟派项目经理须具备_____专业_____级注册建造师执业资格和有效的安全生产考核合格证书,且未担任其他在施建设工程项目的项目经理。

3.2 本次资格预审_____(接受或不接受)联合体资格预审申请。联合体申请资格预审的,应满足下列要求:_____。

3.3 各申请人可就本项目上述标段中的_____(具体数量)个标段提出资格预审申请,但最多允许中标_____(具体数量)个标段(适用于分标段的招标项目)。

4. 资格预审方法

本次资格预审采用_____(合格制/有限数量制)。采用有限数量制的,当通过详细审查的申请人多于_____家时,通过资格预审的申请人限定为_____家。

5. 申请报名

凡有意申请资格预审者,请于___年___月___日至___年___月___日(法定公休日,法定节假日除外),每日上午___时至___时,下午___时至___时(北京时间,下同),在_____(有形建筑市场/交易中心名称及地址)报名。

6. 资格预审文件的获取

6.1 凡通过上述报名者,请于___年___月___日至___年___月___日(法定公休日、法定节假日除外),每日上午___时至___时,下午___时至___时,在_____(详细地址)持单位介绍信购买资格预审文件。

6.2 资格预审文件每套售价_____元,售后不退。

6.3 邮购资格预审文件的,需另加手续费(含邮费)_____元。招标人在收到单位介绍信和邮购款(含手续费)后_____日内寄送。

7. 资格预审申请文件的递交

7.1 递交资格预审申请文件截止时间(申请截止时间,下同)为___年___月___日___时___分,地点为_____(有形建筑市场/交易中心名称及地址)。

7.2 逾期送达或者未送达指定地点的资格预审申请文件,招标人不予受理。

8. 发布公告的媒介

本次资格预审公告同时在_____(发布公告的媒介名称)上发布。

9. 联系方式

招 标 人:	招标代理机构:
地　　址:	地　　址:
邮　　编:	邮　　编:
联 系 人:	联 系 人:
电　　话:	电　　话:
传　　真:	传　　真:
电子邮件:	电子邮件:
网　　址:	网　　址:
开户银行:	开户银行:
账　　号:	账　　号:

年　　月　　日

第二章 申请人须知
申请人须知前附表

条款号	条款名称	编列内容
1.1.2	招标人	名 称: 地 址: 联系人: 电 话: 电子邮件:
1.1.3	招标代理机构	名 称: 地 址: 联系人: 电 话: 电子邮件:
1.1.4	项目名称	
1.1.5	建设地点	
1.2.1	资金来源	
1.2.2	出资比例	
1.2.3	资金落实情况	
1.3.1	招标范围	
1.3.2	计划工期	计划工期: 日历天 计划开工日期: 年 月 日 计划竣工日期: 年 月 日
1.3.3	质量要求	质量标准:
1.4.1	申请人资质条件、能力和信誉	资质条件: 财务要求: 业绩要求:(与资格预审公告要求一致) 信誉要求: (1)诉讼及仲裁情况 (2)不良行为记录 (3)合同履约率 项目经理资格: 专业 级(含以上级)注册建造师执业资格和有效的安全生产考核合格证书,且未担任其他在施建设工程项目的项目经理。 其他要求: (1)拟投入主要施工机械设备情况 (2)拟投入项目管理人员 (3)……
1.4.2	是否接受联合体资格预审申请	□不接受 □接受,应满足下列要求: 其中:联合体资质按照联合体协议约定的分工认定,其他审查标准按联合体协议中约定的各成员分工所占合同工作量的比例,进行加权折算
2.1.1	申请人要求澄清资格预审文件的截止时间	

续表

条款号	条款名称	编列内容
2.1.2	招标人澄清 资格预审文件的截止时间	
2.1.3	申请人确认收到 资格预审文件澄清的时间	
2.2.1	招标人修改 资格预审文件的截止时间	
2.2.2	申请人确认收到 资格预审文件修改的时间	
3.1	申请人需补充的其他材料	(1)其他企业信誉情况表 (2)拟投入主要施工机械设备情况 (3)拟投入项目管理人员情况 ……
3.2.1	近年财务状况的年份要求	___年,指___年___月___日起至___年___月___日止。
3.2.2	近年完成的类似项目的年份要求	___年,指___年___月___日起至___年___月___日止。
3.2.3	近年发生的诉讼及仲裁情况的年份要求	___年,指___年___月___日起至___年___月___日止。
3.3.1	签字和(或)盖章要求	
3.3.2	资格预审申请文件副本份数	___份
3.3.3	资格预审申请文件的装订要求	□不分册装订 □分册装订,共分 册,分别为: _____ _____ 每册采用_____方式装订,装订应牢固、不易拆散和换页,不得采用活页装订
4.1	封套上写明	招标人的地址: 招标人全称: ___(项目名称)___标段施工招标资格预审申请文件在___年___月___日___时___分前不得开启
4.2.1	申请截止时间	___年___月___日___时___分
4.2.2	递交资格预审申请文件的地点	
4.2.3	是否退还资格预审申请文件	□否 □是,退还安排:
5.1	审查委员会人数	审查委员会构成:___人,其中招标人代表___人(限招标人在职人员,且应当具备评标专家的相应的或者类似的条件),专家___人; 审查专家确定方式:
5.2	资格审查方法	□合格制 □有限数量制
6.1	资格预审结果的通知时间	
6.2	资格预审结果的确认时间	
7		需要补充的其他内容

项目6

Chapter 06

招标文件编制

思维导图

招标文件编制

招标文件作用
- 投标人编制投标文件和投标的重要依据
- 评标委员会评标的重要依据
- 订立合同的基础文件和依据

招标文件编制原则
- 遵守法律、法规、规章等
- 招标文件各部分内容力求统一
- 全面、准确反映招标人需求
- 公平、公正、合格、科学

招标文件内容
- 招标公告(投标邀请书)
- 投标人须知
- 评标办法
- 合同主要条款及格式
- 工程量清单
- 图纸
- 技术标准和要求
- 投标文件格式

任务 6.1 招标文件编制

模块	2 建设工程招标业务	项目	6 招标文件编制	任务	6.1 招标文件编制
知识目标	了解招标文件的重要性； 理解招标文件的编制原则； 掌握招标文件的内容及编制方法				
能力目标	能编制招标公告； 能编制招标文件				
重点难点	招标文件的编制原则、内容及编制方法				

6.1.1　招标文件的重要性

招标文件的编制是招标工作的重要环节和主要内容之一，关系到招标工作的成败，同时也会影响投资效益。招标文件是招标人向投标人提供的为进行投标工作所必需的文件。

回想招标投标过程，招标文件由谁来编制？招标文件在整个项目建设过程中，起什么作用？

1. 招标文件是投标人准备投标文件和参加投标的重要依据

招标文件中规定了招标项目的技术要求、投标报价要求和评标标准等要求和注意事项以及投标文件的填写格式。如投标方对招标文件研读不透彻，可能会导致投标失败。

2. 招标文件是招标投标活动当事人的行为准则和评标的重要依据

招标文件中，需要明确规定相关的评标因素和利用评标因素进行评标的相关标准，为评标提供依据。同时，招标和投标当事人在招标投标过程中，享有同等的权利和义务。

3. 招标文件是招标人和中标的投标人双方订立合同的基础性文件

多数情况下，招标文件就是一份"合同"草案。而中标的投标文件应当对招标文件的实质性要求和条件作出响应，也即承诺。依照《中华人民共和国招标投标法》的规定，招标人和中标人应当自中标通知书发出之日起 30 日内，按照招标文件和中标人的投标文件订立书面合同。

6.1.2　建设工程招标文件编制原则

招标文件的编制需体现系统、完整、准确、明了等特点，招标文件的编制应遵循以下原则：

1. 招标文件的编制须遵守法律、法规和部门规章的规定

编写招标文件要以熟悉招标投标相关法律法规为前提，招标文件的内容应符合相关法律法规的规定。如《中华人民共和国招标投标法》《房屋建筑和市政基础设施工程施工招标投标管理办法》《中华人民共和国政府采购法》《中华人民共和国民法典》等多项有关的法律，遵循国际惯例、行业规范等。

2. 招标文件各部分的内容要力求统一，避免文件之间的矛盾

招标文件涉及内容较多，在投标者须知、合同条款、规范等各部分内容之间的数据或文件要一致，以免给投标人造成困惑，或者在合同履行过程中产生不必要的争端。

3. 招标文件应全面反映使用单位需求

招标文件应能全面准确反应招标方的需求，也就是说招标文件需要明确由投标人做出实质性响应的重要内容，如工期、技术指标、工艺方法、质量等。若以上问题没有明确，不仅给投标人编制投标文件带来很多困惑和疑问，最终还会影响招标成效和质量。

4. 招标文件应体现公平公正

招标文件应对每一位投标方做到公平公正，防范在招标文件中出现歧视或倾向性条款限制，排斥或保护潜在投标人。同时，要公平、合理划分招标人和投标人的风险责任。

6.1.3　招标文件的内容和编制

1. 招标文件的内容

6-1
招标文件的组成及内容

招标文件大致由以下三部分组成：

（1）关于编写和提交投标文件的规定。载入这些内容的目的是尽量减少承包人或供应商由于不明确如何编写投标文件而处于不利地位或其投标遭到拒绝的可能。

（2）关于对投标人资格审查的标准及投标文件的评审标准和方法。这是为了提高招标过程的透明度和公平性，所以非常重要，也是不可缺少的。

（3）关于合同主要条款的规定，主要是商务条款。有利于投标人了解中标后签订合同的主要内容，明确双方的权利和义务。其中，技术要求、投标价格要求和主要合同条款等内容是招标文件的关键内容，统称为实质性要求。

招标人根据招标项目施工的特点和需要编制招标文件。招标文件一般包括以下内容：

1）招标公告（投标邀请书）；

2）投标人须知；

3）评标办法；

4）合同条款及格式；

5）工程量清单；

6）图纸；

7）技术标准和要求；

8）投标文件格式。

施工招标文件的编制需要参考哪些法律法规文件？你所熟悉的招标文件范本包括哪些内容？

2. 招标文件的编制

（1）招标公告（投标邀请书）

在建设工程施工招标时，如采用公开招标的方式，应及时发布招标公告。采用邀请招标的项目应发布投标邀请书。

6-2
招标文件
的编制及
注意事项

　　依法必须进行招标的工程施工项目，其招标条件是什么？是不是任何项目都需要发布招标公告，招标公告和投标邀请书分别适用于什么项目，两者有何区别？招标公告和投标邀请书中时间的填写有何要求？

（2）投标人须知

投标人须知是招标人对投标人投标时注意事项的书面阐述和告知。投标人须知包括两个部分：第一部分是投标人须知前附表；第二部分是投标人须知正文。

1）投标人须知前附表

　　1. 了解《标准施工招标文件》投标人须知前附表中哪些内容应该与招标公告、资格预审公告一致？投标人须知前附表中时间的填写应符合哪些规定？

　　2. 讨论哪些内容必须纳入投标人须知前附表，哪些内容可以根据项目的具体情况进行增减？

投标人须知前附表见表 6-1，一方面是投标人须知正文部分的概括和提示，应将其编排于投标人须知正文之前，以便投标人查阅；另一方面该表对投标须知正文中交由前附表明确的内容给予具体定位。

投标人须知前附表 表 6-1

工程名称			
建设地点			
联系人		联系电话	
		手机	
招标方式			
招标范围			
标段划分			
建筑面积	_____ m²	结构类型及层数	
承包方式		工程类别	

续表

定额工期	＿＿＿＿天	工期要求	＿＿＿＿天
工期提前率	＿＿＿＿%	投标保证金	＿＿＿＿元人民币
现场踏勘			
投标有效期	投标截止日后＿＿＿日内有效		
投标文件份数	一套正本＿＿＿副本		
投标文件递交	递交至:某某市建设工程交易中心二楼第＿＿＿会议室 地址:某某市某某路 18 号 接收人:＿＿＿＿(招标人名称)		
开标	时间:＿＿＿年＿＿＿月＿＿＿日＿＿＿时 地点:某某市建设工程交易中心＿＿＿＿会议室		
评标办法			

2) 招标人须知正文

投标人须知正文内容见表 6-2,主要包括:总则、招标文件、投标文件、投标、开标、评标、合同授予、重新招标和不再招标、纪律和监督。

投标人须知正文

表 6-2

1 总则
1.1 项目概况
1.1.1 根据《中华人民共和国招标投标法》等有关法律、法规和规章的规定,本招标项目已具备招标条件,现对本标段施工进行招标。
1.1.2 本招标项目招标人:见投标人须知前附表。
1.1.3 本标段招标代理机构:见投标人须知前附表。
1.1.4 本招标项目名称:见投标人须知前附表。
1.1.5 本标段建设地点:见投标人须知前附表。
1.2 资金来源和落实情况
1.2.1 本招标项目的资金来源:见投标人须知前附表。
1.2.2 本招标项目的出资比例:见投标人须知前附表。
1.2.3 本招标项目的资金落实情况:见投标人须知前附表。
1.3 招标范围、计划工期和质量要求
1.3.1 本次招标范围:见投标人须知前附表。
1.3.2 本标段的计划工期:见投标人须知前附表。
1.3.3 本标段的质量要求:见投标人须知前附表。
1.4 投标人资格要求(适用于已进行资格预审的)
投标人应是收到招标人发出投标邀请书的单位。
1.4 投标人资格要求(适用于未进行资格预审的)
1.4.1 投标人应具备承担本标段施工的资质条件、能力和信誉。
(1)资质条件:见投标人须知前附表;
(2)财务要求:见投标人须知前附表;
(3)业绩要求:见投标人须知前附表;
(4)信誉要求:见投标人须知前附表;
(5)项目经理资格:见投标人须知前附表;
(6)其他要求:见投标人须知前附表。
1.4.2 投标人须知前附表规定接受联合体投标的,除应符合第 1.4.1 项和投标人须知前附表的要求外,还应遵守以下规定:

(1)联合体各方应按招标文件提供的格式签订联合体协议书,明确联合体牵头人和各方权利义务;

(2)由同一专业的单位组成的联合体,按照资质等级较低的单位确定资质等级;

(3)联合体各方不得再以自己名义单独或参加其他联合体在同一标段中投标。

1.4.3 投标人不得存在下列情形之一:

(1)为招标人不具有独立法人资格的附属机构(单位);

(2)为本标段前期准备提供设计或咨询服务的,但设计施工总承包的除外;

(3)为本标段的监理人;

(4)为本标段的代建人;

(5)为本标段提供招标代理服务的;

(6)与本标段的监理人或代建人或招标代理机构同为一个法定代表人的;

(7)与本标段的监理人或代建人或招标代理机构相互控股或参股的;

(8)与本标段的监理人或代建人或招标代理机构相互任职或工作的;

(9)被责令停业的;

(10)被暂停或取消投标资格的;

(11)财产被接管或冻结的;

(12)在最近三年内有骗取中标或严重违约或重大工程质量问题的。

1.5 费用承担

投标人准备和参加投标活动发生的费用自理。

1.6 保密

参与招标投标活动的各方应对招标文件和投标文件中的商业和技术等秘密保密,违者应对由此造成的后果承担法律责任。

1.7 语言文字

除专用术语外,与招标投标有关的语言均使用中文。必要时专用术语应附有中文注释。

1.8 计量单位

所有计量均采用中华人民共和国法定计量单位。

1.9 踏勘现场

1.9.1 投标人须知前附表规定组织踏勘现场的,招标人按投标人须知前附表规定的时间、地点组织投标人踏勘项目现场。

1.9.2 投标人踏勘现场发生的费用自理。

1.9.3 除招标人的原因外,投标人自行负责在踏勘现场中所发生的人员伤亡和财产损失。

1.9.4 招标人在踏勘现场中介绍的工程场地和相关的周边环境情况,供投标人在编制投标文件时参考,招标人不对投标人据此作出的判断和决策负责。

1.10 投标预备会

1.10.1 投标人须知前附表规定召开投标预备会的,招标人按投标人须知前附表规定的时间和地点召开投标预备会,澄清投标人提出的问题。

1.10.2 投标人应在投标人须知前附表规定的时间前,以书面形式将提出的问题送达招标人,以便招标人在会议期间澄清。

1.10.3 投标预备会后,招标人在投标人须知前附表规定的时间内,将对投标人所提问题的澄清,以书面方式通知所有购买招标文件的投标人。该澄清内容为招标文件的组成部分。

1.11 分包

投标人拟在中标后将中标项目的部分非主体、非关键性工作进行分包的,应符合投标人须知前附表规定的分包内容、分包金额和接受分包的第三人资质要求等限制性条件。

1.12 偏离

投标人须知前附表允许投标文件偏离招标文件某些要求的,偏离应当符合招标文件规定的偏离范围和幅度。

2 招标文件

2.1 招标文件的组成

本招标文件包括:

(1)招标公告(或投标邀请书);

(2)投标人须知;

续表

(3)评标办法；

(4)合同条款及格式；

(5)工程量清单；

(6)图纸；

(7)技术标准和要求；

(8)投标文件格式；

(9)投标人须知前附表规定的其他材料。

根据第1.10款、第2.2款和第2.3款对招标文件所作的澄清、修改，构成招标文件的组成部分。

2.2 招标文件的澄清

2.2.1 投标人应仔细阅读和检查招标文件的全部内容。如发现缺页或附件不全，应及时向招标人提出，以便补齐。如有疑问，应在投标人须知前附表规定的时间前以书面形式（包括信函、电报、传真等可以有形地表现所载内容的形式，下同），要求招标人对招标文件予以澄清。

2.2.2 招标文件的澄清将在投标人须知前附表规定的投标截止时间7天前以书面形式发给所有购买招标文件的投标人，但不指明澄清问题的来源。如果澄清发出的时间距投标截止时间不足7天，相应延长投标截止时间。

2.2.3 投标人在收到澄清后，应在投标人须知前附表规定的时间内以书面形式通知招标人，确认已收到该澄清。

2.3 招标文件的修改

2.3.1 在投标截止时间7天前，招标人可以书面形式修改招标文件，并通知所有已购买招标文件的投标人。如果修改招标文件的时间距投标截止时间不足7天，相应延长投标截止时间。

2.3.2 投标人收到修改内容后，应在投标人须知前附表规定的时间内以书面形式通知招标人，确认已收到该修改。

3 投标文件

3.1 投标文件的组成

3.1.1 投标文件应包括下列内容：

(1)投标函及投标函附录；

(2)法定代表人身份证明或附有法定代表人身份证明的授权委托书；

(3)联合体协议书；

(4)投标保证金；

(5)已标价工程量清单；

(6)施工组织设计；

(7)项目管理机构；

(8)拟分包项目情况表；

(9)资格审查资料；

(10)投标人须知前附表规定的其他材料。

3.1.2 投标人须知前附表规定不接受联合体投标的，或投标人没有组成联合体的，投标文件不包括第3.1.1(3)目所指的联合体协议书。

3.2 投标报价

3.2.1 投标人应按第五章"工程量清单"的要求填写相应表格。

3.2.2 投标人在投标截止时间前修改投标函中的投标总报价，应同时修改第五章"工程量清单"中的相应报价。此修改须符合第4.3款的有关要求。

3.3 投标有效期

3.3.1 在投标人须知前附表规定的投标有效期内，投标人不得要求撤销或修改其投标文件。

3.3.2 出现特殊情况需要延长投标有效期的，招标人以书面形式通知所有投标人延长投标有效期。投标人同意延长的，应相应延长其投标保证金的有效期，但不得要求或被允许修改或撤销其投标文件；投标人拒绝延长的，其投标失效，但投标人有权收回其投标保证金。

3.4 投标保证金

3.4.1 投标人在递交投标文件的同时，应按投标人须知前附表规定的金额、担保形式和第八章"投标文件格式"规定的投标保证金格式递交投标保证金，并作为其投标文件的组成部分。联合体投标的，其投标保证金由牵头人递交，并应符合投标人须知前附表的规定。

3.4.2 投标人不按第3.4.1项要求提交投标保证金的，其投标文件作废标处理。

3.4.3 招标人与中标人签订合同后5个工作日内，向未中标的投标人和中标人退还投标保证金。

3.4.4 有下列情形之一的,投标保证金将不予退还:

(1)投标人在规定的投标有效期内撤销或修改其投标文件;

(2)中标人在收到中标通知书后,无正当理由拒签合同协议书或未按招标文件规定提交履约担保。

3.5 资格审查资料(适用于已进行资格预审的)

投标人在编制投标文件时,应按新情况更新或补充其申请资格预审时提供的资料,以证实其各项资格条件仍能继续满足资格预审文件的要求,具备承担本标段施工的资质条件、能力和信誉。

3.5 资格审查资料(适用于未进行资格预审的)

3.5.1 "投标人基本情况表"应附投标人营业执照副本及其年检合格的证明材料、资质证书副本和安全生产许可证等材料的复印件。

3.5.2 "近年财务状况表"应附经会计师事务所或审计机构审计的财务会计报表,包括资产负债表、现金流量表、利润表和财务情况说明书的复印件,具体年份要求见投标人须知前附表。

3.5.3 "近年完成的类似项目情况表"应附中标通知书和(或)合同协议书、工程接收证书(工程竣工验收证书)的复印件,具体年份要求见投标人须知前附表。每张表格只填写一个项目,并标明序号。

3.5.4 "正在施工和新承接的项目情况表"应附中标通知书和(或)合同协议书复印件。每张表格只填写一个项目,并标明序号。

3.5.5 "近年发生的诉讼及仲裁情况"应说明相关情况,并附法院或仲裁机构作出的判决、裁决等有关法律文书复印件,具体年份要求见投标人须知前附表。

3.5.6 投标人须知前附表规定接受联合体投标的,第3.5.1项至第3.5.5项规定的表格和资料应包括联合体各方相关情况。

3.6 备选投标方案

除投标人须知前附表另有规定外,投标人不得递交备选投标方案。允许投标人递交备选投标方案的,只有中标人所递交的备选投标方案方可予以考虑。评标委员会认为中标人的备选投标方案优于其按照招标文件要求编制的投标方案的,招标人可以接受该备选投标方案。

3.7 投标文件的编制

3.7.1 投标文件应按第八章"投标文件格式"进行编写,如有必要,可以增加附页,作为投标文件的组成部分。其中,投标函附录在满足招标文件实质性要求的基础上,可以提出比招标文件要求更有利于招标人的承诺。

3.7.2 投标文件应当对招标文件有关工期、投标有效期、质量要求、技术标准和要求、招标范围等实质性内容作出响应。

3.7.3 投标文件应用不褪色的材料书写或打印,并由投标人的法定代表人或其委托代理人签字或盖单位章。委托代理人签字的,投标文件应附法定代表人签署的授权委托书。投标文件应尽量避免涂改、行间插字或删除。如果出现上述情况,改动之处应加盖单位章或由投标人的法定代表人或其授权的代理人签字确认。签字或盖章的具体要求见投标人须知前附表。

3.7.4 投标文件正本一份,副本份数见投标人须知前附表。正本和副本的封面上应清楚地标记"正本"或"副本"的字样。当副本和正本不一致时,以正本为准。

3.7.5 投标文件的正本与副本应分别装订成册,并编制目录,具体装订要求见投标人须知前附表规定。

4 投标

4.1 投标文件的密封和标记

4.1.1 投标文件的正本与副本应分开包装,加贴封条,并在封套的封口处加盖投标人单位章。

4.1.2 投标文件的封套上应清楚地标记"正本"或"副本"字样,封套上应写明的其他内容见投标人须知前附表。

4.1.3 未按第4.1.1项或第4.1.2项要求密封和加写标记的投标文件,招标人不予受理。

4.2 投标文件的递交

4.2.1 投标人应在第2.2.2项规定的投标截止时间前递交投标文件。

4.2.2 投标人递交投标文件的地点:见投标人须知前附表。

4.2.3 除投标人须知前附表另有规定外,投标人所递交的投标文件不予退还。

4.2.4 招标人收到投标文件后,向投标人出具签收凭证。

4.2.5 逾期送达的或者未送达指定地点的投标文件,招标人不予受理。

4.3 投标文件的修改与撤回

4.3.1 在第2.2.2项规定的投标截止时间前,投标人可以修改或撤回已递交的投标文件,但应以书面形式通知招标人。

4.3.2 投标人修改或撤回已递交投标文件的书面通知应按照第 3.7.3 项的要求签字或盖章。招标人收到书面通知后，向投标人出具签收凭证。

4.3.3 修改的内容为投标文件的组成部分。修改的投标文件应按照第 3 条、第 4 条规定进行编制、密封、标记和递交，并标明"修改"字样。

5 开标

5.1 开标时间和地点

招标人在第 2.2.2 项规定的投标截止时间（开标时间）和投标人须知前附表规定的地点公开开标，并邀请所有投标人的法定代表人或其委托代理人准时参加。

5.2 开标程序

主持人按下列程序进行开标：

(1)宣布开标纪律；

(2)公布在投标截止时间前递交投标文件的投标人名称，并点名确认投标人是否派人到场；

(3)宣布开标人、唱标人、记录人、监标人等有关人员姓名；

(4)按照投标人须知前附表规定检查投标文件的密封情况；

(5)按照投标人须知前附表的规定确定并宣布投标文件开标顺序；

(6)设有标底的，公布标底；

(7)按照宣布的开标顺序当众开标，公布投标人名称、标段名称、投标保证金的递交情况、投标报价、质量目标、工期及其他内容，并记录在案；

(8)投标人代表、招标人代表、监标人、记录人等有关人员在开标记录上签字确认；

(9)开标结束。

6 评标

6.1 评标委员会

6.1.1 评标由招标人依法组建的评标委员会负责。评标委员会由招标人或其委托的招标代理机构熟悉相关业务的代表，以及有关技术、经济等方面的专家组成。评标委员会成员人数以及技术、经济等方面专家的确定方式见投标人须知前附表。

6.1.2 评标委员会成员有下列情形之一的，应当回避：

(1)招标人或投标人的主要负责人的近亲属；

(2)项目主管部门或者行政监督部门的人员；

(3)与投标人有经济利益关系，可能影响对投标公正评审的；

(4)曾因在招标、评标以及其他与招标投标有关活动中从事违法行为而受过行政处罚或刑事处罚的。

6.2 评标原则

评标活动遵循公平、公正、科学和择优的原则。

6.3 评标

评标委员会按照第三章"评标办法"规定的方法、评审因素、标准和程序对投标文件进行评审。第三章"评标办法"没有规定的方法、评审因素和标准，不作为评标依据。

7 合同授予

7.1 定标方式

除投标人须知前附表规定评标委员会直接确定中标人外，招标人依据评标委员会推荐的中标候选人确定中标人，评标委员会推荐中标候选人的人数见投标人须知前附表。

7.2 中标通知

在本章第 3.3 款规定的投标有效期内，招标人以书面形式向中标人发出中标通知书，同时将中标结果通知未中标的投标人。

7.3 履约担保

7.3.1 在签订合同前，中标人应按投标人须知前附表规定的金额、担保形式和招标文件第四章"合同条款及格式"规定的履约担保格式向招标人提交履约担保。联合体中标的，其履约担保由牵头人递交，并应符合投标人须知前附表规定的金额、担保形式和招标文件第四章"合同条款及格式"规定的履约担保格式要求。

7.3.2 中标人不能按第 7.3.1 项要求提交履约担保的，视为放弃中标，其投标保证金不予退还，给招标人造成的损失超过投标保证金数额的，中标人还应当对超过部分予以赔偿。

7.4 签订合同

7.4.1 招标人和中标人应当自中标通知书发出之日起 30 天内,根据招标文件和中标人的投标文件订立书面合同。中标人无正当理由拒签合同的,招标人取消其中标资格,其投标保证金不予退还;给招标人造成的损失超过投标保证金数额的,中标人还应当对超过部分予以赔偿。

7.4.2 发出中标通知书后,招标人无正当理由拒签合同的,招标人向中标人退还投标保证金;给中标人造成损失的,还应当赔偿损失。

8 重新招标和不再招标

8.1 重新招标

有下列情形之一的,招标人将重新招标:

(1)投标截止时间止,投标人少于 3 个的;

(2)经评标委员会评审后否决所有投标的。

8.2 不再招标

重新招标后投标人仍少于 3 个或者所有投标被否决的,属于必须审批或核准的工程建设项目,经原审批或核准部门批准后不再进行招标。

9 纪律和监督

9.1 对招标人的纪律要求

招标人不得泄露招标投标活动中应当保密的情况和资料,不得与投标人串通损害国家利益、社会公共利益或者他人合法权益。

9.2 对投标人的纪律要求

投标人不得相互串通投标或者与招标人串通投标,不得向招标人或者评标委员会成员行贿谋取中标,不得以他人名义投标或者以其他方式弄虚作假骗取中标;投标人不得以任何方式干扰、影响评标工作。

9.3 对评标委员会成员的纪律要求

评标委员会成员不得收受他人的财物或者其他好处,不得向他人透漏对投标文件的评审和比较、中标候选人的推荐情况以及评标有关的其他情况。在评标活动中,评标委员会成员不得擅离职守,影响评标程序正常进行,不得使用第三章"评标办法"没有规定的评审因素和标准进行评标。

9.4 对与评标活动有关的工作人员的纪律要求

与评标活动有关的工作人员不得收受他人的财物或者其他好处,不得向他人透漏对投标文件的评审和比较、中标候选人的推荐情况以及评标有关的其他情况。在评标活动中,与评标活动有关的工作人员不得擅离职守,影响评标程序正常进行。

9.5 投诉

投标人和其他利害关系人认为本次招标活动违反法律、法规和规章规定的,有权向有关行政监督部门投诉。

10 需要补充的其他内容

需要补充的其他内容:见投标人须知前附表。

编制投标须知应遵循的基本要求有:

① 资金来源及到位情况应如实载明。

② 给予投标人做投标文件时间不应短于 20 日,即自招标文件开始发出之日起至提交投标文件截止之日止,最短不得少于 20 日。

③ 所有补充和答疑文件应经过监督管理机构备案后才能生效并发出。

④ 投标须知中具有合同约束力的各项规定,应与招标文件其他组成部分中的约定一致。

3）评标办法

招标文件中的"评标办法"主要包括选择评标方法、确定评审因素和标准及确定评标程序。

① 选择评标方法。评标方法一般包括经评审的最低投标价法、综合评估法和法律、行政法规允许的其他评标方法。

② 确定评审因素和标准。招标文件应针对初步评审和详细评审分别制定相应的评审因素和标准。

③ 确定评标程序。评标工作一般包括初步评审，详细评审，投标文件的澄清、说明及评标结果等具体程序。

A. 初步评审。按照初步评审因素和标准评审投标文件、认定投标有效性和投标报价算术错误修正。

B. 详细评审。按照详细评审因素和标准分析评定投标文件。

C. 投标文件的澄清、说明。初步评审和详细评审阶段，评标委员会可以书面形式要求投标人对投标文件中不明确的内容进行书面澄清和说明，或者对细微偏差进行补正。

D. 评标结果。经评审的最低投标价法，评标委员会按照经评审的评标价格由低到高的顺序推荐中标候选人；对于综合评估法，评标委员会按照得分由高到低的顺序推荐中标人。评标委员会按照招标人授权，也可以直接确定中标人。评标委员会完成评标后，向招标人提交书面评标报告。

4）合同主要条款及格式

招标文件中的合同条款，是招标人与中标人签订合同的基础，是对双方权利和义务的约定，合同条款是否完善、公平，将影响合同内容的正常履行。国家发展和改革委员会等九部委联合制定发布的《中华人民共和国标准施工招标文件（2017年版）》和《中华人民共和国简明标准施工招标文件（2012年版）》文件中，均列出了通用合同条款和专用合同条款，招标人在编制招标文件时除专用合同条款的空格填空内容和选择性内容外，均应不加修改地直接应用。

为了规范房屋建筑和市政工程施工招标文件编制，促进房屋建筑和市政工程招标投标公开公平和公正，住房和城乡建设部编写发布了《房屋建筑和市政基础设施工程施工招标投标管理办法》，与《中华人民共和国标准施工招标文件（2017年版）》配套使用。

为了方便招标人和中标人签订合同，目前国际和国内都制订了相关的合同条款标准格式和示范文本，比如国际工程承发包中广泛使用的 FIDIC 合同条件、国内住房和城乡建设部和国家市场监督管理总局联合下发的适合国内工程承发包使用的《建设工程施工合同（示范文本）》GF—2017—0201（简称《示范文本》）等。

合同条款及格式可参考《示范文本》，其为非强制性使用文本。合同当事人可结合建设工程具体情况，根据《示范文本》订立合同，并按照法律法规规定和合同约定承担相应的法律责任及合同权利义务。《示范文本》由合同协议书、通用合同条款和专用合同条款及附件四部分组成。

① 合同协议书主要包括工程概况、合同工期、质量标准、签约合同价和合同价格形式、项目经理、合同文件构成、承诺以及合同生效条件等重要内容，集中约定了合同当事人基本的合同权利和义务。

② 合同条款分为通用合同条款和专用合同条款两部分。合同条款是招标人与中标人签订合同的基础，一方面要求投标人充分了解合同义务和应该承担的风险，以便在编制投标文件时加以考虑；另一方面允许投标人在投标文件中以及合同谈判时提出不同意见。合同格式包括合同协议书格式、履约担保格式和预付款担保格式。

A. 通用合同条款具体为：一般约定、发包人、承包人、监理人、工程质量，安全文明施工与环境保护、工期和进度、材料与设备、试验与检验、变更、价格调整、合同价格、计量与支付、验收和工程试车、竣工结算、缺陷责任与保修、违约、不可抗力、保险、索赔和争议解决。前述条款安排既考虑了现行法律法规对工程建设的有关要求，也考虑了建设工程施工管理的特殊需要。

B. 专用合同条款是对通用合同条款原则性约定的细化、完善、补充、修改或另行约定的条款。合同当事人可以根据不同建设工程的特点及具体情况，通过双方的谈判、协商对相应的专用合同条款进行修改补充。在使用专用合同条款时，应注意以下事项：

a. 专用合同条款的编号应与相应的通用合同条款的编号一致；

b. 合同当事人可以通过对专用合同条款的修改，满足具体建设工程的特殊要求，避免直接修改通用合同条款；

c. 在专用合同条款中有横道线的地方，合同当事人可针对相应的通用合同条款进行细化、完善、补充、修改或另行约定；如无细化、完善、补充、修改或另行约定，则填写"无"或画"/"。

选用《示范文本》的，应根据所选用的文本类别、版本，通过专用条款对合同文本中的通用条款进行补充和修订，招标人也可以自行拟定合同条款。

5）工程量清单

工程量清单是指载明建设工程分部分项工程项目、措施项目和其他项目的名称和相应数量及规费、税金项目等内容的明细清单。招标工程量清单是指招标人依据国家标准、招标文件、设计文件及施工现场实际情况编制的，随招标文件发布供投标报价的工程量清单，包括其说明和表格。

招标工程量清单应包括由投标人完成工程施工的全部项目，它是各投标人投标报价的基础，也是签订合同、调整工程量、支付工程进度款和竣工结算的依据。招标工程量清单应由具有编制招标文件能力的招标人或受其委托具有相应资质的工程咨询机构进行编制。

采用工程量清单方式招标发包的建设工程项目，招标工程量清单必须作为招标文件的组成部分，招标人应将招标工程量清单连同招标文件的其他内容一并发售给投标人。招标人对招标工程量清单编制的准确性和完整性负责。投标人必须按招标工程量清单填报价格，对工程量清单不负有核实的义务，更不具有修改和调整的权力。在履行施工合同过程中发现招标工程量清单漏项或错算，引起的合同价款调整应由招标人承担。

招标工程量清单是工程量清单计价的基础，应作为编制招标控制价、投标报价、计算或调整工程量、索赔等的依据之一。

在理解招标工程量清单的概念时，首先，应注意到，招标工程量清单是一份由招标人提供的文件，编制人是招标人或其委托的工程造价咨询人；其次，在性质上说，招标工程量清单是招标文件的组成部分，一经中标且签订合同，即成为合同的组成部分。因此，无论招标人还是投标人都应该慎重对待。

6）图纸

图纸是合同文件的重要组成部分，是编制工程量清单以及投标报价的重要依据，也是进行施工及验收的依据。通常招标时的图纸并不是工程所需的全部图纸，在投标后还会陆续颁发新的图纸及对招标时图纸的修改。因此，在招标文件中，除了附上设计图纸外，还应该列明图纸目录。图纸目录以及相对应的图纸对施工过程的合同管理以及争议解决发挥重要作用。

7）技术标准和要求

技术标准和要求是制定施工技术措施的依据，也是检验工程质量的标准和进行工程管理的依据，招标人应根据建设工程的特点，自行决定具体的编写内容和格式。

编制技术标准和要求应遵循的要求有：

① 质量等级限于"优良"和"合格"两种。

② 工程施工的一般要求应明确约定发包人对承包人的特别要求，包括保险、保函、保修、成品保护、现场临时设施、大型机械设备、脚手架、保安和保卫、检验试验、定位放线、安全文明施工、质量奖项、风险分担、技术措施，对指定分包和指定供应商的配合和协调等有关的承包人的责任和义务及相关具体要求，以便投标人报价。

③ 关于工程施工的一般要求可根据工程规模和工程特点等进行编写，其篇幅应根据工程规模、工程特点以及招标人要求而定，但应达到要求具体明确、能方便投标人报价的程度。

④ 招标人在本部分中应尽可能给出主要材料设备的规格、质地、质量、色彩等详细的技术要求，以便投标人报价，尽可能减少材料设备暂估价项目的数量；涉及新材料、新技术、新工艺，还应给出详细的施工工艺标准。

8）投标文件格式

为了便于投标文件的评比和比较，要求投标文件的内容按一定的顺序和格式进行编写。招标人在招标文件中，要对投标文件提出明确的要求，并拟定一套编制投标文件的参考格式，供投标人投标时填写。

　　施工招标文件必须严格按照法律法规文件进行编制，方方面面做到严谨，这样后期投标和评标工作才能顺利进行，避免不必要的麻烦。认真细致的工作态度是成功的必要条件。

能力训练题

一、单选题

1. 从性质而言，工程量清单属于（　　　）的组成部分。

A. 招标文件　　　　　　　　　　　　B. 投标文件

C. 可行性研究报告　　　　　　　　　D. 施工设计图纸

2. 编写招标文件时，应注意防范在招标文件中出现歧视或倾向性条款限制，体现了（　　　）。

A. 招标文件应全面反映使用单位需求

B. 招标文件应体现公平公正

C. 招标文件各部分的内容要力求统一

D. 招标文件的编制须遵守国招标投标的法律、法规和部门规章的规定

3. 依照《中华人民共和国招标投标法》的规定，招标人和中标人应当自中标通知书

发出之日起（　　）日内，按照招标文件和中标人的投标文件订立书面合同。

A. 28　　　　　　　　B. 15　　　　　　　　C. 30　　　　　　　　D. 60

4. 招标文件除了在投标须知写明的招标内容外，还应说明招标文件的组成部分。下列关于组成部分，说法错误的是（　　）。

A. 对招标文件的解释是其组成部分

B. 对招标文件的修改是其组成部分

C. 对招标文件的补充是其组成部分

D. 以上说法均不对

二、多选题

1. 招标文件具有十分重要的意义，具体表现在（　　）。

A. 招标文件是投标的主要依据

B. 招标文件是评标的重要依据

C. 招标文件是签订合同的基础

D. 招标文件是招标投标当事人的行为准则

E. 招标文件供招标人和投标人参考

2. 施工招标文件的内容一般包括（　　）。

A. 工程量清单　　　　B. 资格预审条件　　　C. 合同条款　　　　　D. 招标须知

E. 招标公告

3. 招标文件中规定了以下（　　）内容。

A. 招标项目的技术要求　　　　　　　　B. 投标报价要求

C. 注意事项　　　　　　　　　　　　　D. 投标文件的填写格式

E. 招标人自身条件

4. 招标文件在形式上的构成，主要包括（　　）。

A. 正式文本　　　　　　　　　　　　　B. 对正式文本的澄清

C. 对正式文本的修改　　　　　　　　　D. 专用条款

E. 通用条款

三、问答题

1. 招标文件的内容是什么？

2. 招标文件的编制原则有哪些？

招标文件编制实训

模块	2 建设工程招标业务	项目	6 招标文件编制	专题实训	3 招标文件编制实训
知识目标	了解招标文件的组成和编制要点				
能力目标	能够编制与审核施工招标公告； 会编制与审核投标人须知前附表				
重点难点	重点：投标人须知前附表的编制； 难点：投标人须知前附表中各项时间节点的确定				

一、背景资料

国有企业 M 集团有限公司，全额利用自有资金新建 M 科技中心项目，建设地点为 A 市 B 区 C 路 D 号。经 G 发展和改革委员会批准（批准文号：G 发改〔2014〕×××号）。工程建筑面积 220000m²，其中地下 75000m² 框架结构，地下 3 层，地上 17 层，项目含 2 个单体建筑。建筑物高 80m，单体最大建筑面积 73000m²。批准的设计概算为 56000 万元，全部是自有资金，现已落实。工期 885 日历天。本项目采用公开招标、资格预审的招标方式。招标人将招标过程交由 N 工程咨询有限公司代理，招标人地址为 A 市 B 区 E 路 F 号，招标代理机构地址为 A 市 B 区 H 路 I 号。

本项目采用施工总承包方式，选择一家施工总承包企业，现对该项目图纸及清单范围内的土建及水电安装工程进行招标。要求投标人具有房屋建筑工程施工总承包特级（含）资质，并在 2009 年 10 月 1 日以来承担过建筑层数不小于 16 层，总建筑面积不小于 210000 m²，其中地下室面积不小于 70000 m² 的公共房屋建筑工程，如办公楼、酒店、含办公的商业综合体等公共建筑，但民用住宅、商住小区及厂房工程除外。不接受联合体投标。招标文件计划于 2014 年 11 月 12 日起开始发售，2014 年 11 月 19 日停止发售，每日上午 09：30 时至 11：30 时，下午 13：30 时至 17：00 时（法定公休日、节假日除外），售价 160 元/套，图纸 1000 元/套，售后不退；为避免文件传递出现差错，所有文件往来均不接受邮寄。投标文件递交截止时间为 2014 年 12 月 14 日 09：30 时。招标开标、评标等招标投标活动均在 A 市建设工程交易中心进行，联系方式均已落实。该工程现已具备施工总承包招标条件，招标公告拟在《中国建设报》、中国采购与招标网和省日报、市建设工程交易中心信息版等媒体发布。

二、招标人对项目本身的要求

本项目必须符合国家质量验收标准，禁止发包，不组织踏勘现场，不接受备选方案报价。投标保证金金额为 80 万元，并委托市公共资源交易中心代收代退，本单位基本账户开出的电汇、转账支票、汇票均可，投标人未登记过投标人基本账号的，请提前持投标人基本户开户许可证原件到 A 市建设工程交易中心（××路×号×楼）办理登记手续。本工程投标有效期结束前，因排名在前的中标候选人或中标人放弃中标的，其投标保证金不予退还。重新招标的，放弃中标的中标人不得参加该项目的投标。中标人因资金、技术、工期等非不可抗力原因放弃中标的，属于不良行为，招标投标行政监督部门应记录在案并予以公示。

三、招标人对投标人的要求

除对企业的业绩要求外，本项目还要求项目负责人有一级（含）以上注册建造师证，并在 2009 年 10 月 1 日以来承担过建筑层数不小于 16 层，总建筑面积不小于 210000m²，其中地下室面积不小于 70000m² 的公共房屋建筑工程如办公楼、酒店、含办公的商业综合体等公共建筑，但民用住宅、商住小区及厂房工程除外。投标人需要提供营业执照、资质证书、安全生产许可证和信用手册，同时提供项目负责人的建造师证书、安全生产许可证、养老保险证明和身份证，以备资格后审。

四、招标人对投标文件内容的要求

投标文件不允许偏离招标文件的要求，不接受备选投标方案。必须提供施工组织设计。暂估价包括在承包范围内的、不属于依法必须进行招标的工程范围或未达到规定的规模标准的工程、货物。投标人在投标文件的编制和递交，应依照招标文件的规定进行。如未按招标文件要求编制、递交电子投标文件，将可能导致废标，其后果由投标人自负。投标专用工具的开发商可根据投标人的要求，提供必要的培训和技术支持。

五、招标人对现场踏勘及澄清答疑的要求

投标人自行到施工现场进行踏勘，以充分了解工地位置、周边环境、道路、树木、储存空间、装卸限制、施工接水接电及任何其他足以影响承包价的情况，并对保护环境、树木、道路及施工期间保证周围道路通畅、行人安全等采取详细措施，费用计入报价，施工期间中标方不得提出增加此类费用的要求。投标人对工程施工现场和周围环境进行勘察，以获取编制投标文件和签署合同所需的所有资料，勘察现场所发生的费用由投标人承担。

任务一：施工招标公告的编制与审核

结合案例的内容，按照招标公告的标准格式，逐项填写招标公告中的内容。

提交的文件为：

(1) 案例中项目（或自行收集项目）的施工招标公告。

(2) 案例中项目（或自行收集项目）的施工招标公告的审核过程。

任务二：投标人须知前附表的编制与审核

结合案例的内容，按照投标人须知前附表的标准格式，逐项填写须知前附表中的内容。

提交的文件为：

（1）案例中项目的投标人须知前附表。

（2）案例中项目的投标人须知前附表的审核过程。

建设工程投标业务

模块 3

Chapter 07

项目7

投标

思维导图

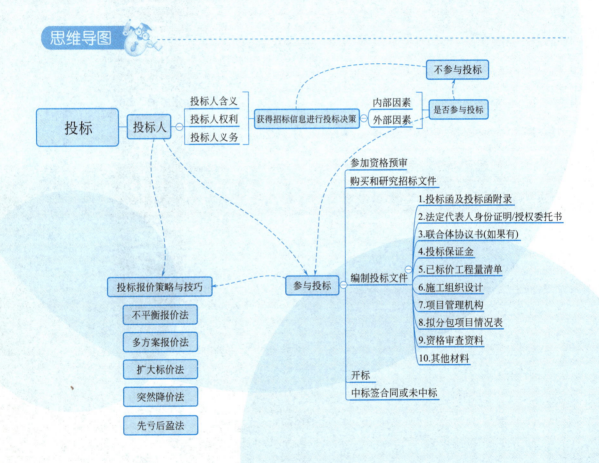

任务 7.1　投标人

模块	3 建设工程投标业务	项目	7 投标	任务	7.1 投标人
知识目标	了解投标人的含义； 掌握投标人的权利和义务				
能力目标	能够正确理解投标人的身份,保证权利履行义务				
重点难点	重点掌握投标人的权利和义务； 难点在投标过程中如何保护自己的权利				

7.1.1　投标人概念及资格

1. 投标人的含义

建设工程投标一般指经过特定审查而获得投标资格的建设项目承包单位，按照招标文件的要求，在规定的时间内向招标单位填报投标书，并争取中标的法律行为。《中华人民共和国招标投标法》规定："投标人是响应招标、参加投标竞争的法人或者其他组织。"《房屋建筑和市政基础设施工程施工招标投标管理办法》规定："施工招标的投标人是响应施工招标、参与投标竞争的施工企业。"

2. 投标人应具备的条件

1）必须有与招标文件要求相适应的人力、物力、财力。

2）必须有符合招标文件要求的资质证书、工作经验和业绩证明。

《房屋建筑和市政基础设施工程施工招标投标管理办法》第二十二条规定："投标人应当具备相应的施工企业资质，并在工程业绩、技术能力、项目经理资格条件、财务状况等方面满足招标文件提出的要求。"

招标代理机构是依法设立、从事招标代理业务并提供相关服务的社会中介组织。招标代理机构可以以多种组织形式存在，如可以是有限责任公司，也可以是合伙等。自然人一般不能从事招标代理业务。

7.1.2　投标人的权利和义务

1. 投标人的权利

1）投标人对标的物，在招标投标过程中如有疑义，可向招标投标委托中心提出，并要求得到相对满意答复的权利。

2）投标人有权监督招标方是否按照招标投标相关程序进行招标投标。

3）投标人对他人买标、串标有向招标投标委托中心举报的权利。

2. 投标人的义务

1）投标人必须遵守招标投标有关规定。

2）投标人必须遵守招标投标会场纪律。

7-1
投标程序
及各阶段
工作步骤

3）投标人不得有故意扰乱会场秩序的行为，违者取消其投标资格，情节严重的，依法追究责任。

4）投标人在投标过程中，不得买标、串标，否则取消其投标资格，并没收押金。

知识拓展

联合体投标

联合体投标，是指两个或两个以上法人或者其他组织组成一个联合体，以一个投标人的身份共同投标的行为。对于联合体投标可作如下理解：

1. 联合体承包的联合各方为法人或者法人之外的其他组织。 形式可以是两个以上法人组成的联合体、两个以上非法人组织组成的联合体，或者是法人与其他组织组成的联合体。

2. 联合体是一个临时性的组织，不具有法人资格。 组成联合体的目的是增强投标竞争能力，减少联合体各方因支付巨额履约保证金而产生的资金负担，分散联合体各方的投标风险，弥补有关各方技术力量的相对不足，提高共同承担的项目完工的可靠性。如果属于共同注册并进行长期的经营活动的"合资公司"等法人形式的联合体，则不属于《中华人民共和国招标投标法》所称的联合体。

3. 联合体的组成是"可以组成"，也可以不组成。 是否组成联合体由联合体各方自己决定。对此《中华人民共和国招标投标法》第三十一条第四款也有相应的规定。这说明联合体的组成属于各方自愿的共同的一致的法律行为。

4. 联合体对外"以一个投标人的身份共同投标"。 也就是说，联合体虽然不是一个法人组织，但是对外投标应以所有组成联合体各方的共同的名义进行，不能以其中一个主体或者两个主体（多个主体的情况下）的名义进行，即"联合体各方"共同与招标人签订合同。这里需要说明的是，联合体内部之间权利、义务、责任的承担等问题则需要依据联合体各方订立的合同为依据。

5. 联合体共同投标的联合体各方应具备一定的条件。 比如，根据《中华人民共和国招标投标法》的规定，联合体各方均应具备承担招标项目的相应能力；国家有关规定或者招标文件对投标人资格条件有规定的，联合体各方均应当具备规定的相应资格条件。

6. 联合体共同投标一般适用于大型建设项目和结构复杂的建设项目。 对此《中华人民共和国建筑法》第二十七条有类似的规定，适用于允许联合体投标的资格预审。

联合体各方均应当具备法律及国家规定的资格条件和承担招标项目的相应能力，这是对投标联合体资质条件的要求。①联合体各方均应具有承担招标项目必备的条件，如相应的人力、物力、资金等；②国家或招标文件对投标人资格条件有特殊要求的，联合体各个成员都应当具备规定的相应资格条件;③同一专业的单位组成的联合体,应当按照资质等级较低的单位确定联合体的资质等级。如在 3 个投标人组成的联合体中,有 2 个是甲级资质等级,有 1 个是乙级,则这个联合体只能定为乙级。之所以这样规定,是促使资质优等的投标人组成联合体,防止货商或承包商来完成,进而保证招标质量。

联合体各方联合声明共同参加资格预审和投标活动签订的联合协议。联合体协议书中应明确牵头人,各方职责分工及协议期限,承诺对递交文件承担的法律责任等。

根据商务部合作司和承包商会联合发布的《中国对外承包工程国别（地区）市场报告 2019—2020》,2019 年,在"一带一路"倡议的引领下,面对国际市场的诸多挑战和不确定性,广大对外承包工程企业积极转变思维方式,加大国际业务投入,积极防范各类风险,不断探索创新合作形式,推动业务转型升级,培育竞争新优势,对外承包工程业务逆势取得了一定发展,新签合同总份数 11932 份,新签合同额 2602.5 亿美元,同比增长 7.6%,完成营业额 1729 亿美元,同比增长 2.3%。截至 2019 年底,对外承包工程业务已累计实现完成营业额 1.76 万亿美元,新签合同额 2.58 万亿美元,成为当前中国企业共建"一带一路"、推动国际基础设施互联互通建设和产能合作的主要方式,对带动中国产品、技术和服务"走出去"、促进国内经济转型升级、实现我与相关国家（地区）合作共赢发展发挥了重要作用。

请同学们想一想,在承揽对外工程中,我国建筑企业与属地国企业组成联合体共同承包有什么好处?

能力训练题

一、判断题

1. 投标人可以是自然人。（　　）

2. 在招标投标过程中,投标人可以借鉴其他公司的业绩进行投标。（　　）

3. 投标人对标的物,在招标投标过程中如有疑义,可向招标投标委托中心提出,并要求得到相对满意答复的权利。（　　）

4. 在 3 个投标人组成的联合体中,有 2 个是甲级资质等级,有 1 个是乙级,则这个联合体资质为甲级。（　　）

5. 任何建设项目都适合联合体投标。（　　）

二、简答题

1. 请简述投标人的权利和义务。

2. 请简述联合体投标的优势。

3. 请简述投标人应具备的基本条件。

任务 7.2 投标决策

模块	3 建设工程投标业务	项目	7 投标	任务	7.2 投标决策
知识目标	了解建设工程投标决策的内容和分类； 掌握建设工程投标决策的依据				
能力目标	能够以投标人的身份，进行投标决策，分析投标过程中影响投标人投标决策的内部因素和外部因素				
重点难点	重点：掌握影响投标人投标决策的内部因素和外部因素； 难点：在投标过程中如何实际应用，正确分析各项因素，权衡利弊关系				

建筑施工企业通过投标取得项目是市场经济条件下的必然，但是，作为投标人来说，并不是每个标都必投。因为投标人既要在投标中获胜，中标得到承包工程，又要从承包工程中盈利。这就需要研究投标决策的问题。

投标决策的正确与否关系到能否中标和中标后的效益，关系到施工企业的发展前景和职工的经济利益。

7.2.1 建设工程投标决策的内容

建设工程投标决策的内容主要包括 3 个方面：

（1）针对项目招标，决定投标或是不投标。

（2）进行何种性质的投标。

（3）投标中如何以长制短，将自身的施工技术与成本管理优势充分发挥出来。

1. 是否参与投标

施工企业在获取招标信息之后，承包人决定是否投标，应综合考虑以下情况：

（1）承包招标项目的可能性与可行性。即是否有能力承包该项目，能否抽调出管理力量、技术力量参加项目实施，竞争对手是否有明显优势等。

（2）招标项目的可靠性。例如，项目审批是否已经完成、资金是否已经落实、招标人的信誉情况等。

（3）招标项目的承包条件。

（4）影响中标机会的内部和外部因素等。

2. 放弃投标情况

当承包人遇到以下招标项目可以考虑放弃投标：

（1）工程规模、技术要求超过本企业技术等级的项目。比如本企业承接的一般是中高层或者高层住宅项目，现有一个超高层项目，规模和技术超过自己企业现有的技术等级，可以考虑放弃投标。

（2）本企业业务范围和经营能力之外的项目。比如本企业是做房屋建筑工程的，现有一个地铁项目招标信息，可以不用考虑投标。

（3）本企业已承包任务比较饱满，而招标工程的风险较大的项目。比如本企业项目已经安排很满，完全抽不出人手承接新的项目，可以考虑不投标。

（4）本企业技术等级、经营、施工水平明显不如竞争对手的项目。比如本企业是一县级小型建筑企业，竞争对手大多数是中铁、中建等大型国企，竞争力明显不如对手，可以放弃投标。

7.2.2　建设工程投标决策的依据

在建设工程投标过程中，有多种因素影响投标决策，只有认真分析各种因素，对多方面因素进行综合考虑，才能做出正确的投标决策。一般来说，进行投标决策时应考虑内部因素和外部因素的影响。

1. 影响投标人投标决策的内部因素

内部因素也就是投标人自身方面的因素，包括技术实力、经济实力、管理实力、信誉实力等。

（1）技术实力

主要包括：组织机构里面是否有精通本行业的估价师、工程师、会计师和管理专家；是否有工程项目施工专业特长，能解决各类工程施工中的技术难题；是否具有同类工程的施工经验；是否有一定技术实力的合作伙伴，比如实力强大的分包商、合营伙伴和代理人等。

技术实力不但决定了承包商能承揽工程的技术难度和规模，而且是实现较低的价格、较短的工期、优良的工程质量的保证，直接关系到承包商在投标中的竞争能力。

（2）经济实力

主要包括：是否具有充裕的流动资金；是否具有一定数量的固定资产和机具设备；是否具备必要的办公、仓储、加工场所；承揽涉外工程时，是否具有筹集承包工程所需外汇的能力；是否具有支付各种保证金的能力；是否有承担不可抗力带来风险的财力。

经济实力决定了承包商承揽工程规模的大小，"多大锅就下多少米"，因此投标决策时应充分考虑这一因素。

（3）管理实力

管理实力决定着承包商承揽项目的复杂性，也决定着承包商能否根据合同的要求高效率地完成项目管理的各项目标，通过项目管理活动为企业创造较好的经济效益和社会效益，因此在投标决策时也不能忽略这一因素。

（4）信誉实力

承包商的信誉是其无形的资产，是企业竞争力的一项重要内容。企业的履约情况、获奖情况、资信情况和经营作风都是建设单位选择承包商的条件，因此投标决策时应正确评价自身的信誉实力。

2. 影响投标决策的企业外部因素

外部因素包括建设单位和监理工程师的情况、竞争对手实力和竞争形势的情况、法律法规的情况、地理环境的情况、市场环境的情况、工程风险的情况等。

（1）建设单位的情况：主要包括建设单位的合法地位、支付能力和履约信誉等，建设单位支付能力差、履约信誉不好都将损害承包商的利益。

（2）监理工程师的情况：监理工程师立场是否公正直接关系到承包商能否顺利实现索赔，以及合同争议能否顺利得到解决，从而关系到承包商的利益能否得到合理的维护。

（3）竞争对手的情况：包括竞争对手的数量、实力、优势等。这些情况直接决定了竞争的激烈程度，竞争激烈不仅中标概率小，投标的费用风险就大，而且竞争越激烈，一般来说中标价越低，对承包商的经济效益影响越大。

（4）法律法规的情况：我国的法律、法规具有统一或基本统一的特点，但投标所涉及的地方性法规在具体内容上仍有不同，因而异地项目的投标决策，除研究国家颁布的相关法律、法规外，还应研究地方性法规。进行国际工程承包时，则必须考虑法律适用原则，包括强制适用工程所在地法律原则、意思自治原则、最密切联系原则、适用国际惯例原则、国际法效力优于国内法效力原则。

（5）地理环境的情况：地质、地貌、水文、气象情况决定了项目实施的难度，从而影响项目建设成本。交通环境对项目实施方案及项目的建设成本均有一定影响。

（6）市场环境的情况：在工程造价中劳动力、建筑材料、设备以及施工机械等直接成本占70%以上，因此项目所在地的人、材、机的市场价格对承包商的效益影响很大，从而对投标决策的影响也必定较大。

（7）项目自身的情况：项目自身特征决定了项目的建设难度，也决定了项目获利的丰厚程度，是投标决策的影响因素之一。

能力训练题

一、判断题

1. 施工企业在获取招标信息后，就可以组织投标，投标项目越多，中标概率越大，公司效益才会越好。（　　）

2. 为了企业发展，投标项目也可以考虑一些业务范围和经营能力之外的项目。（　　）

3. 承包商的信誉是虚的，中标与否还得靠公司实力。（　　）

4. 考虑投标时，还需要考虑建设单位的支付能力和履约信誉，若建设单位支付能力差、履约信誉不好，可以考虑不参与投标。（　　）

5. 项目的所在地环境是考虑投标的重要因素之一。（　　）

二、多选题

1. 当承包人遇到哪些招标项目可以考虑放弃投标？（　　）

A. 工程规模技术要求超过本企业技术等级的项目

B. 本企业业务范围和经营能力之外的项目

C. 本企业已承包任务比较饱满，而招标工程的风险较大的项目

D. 本企业技术等级经营施工水平明显不如竞争对手的项目

E. 招标项目是本企业优势项目且当前业务饱和

2. 影响投标人投标决策的内部因素有（　　）。

A. 技术实力　　　　B. 经济实力　　　　C. 管理实力　　　　D. 对手实力

E. 招标人信誉

3. 影响投标决策的企业外部因素包括建设单位和监理工程师的情况、（　　　）、地理环境情况、市场环境情况、工程风险情况等。

A. 公司信誉情况　　　B. 竞争对手实力　　　C. 法律法规情况

D. 地理环境情况　　　E. 市场环境情况

三、简答题

1. 请简述影响投标人投标决策的内部因素。

2. 请简述影响投标人投标决策的外部因素。

<table>
<tr><td colspan="2">任务 7.3</td><td colspan="4">投标的程序和基本要求</td></tr>
</table>

模块	3 建设工程投标业务	项目	7 投标	任务	7.3 投标的程序和基本要求
知识目标	了解投标的程序； 掌握投标各个程序的基本要求				
能力目标	能够以投标人的身份，完成投标过程				
重点难点	重点掌握投标程序的各项要求； 难点是在投标过程中正确运行各项程序，尤其是各程序之间的时间要求				

建设工程投标程序与建设工程招标程序是相辅相成，相互配合的。如图 7-1 所示。

图 7-1　建设工程的投标程序流程

投标的前期工作包括：获取招标信息和前期投标决策。从众多的招标信息中确定具体的投标对象，这一阶段的工作主要注意以下问题：

1. 获取招标信息

目前投标人获得招标信息的渠道很多，一般是通过大众媒体所发布的招标公告获取招标信息。与建设管理部门、建设单位、设计院、咨询机构建立良好的联系，也可以尽早地了解建设项目的信息。投标人获取相关招标信息后，必须认真分析验证所获信息的真实可靠性，并证实其招标项目确实已立项批准和资金确实已落实等。

2. 前期投标决策

投标人在证实招标信息真实可靠后，还要对招标人的信誉、实力等方面进行了解，正确做出投标决策，以减少工程实施过程中承包方的风险。

对业主的调查了解是非常重要的，特别是业主单位的工程款支付能力。有些业主单位长期拖欠工程款，导致承包企业不仅不能获取利润，甚至连成本都无法收回。还有一些业主单位的工程负责人利用职权与分包商或者材料商等勾结，索要巨额回扣，或者直接向建筑承包企业索要贿赂，致使承包企业苦不堪言。除此之外，承包商还要对业主履行合同的其他各种风险进行认真的评估分析。

3. 参加资格预审

资格预审是承包人投标过程中要通过的"第一关"。资格预审一般按招标人所编制的资格预审文件内容进行审查，模块 2 中讲解了资格预审的内容，一般要求被审查的投标申请人应提供以下资料：

（1）投标企业概况。

（2）近年财务状况。

（3）拟投入的主要管理人员情况。

（4）正在施工和新承接的项目情况。

（5）近年完成的类似项目情况。

（6）目前正在承建的工程情况。

（7）近年来涉及的诉讼案件情况。

（8）其他资料（如各种奖励和处罚等）。

招标人根据投标申请人所提供的资料，对投标申请人进行资格审查，在这个过程中，应注意资格预审有关资料的积累工作，也就是说平时就应该有目的地积累资料，不要临时拼凑。投标申请人根据资格预审文件，加强填表时的分析，积极准备和提供有关资料，并做好信息跟踪工作，发现不足的部分，应及时补送，争取通过资格预审，没有通过资格预审的投标人到此就完成了短暂的投标过程；经审查合格的投标申请人才具备继续参加后续投标的资格。

4. 购买和分析招标文件

（1）购买招标文件

投标人接到招标人的资格预审通过通知书，就表明已具备并获得参加该项目投标的资格，即可以在规定的时间和规定的地点，凭邀请书或通知书及有关证件，向招标人购买招标文件。购买招标文件时，投标人应按招标文件的要求提供投标担保、图纸押金等。

（2）分析招标文件

投标人购买到招标文件之后，先进行总体检查，重点是检查招标文件的完备性，对照招标文件目录检查文件和图纸是否齐全、是否缺页等；再认真阅读招标文件中的所有条款，注意投标过程中各项活动的时间安排，明确招标文件中对投标报价、工期、质量等的要求。同时对招标文件中的合同条款、无效标书的条件等主要内容也应进行认真分析，理解招标文件隐含的含义。对可能发生疑义或不清楚的地方，应向招标人书面提出。

5. 收集资料、准备投标

招标文件购买后，投标人应进行具体的投标准备工作，投标准备工作包括组建投标班子、参加现场踏勘、参加答疑会、计算和复核招标文件中提供的工程量、询问了解市场情况等内容。

（1）组建投标班子

为了确保在投标竞争中获得胜利，投标人在投标前应建立专门的投标班子，负责投标事宜。投标班子中的人员应包括施工管理、技术、经济、财务、法律法规等方面的人员。投标班子中的人员业务上应精干、富有经验，且受过良好培训，有娴熟的投标技巧；素质上应工作认真，对企业忠诚，对报价保密。投标报价是技术性很强的一项工作，投标人在投标时如果认为必要，也可以请某些具有资质的投标代理机构代理投标或策划，以提高中标概率。

（2）参加现场踏勘

投标人在领到投标文件后，除对招标文件进行认真研读分析之外，还应按照招标文件规定的时间，对拟施工的现场进行考察。实行工程量清单报价模式后，投标人所投报的单价一般被认为是在经过现场踏勘的基础上编制而成的。报价单报出后，投标者就无权以现场踏勘不周、情况了解不细或因素考虑不全为理由提出修改标价或提出索赔等要求。目前多数情况是：为了避免投标人名单泄漏，防止串标等不法活动，现场踏勘招标人不再统一组织，投标人可自费自愿前往。

现场踏勘时应从以下5个方面详细了解工程的有关情况，为投标工作提供第一手的资料：

① 工程的性质及与其他工程之间的关系。

② 投标人标的工程与其他承包人之间的关系。

③ 工地地貌、地质、气候、交通、电力、水源、障碍物等情况。

④ 工地附近的住宿条件、料场开采条件、其他加工条件、设备维修条件等。

⑤ 工地附近的治安情况。

（3）参加答疑会

答疑会又称投标预备会或标前会议，一般在现场踏勘之后的1～2天内举行。答疑会的目的是解答投标人对招标文件及现场踏勘中所提出的问题，并对图纸进行交底和解释。投标人在对招标文件进行认真分析和对现场进行踏勘之后，应尽可能多地将投标过程中可能遇到的问题向招标人提出疑问，争取得到招标人的解答，为下一步投标工作的顺利进行打下基础。目前多数情况是：为了避免投标人名单泄漏，防止串标等不法活动，投标预备会招标人也不再统一组织，投标人可在网上自行提问答疑。

（4）计算或复核工程量

现阶段我国进行工程施工投标时，工程量有两种情况：

一种情况是：招标文件编制时，招标人给出具体的招标工程量清单，供投标人报价时使用。这时，投标人应根据图纸等资料对给定工程量的准确性进行复核，为投标报价提供依据。在工程量复核过程中，如果发现某些工程量有较大的出入或遗漏，应向招标人提出，要求招标人更正或补充，如果招标人不做更正或补充，投标人投标时应注意调整单价以减少实际实施过程中由于工程量调整带来的风险。

另一种情况是：招标人不给出具体的工程量清单，只给相应工程的施工图纸。这时，投标报价应根据给定的施工图纸，结合工程量计算规则自行计算工程量。自行计算工程量时，应严格按照工程量计算规则的规定进行，不能漏项、不能少算或多算。

（5）询价及市场调查

编制投标文件时，投标报价是一个很重要的环节，是商务标的核心。为了能够准确确定投标报价，投标时应认真调查了解工程所在地的工资标准、材料来源、价格、运输方式、机械设备租赁价格等和报价有关的市场信息，为准确报价提供依据。

6. 确定施工组织设计

施工组织设计是投标内容中很重要的部分，被称作技术标的核心，是招标人了解投标人的施工技术、管理水平、机械装备、人员配备等重要途径之一。

编制施工组织设计的主要内容如下：

（1）选择和确定施工方法，确定施工方案和技术措施，对大型复杂工程则要考虑几种方案进行综合对比。

（2）选择施工设备和施工设施。

（3）编制施工进度计划等。

7. 编制和递交投标文件

经过前期准备工作之后，投标人开始进行投标文件的编制工作。投标人编制投标文件时，应按照招标文件的内容、格式和顺序要求进行。投标文件编写完成后，应按招标文件中规定的时间、地点递交投标文件。

递交投标文件不宜太早，因市场情况在不断变化，投标人需要根据市场行情及自身情况对投标文件进行修改，递送投标文件的时间在招标人接受投标文件截止时间前 1～2 天为宜。

8. 出席开标会议

投标人在编制和提交完投标文件后，应按时参加开标会议，开标会议由投标人的法定代表人或其授权代理人参加。如果法定代表人参加开标会议，一般应持有法定代表人资格证明书；如果是委托代理人参加开标会议，一般应持有授权委托书。一般规定，不参加开标会议的投标人其投标文件将不予启封、不予唱标、不参加评标，视为投标人自动放弃本次投标。

9. 接受评标期间的澄清询问

在评标过程中，评标组织根据情况可以要求投标人对投标文件中含义不明确的内容做必要的澄清或者说明。这时投标人应积极地予以澄清或者说明，但投标人的澄清或者说明，不得超出投标文件的范围或者改变投标文件中的工期、报价、质量、优惠条件等实质性内容。

10. 接受中标通知书并签订合同，提供履约担保

经过评标，投标人被确定为中标人后，应接受招标人发出的中标通知书。中标人在收到中标通知书后，应在规定的时间和地点与招标人签订合同。我国规定招标人和中标人应当自中标通知书发出之日起 30 日内订立书面合同，合同内容应依据招标文件、投标文件的要求和中标的条件签订。招标文件要求中标人提交履约担保的，中标人应按招标人的要求提供。合同正式签订之后，应按要求将合同副本分送有关主管部门备案。

能力训练题

一、判断题

1. 投标人获取相关招标信息后，不需要证实其招标项目确实已立项批准和资金确实已落实，可以直接投标。（　　）

2. 投标保证金可以等到中标后交给招标方。（　　）

3. 购买到招标文件之后，不要着急做标书，应先进行总体检查，重点是检查招标文件的完备性，对照招标文件目录检查文件和图纸是否齐全、是否缺页等。（　　）

4. 投标班子中的人员应只需要懂得经济和技术方面的专家就可以。（   ）

5. 在评标过程中，评标组织根据情况可以要求投标人对投标文件中含义不明确的内容做必要的澄清或者说明。（   ）

二、单选题

1. （   ）是投标内容中很重要的部分，被称作技术标的核心，是招标人了解投标人的施工技术、管理水平、机械装备、人员配备等的途径。

A. 投标报价　　　　B. 项目部构成　　　　C. 施工组织设计　　　　D. 投标班子

2. 我国规定招标人和中标人应当自中标通知书发出之日起（   ）日内订立书面合同，合同内容应依据招标文件、投标文件的要求和中标的条件签订。

A. 15　　　　　　　B. 20　　　　　　　C. 25　　　　　　　D. 30

三、简答题

1. 现场踏勘时，应从哪些方面详细了解工程的有关情况？

2. 请简述投标的基本程序。

任务 7.4　投标文件编制

模块	3 建设工程投标业务	项目	7 投标	任务	7.4 投标文件编制
知识目标	掌握建设工程施工投标文件的编制的内容				
能力目标	能够以投标人的身份,完成编制建设工程施工投标文件				
重点难点	重点:掌握投标文件的组成; 难点:编制投标文件时各项内容的要求				

建设工程投标人编制投标文件必须严格按照招标文件的各项要求,必须使用招标文件提供的投标文件表格形式,表格可以按同样格式扩展。投标文件一般由以下几个部分组成:

(1) 投标函及投标函附录。

(2) 法定代表人身份证明/授权委托书。

(3) 联合体协议书（如果有）。

(4) 投标保证金。

(5) 已标价工程量清单。

(6) 施工组织设计。

(7) 项目管理机构。

(8) 拟分包项目情况表。

(9) 资格审查资料。

(10) 其他材料。

7.4.1　投标函及投标函附录

投标函是指投标人按照招标文件的条件和要求,向招标人提交的有关报价、质量目标等承诺和说明的函件,是投标人为响应招标文件相关要求所做的概括性函件,一般位于投标文件的首要部分,其内容和格式必须符合招标文件的规定。

投标函包括投标人告知招标人本次所投的项目具体名称和具体标段,以及本次投标的报价、承诺工期和达到的质量目标等,见表 7-1。

投标函内容及样式　　　　　　　　　　　　　　　　　　　　表 7-1

一、投标函及投标函附录

(一)投标函

至：_____(招标人名称)

在考察现场并充分研究_____(项目名称)_____标段(以下简称"本工程")施工招标文件的全部内容后,我方兹以:

人民币(大写):_____元

RMB￥:_____元

的投标价格和按合同约定有权得到的其他金额,并严格按照合同约定,施工、竣工和交付本工程并维修其中的任何缺陷。

在我方的上述投标报价中,包括:

安全文明施工费 RMB￥:_____元

暂列金额(不包括计日工部分)RMB￥:_____元

专业工程暂估价 RMB￥:_____元

如果我方中标,我方保证在_____年_____月_____日或按照合同约定的开工日期开始本工程的施工,_____天(日历内)内竣工,并确保工程质量达到_____标准。我方同意本投标函在招标文件规定的提交投标文件截止时间后,在招标文件规定的投标有效期期满前对我方具有约束力,且随时准备接受你方发出的中标通知书。

随本投标函道交的投标函附录是本投标函的组成部分,对我方构成约束力。

随同本投标函递交投标保证金一份,金额为人民币(大写):_____元(￥:_____元)。

在签署协议书之前,你方的中标通知书连同本投标函,包括投标函附录,对双方具有约束力。

投标人(盖章):

法人代表或委托代理人(签字或盖章):

日期:_____年_____月_____日

备注:采用综合评估法评标,且采用分项报价方法对投标报价进行评分的,应当在投标函中增加分项报价的填报。

(二)投标函附录

工程名称:_____(项目名称)_____标段

序 号	条款内容	合同条款号	约定内容	备注
1	项目经理	1.1.2.4	姓名:_____	
2	工期	1.1.4.3	_____日历天	
3	缺陷责任期	1.1.4.5		
4	承包人履约担保金额	4.2		
5	分包	4.3.4	分包项目情况	
6	逾期竣工违约金	11.5	_____元/天	
7	逾期竣工违约金最高限额	11.5	_____	
8	质量标准	13.1		
9	价格调整的差额计算	16.1.1	价格指数权重	
10	预付款额度	17.2.1		
11	预付款保函金额	17.2.2		
12	质量保证金扣留百分比	17.4.1		
	质量保证金额度	17.4.1		
……	……			

备注:投标人在响应招标文件中规定的实质性要求和条件的基础上,可做出其他有利于招标人的承诺。此类承诺可在本表中予以补充填写。

投标人(盖章):

法人代表或委托代理人(签字或盖章):

日期:_____年_____月_____日

7.4.2　法定代表人身份证明/授权委托书

在招标投标活动中，法定代表人代表法人的利益行使职权，全权处理一切民事活动。投标文件中法定代表人身份证明如下所示。一般应包括投标人名称、单位性质、地址、成立时间、经营期限等投标人的一般资料，除此之外还应有法定代表人的姓名、性别、年龄、职务等有关法定代表人的相关信息和资料。法定代表人身份证明应加盖投标人的法人印章。见表7-2。

法定代表人身份证明　　　　　　　　　　　　　　　　表 7-2

二、法定代表人身份证明

投 标 人：＿＿＿＿＿＿＿＿＿＿＿＿＿＿＿＿＿＿＿＿＿＿＿＿＿＿＿＿＿

单位性质：＿＿＿＿＿＿＿＿＿＿＿＿＿＿＿＿＿＿＿＿＿＿＿＿＿＿＿＿＿

地　　址：＿＿＿＿＿＿＿＿＿＿＿＿＿＿＿＿＿＿＿＿＿＿＿＿＿＿＿＿＿

成立时间：＿＿＿＿＿＿＿　年＿＿＿＿＿＿月＿＿＿＿＿＿日

经营期限：＿＿＿＿＿＿＿＿＿＿＿＿＿＿＿＿＿＿＿＿＿＿＿＿＿＿＿＿＿

姓　　名：＿＿＿＿＿＿＿　性　别：＿＿＿＿＿＿＿＿＿＿＿＿＿

年　　龄：＿＿＿＿＿＿＿　职　务：＿＿＿＿＿＿＿＿＿＿＿＿＿

系＿＿＿＿＿＿＿＿＿＿＿＿＿＿＿＿＿＿＿（投标人名称）的法定代表人。

特此证明。

投标人：＿＿＿＿＿＿＿＿＿＿＿＿（盖单位章）

＿＿＿＿年＿＿＿＿月＿＿＿＿日

若投标人的法定代表人不能亲自签署投标文件进行投标，则法定代表人须授权代理人全权代表其在投标过程和签订合同中执行一切与此相关的事项。授权委托书中应写明投标人名称、法定代表人姓名、代理人姓名、授权权限和期限等，见表7-3。

授权委托书　　　　　　　　　　　　　　　　表 7-3

三、授权委托书

本人＿＿＿＿＿＿（姓名）系＿＿＿＿＿＿（投标人名称）的法定代表人,现委托＿＿＿＿＿＿（姓名）为我方代理人。代理人根据授权,以我方名义签署、澄清、说明、补正、递交、撤回、修改(项目名称)＿＿＿＿＿＿标段施工投标文件、签订合同和处理有关事宜,其法律后果由我方承担。

委托期限：＿＿＿＿＿＿＿＿＿＿＿＿＿＿＿＿＿＿＿＿＿＿＿＿＿＿＿＿＿

＿＿＿＿＿＿＿＿＿＿＿＿＿＿＿＿＿＿＿＿＿＿＿。

代理人无转委托权。

附:法定代表人身份证明

投 标 人：＿＿＿＿＿＿＿＿＿＿＿＿（盖单位章）

法定代表人：＿＿＿＿＿＿＿＿＿＿＿＿（签字）

身份证号码：＿＿＿＿＿＿＿＿＿＿＿＿

委托代理人：＿＿＿＿＿＿＿＿＿＿＿＿（签字）

身份证号码：＿＿＿＿＿＿＿＿＿＿＿＿

＿＿＿＿年＿＿＿＿月＿＿＿＿日

7.4.3 联合体协议书

只有招标文件允许组成联合体投标，投标文件中才会有联合体协议书。

凡是联合体参与投标的，均应签署并提交联合体协议书，见表7-4。

联合体协议书　　　　　　　　　　　　　　　　　　　　　　**表 7-4**

四、联合体协议书

牵头人名称：_____

法定代表人：_____

法定住所：_____

成员二名称：_____

法定代表人：_____

法定住所：_____

　　……

鉴于上述各成员单位经过友好协商，自愿组成_____（联合体名称）联合体，共同参加_____（招标人名称）（以下简称招标人）_____（项目名称）_____标段（以下简称本工程）的施工投标并争取赢得本工程施工承包合同（以下简称合同）。现就联合体投标事宜订立如下协议：

1. _____（某成员单位名称）为_____（联合体名称）牵头人。

2. 在本工程投标阶段，联合体牵头人合法代表联合体各成员负责本工程投标文件编制活动，代表联合体提交和接收相关的资料、信息及指示，并处理与投标和中标有关的一切事务；联合体中标后，联合体牵头人负责合同订立和合同实施阶段的主办、组织和协调工作。

3. 联合体将严格按照招标文件的各项要求，递交投标文件，履行投标义务和中标后的合同，共同承担合同规定的一切义务和责任，联合体各成员单位按照内部职责的部分，承担各自所负的责任和风险，并向招标人承担连带责任。

4. 联合体各成员单位内部的职责分工如下：_____。按照本条上述分工，联合体成员单位各自所承担的合同工作量比例如下：_____。

5. 投标工作和联合体在中标后工程实施过程中的有关费用按各自承担的工作量分摊。

6. 联合体中标后，本联合体协议是合同的附件，对联合体各成员单位有合同约束力。

7. 本协议书自签署之日起生效，联合体未中标或者中标时合同履行完毕后自动失效。

8. 本协议书一式_____份，联合体成员和招标人各执一份。

牵头人名称：_____（盖单位章）

法定代表人或其委托代理人：_____（签字）

成员二名称：_____（盖单位章）

法定代表人或其委托代理人：_____（签字）

_____年_____月_____日

备注：本协议书由委托代理人签字的，应附法定代表人签字的授权委托书。

联合体协议书的内容包括：

（1）联合体成员的数量：联合体协议书中首先必须明确联合体成员的数量。其数量必须符合招标文件的规定，否则将视为不响应招标文件的规定，而作为废标。

（2）牵头人和成员单位名称：联合体协议书中应明确联合体牵头人，并规定牵头人的职责、权利和义务。

（3）联合体内部分工：联合体协议书的一项重要内容是明确联合体成员的职责分工和专业工程范围，以便招标人对联合体各成员专业资质进行审查，并防止中标后联合体成员产生纠纷。

（4）签署：联合体协议书应按招标文件规定进行签署和盖章。

7.4.4　投标保证金

投标保证金是指投标人按照招标文件的要求向招标人出具的，以一定金额表示的投标责任担保。招标人为了防止因投标人撤销或者反悔投标的不正当行为而使其蒙受损失，因此要求投标人按规定形式和金额提交投标保证金，并作为投标文件的组成部分，见表7-5：

投标保证金　　　　　　　　　　　　　　　　表7-5

五、投标保证金

保函编号：_____

_____（招标人名称）：

鉴于_____（投标人名称）（以下简称"投标人"）参加你方_____（项目名称）_____标段的施工投标，_____（担保人名称）（以下简称"我方"）受该投标人委托，在此无条件地、不可撤销地保证：一旦收到你方提出的下述任何一种事实的书面通知，在7日内无条件地向你方支付总额不超过_____（投标保函额度）的任何你方要求的金额：

1. 投标人在规定的投标有效期内撤销或者修改其投标文件。

2. 投标人在收到中标通知书后无正当理由而未在规定期限内与贵方签署合同。

3. 投标人在收到中标通知书后未能在招标文件规定期限内向贵方提交招标文件所要求的履约担保。

本保函在投标有效期内保持有效，除非你方提前终止或解除本保函。要求我方承担保证责任的通知应在投标有效期内送达我方。保函失效后请将本保函交投标人退回我方注销。

本保函项下所有权利和义务均受中华人民共和国法律管辖和制约。

担保人名称：_____（盖单位章）

法定代表人或其委托代理人：_____（签字）

地　　　址：_____

邮政编码：_____

电　　　话：_____

传　　　真：_____

_____年_____月_____日

备注：经过招标人事先的书面同意，投标人可采用招标人认可的投标保函格式，但相关内容不得背离招标文件约定的实质性内容。

投标人不按招标文件要求提交投标保证金，其投标文件作废标处理。投标保证金采用银行保函形式的，银行保函有效期应长于投标有效期，一般应超出投标有效期30天。招标人可以在招标文件中要求投标人提交投标保证金。

投标保证金除现金外，还可以是银行出具的银行保函、保兑支票、银行汇票或现金支票。投标保证金具体提交的形式由招标人在招标文件中确定。

7.4.5　已标价工程量清单

（1）投标报价的形式

投标报价即投标人根据招标文件中工程量清单及计价要求，结合施工现场实际情况及施工组织设计，按照企业工程施工定额或参照政府工程造价管理机构发布的工程定额，结合市场人工、材料、机械等要素价格信息进行投标报价，编制工程量清单计价表。

（2）工程量清单计价表组成

工程量清单计价表主要包括：封面，投标总价表，总说明，工程项目投标报价汇总表，单项工程投标报价汇总表，单位工程投标报价汇总表，分部分项工程量清单与计价表，工程量清单综合单价分析表，措施项目清单与计价表，其他项目清单与计价表，规费、税金项目清单与计价表，措施项目清单组价分析表，费率报价表，主要材料和工程设备选用表。

7.4.6　施工组织设计

（1）施工组织设计的作用

施工组织设计主要包含在技术标中，是投标文件的重要组成部分，是编制投标报价的基础，是反映投标企业施工技术水平和施工能力的重要标志，在投标文件中具有举足轻重的地位。

（2）施工组织设计的组成

对于大中型工程和结构复杂、技术要求较高的工程，投标文件技术部分往往是能否中标的关键性因素。投标文件技术部分通常就是一个全面的施工组织设计。具体内容如下：

1）确保基础工程的技术、质量、安全及工期的技术组织措施；

2）各分部分项工程的主要施工方法及施工工艺；

3）拟投入本工程的主要施工机械设备情况及进场计划；

4）劳动力安排计划；

5）主要材料投入计划安排；

6）确保工程工期、质量及安全施工的技术组织措施；

7）确保文明施工及环境保护的技术组织措施；

8）质量通病的防治措施；

9）季节性施工措施；

10）计划开、竣工日期和施工平面图、施工进度计划横道图及网络图。

投标人应结合招标项目特点、难点和需求，研究项目技术方案，并根据招标文件统一格式和要求编制施工组织设计方案，方案编制必须层次分明，具有逻辑性，突出项目特点及招标人需求点，并能体现投标人的技术水平和能力特长。技术方案尽可能采用图表形式，直观、准确地表达方案的意思和作用。

7.4.7　项目管理机构

1. 项目管理机构组成表
用于填写项目管理机构成员的职业信息。

2. 主要人员简历表
项目经理简历表（见任务 5.2）：项目经理应附建造师执业资格证书、注册证书、安全生产考核合格证书、身份证、职称证、学历证、养老保险复印件及未担任其他在施建设工程项目项目经理的承诺书（见任务 5.2），管理过的项目业绩须附合同协议书和竣工验收备案登记表复印件。

主要项目管理人员简历表（见任务 5.2）：主要项目管理人员指项目副经理、技术负责人、合同商务负责人、专职安全生产管理人员等岗位人员。

7.4.8　拟分包项目情况表

包括拟分包项目名称、范围及理由，拟选分包人的情况。见表 7-6。

拟分包计划表　　　　　　　　　　　　　　　表 7-6

<table>
<tr><td colspan="7" align="center">拟分包计划表</td></tr>
<tr><td rowspan="2">序号</td><td rowspan="2">拟分包项目名称、范围及理由</td><td colspan="4">拟选分包人</td><td rowspan="2">备注</td></tr>
<tr><td>拟选分包人名称</td><td>注册地点</td><td>企业资质</td><td>有关业绩</td></tr>
<tr><td rowspan="3"></td><td rowspan="3"></td><td>1</td><td></td><td></td><td></td><td rowspan="3"></td></tr>
<tr><td>2</td><td></td><td></td><td></td></tr>
<tr><td>3</td><td></td><td></td><td></td></tr>
<tr><td rowspan="3"></td><td rowspan="3"></td><td>1</td><td></td><td></td><td></td><td rowspan="3"></td></tr>
<tr><td>2</td><td></td><td></td><td></td></tr>
<tr><td>3</td><td></td><td></td><td></td></tr>
<tr><td colspan="7">备注:本表所列分包仅限于承包人自行施工范围内的非主体、非关键工程。
　　　　　　　　　　　　　　　　　　　　日　期：　　　年　　月　　日</td></tr>
</table>

7.4.9　资格审查资料

与"任务 5.2　资格预审"文件相同。

 小提示

投标文件的编制是一项专业性非常强的技术工作，除了需要我们学好各门专业课、获取专业能力、练好基本功外，还需要有良好的团队合作精神，不同专业特长的技术人员优势互补、团结协作、通过编制高质量的优秀投标文件提高中标概率。

🔍 知识拓展

资源名称	投标文件编制注意的问题	投标前的准备	投标文件的组成	投标文件的编制原则及要求
资源类型	视频	视频	视频	视频
资源二维码				

能力训练题 🔍

一、判断题

1. 只有招标文件允许组成联合体投标，投标文件中才会有联合体协议书。（ ）

2. 投标人不按招标文件要求提交投标保证金，其投标文件作废标处理。（ ）

3. 综合单价是完成一个规定计量单位的分部分项工程量清单项目所需的人工费、材料费、施工机械使用费、企业管理费和利润，综合单价中不需要考虑招标文件中要求投标人承担的风险费用。（ ）

4. 施工组织设计主要包含在技术标中，是投标文件的重要组成部分，是编制投标报价的基础，是反映投标企业施工技术水平和施工能力的重要标志，在投标文件中具有举足轻重的地位。（ ）

5. 项目经理可以同时担任多个在施建设工程项目项目经理。（ ）

二、单选题

1. 下列材料不属于投标文件组成部分的是（ ）。

A. 招标公告　　　　　　　　　　　B. 投标保证金

C. 已标价工程量清单　　　　　　　D. 施工组织设计

2. 投标保证金采用银行保函形式的，银行保函有效期应长于投标有效期，一般应超出投标有效期（ ）天。

A. 10　　　　　B. 20　　　　　C. 30　　　　　D. 40

3. 施工组织设计主要包含在（ ）中，是投标文件的重要组成部分，是反映投标企业施工技术水平和施工能力的重要标志，在投标文件中具有举足轻重的地位。

A. 技术标　　　　B. 商务标　　　　C. 投标函　　　　D. 投标报价

三、简答题

投标文件一般由哪几个部分组成？

任务 7.5　投标报价策略与技巧

模块	3 建设工程投标业务	项目	7 投标	任务	7.5 投标报价策略与技巧
知识目标	掌握了解投标报价策略的重要性； 掌握投标报价的几种技巧				
能力目标	能够以投标人的身份，灵活运用建设工程投标策略和技巧				
重点难点	重点：掌握投标报价技巧：不平衡报价法、多方案报价法、扩大标价法、突然降价法、先亏后盈法； 难点：在实际工作中如何正确地采用投标技巧可以中标				

建设工程投标策略和技巧，是建设工程投标活动中的一个重要方面，采用一定的策略和技巧，可以增加投标的中标率，又能获得较大的期望利润，它是投标活动的关键环节。

7.5.1　建设工程投标策略

建设工程投标策略是指投标过程中，投标人根据竞争环境的具体情况而制定的行动方针和行为方式，是投标人在竞争中的指导思想，是投标人参加竞争的方式和手段。

1. 知彼知己，把握情势

当今世界正处于信息时代，投标人要通过广播、电视、报纸、杂志等媒体和政府部门、中介机构等各种渠道，广泛、全面、准确地收集招标人情况、市场动态、建筑材料行情、工程背景和条件、竞争对手情况等各种与投标密切相关的信息，并正确开发利用投标信息，对其进行深入调查，综合分析，去伪存真，准确把握形势，做到"知彼知己，百战不殆"。这对投标活动具有举足轻重的作用。

2. 以长制短，以优胜劣

任何建设工程承包人都有长处有短处，因此在投标竞争中，必须像"田忌赛马"一样，学会和掌握以长处胜过短处，以优势胜过劣势的方法。

3. 随机应变，争取主动

建筑市场属于买方市场，竞争非常激烈。承包人要对自己的实力、信誉、技术、管理、质量水平等各个方面作出正确的评价，高估或低估自己，都不利于市场竞争。在竞争中，面对复杂的形势，要准备多种方案和措施，善于随机应变，掌握主动权，做投标活动真正的主人。

7.5.2　建设工程投标报价技巧

在投标过程中，投标技巧主要表现为通过各种操作技能和诀窍，确定一个好的报价。在实际工作中经常采用的投标技巧有：不平衡报价法、多方案报价法、扩大标价法、突然降价法、先亏后盈法等。

1. 不平衡报价法

【案例 7-1】某大学教学楼在招标文件合同条款中规定：预付款数额为合同价的 30%，开工后 1 天内支付，当第二阶段上部结构工程完成一半时，付清基础工程和上部结构两个阶段的工程款且一次性全额扣回预付款项，第三阶段工程款按季度支付。

原预算：某集团经造价工程师估算总价为 9000 万元，总工期为 24 个月。其中：第一阶段，基础工程造价为 1200 万元，工期为 6 个月；第二阶段，上部结构工程估价为 4800 万元，工期为 12 个月；第三阶段，装饰和安装工程估价为 3000 万元，工期为 6 个月。

报价策略：承包商某集团为了既不影响中标又能在中标后取得较好的收益，决定采用不平衡报价法对造价工程师的原估计作出适当调整，基础工程估计调整为 1300 万元，结构工程估计调整为 5000 万元，装饰和安装工程造价调整为 2700 万元。

调整意见：承包商某集团建议业主方将支付条件改为：预付款为合同价的 25%，工程款仍按季支付，其余条款不变

结论：该承包商将属于前期工程的基础工程和主体结构工程的报价调高，而将属于后期工程的装饰和安装工程的报价调低，这样可以在施工的早期阶段收到较多的工程款，承包商所得工程款的现值提高达到 30 多万元；且这三类工程单价的调整幅度均在 ±10% 以内，属于合理调整范围。

不平衡报价法也称为前重后轻法，是指一个工程项目的投标报价，在总价基本确定后，如何调整内部各个子项的报价，以期既不影响总价，又在中标后又能满足资金周转的需要，结算时得到更理想的经济效益。

一般可以从以下几个方面考虑采用不平衡报价法：

（1）对能早日结账收回工程款的土石方、基础等前期工程项目，单价可适当报高一些，以利于资金周转；对于像机电设备安装、装饰等后期工程项目，单价可适当报低些。

（2）经过核对工程量，对预计今后工程量可能会增加的项目，单价可适当报高些，这样在最终结算时可以多盈一些利润；而对一些工程量可能减少的项目，单价可适当报低些，工程结算时损失也不是很大。

（3）对设计图纸内容不明确或有错误，估计修改后工程量要增加的项目，单价可适当报高些；而对工程内容不明确的项目，单价可适当报低些。

（4）对没有工程量只填报单价的项目，或招标人要求采用包干报价的项目，单价可报高些。

（5）对暂定项目（任意项目或选择项目）中实施的可能性大的项目，单价可报高些；预计不一定实施的项目，单价可适当报低些。

采用不平衡报价法，优点是：有助于对工程量进行仔细校核和统筹分析，总价相对稳定，不会过高。缺点是：单价报高报低的合理幅度难以掌握，若单价报得过低，如果真实执行中工程量增多反而会造成承包人损失；若报得过高，如果招标人要求压价反而就会使承包人得不偿失。因此，在运用不平衡报价法时，要特别注意工程量有无错误，具体问题具体分析，避免单价盲目报高或报低。

2. 多方案报价法

【案例 7-2】 某投标人通过资格预审后，对招标文件进行了仔细分析，发现招标人所提出的工期要求过于苛刻，且合同条款中规定每拖延 1 天逾期违约金为合同价的 1%。若要保证实现该工期要求，必须采取特殊措施，从而大大增加成本；还发现原设计结构方案采用框架剪力墙体系过于保守。

因此，该投标人在投标文件中说明招标人的工期要求难以实现，并按自己认为的合理工期（比招标人要求的工期增加 6 个月）编制施工进度计划并据此报价；还建议将框架剪力墙体系改为框架体系，并对这两种结构体系进行了技术经济分析和比较，证明框架体系不仅能保证工程结构的可靠性和安全性、增加使用面积、提高空间利用的灵活性，而且可降低造价约 3%。

多方案报价法即对同一个招标项目除了按招标文件的要求编制一个投标报价以外，还要编制一个或几个建议方案。多方案报价法有时是招标文件中规定采用的，有时是承包人根据需要决定采用的。承包人决定采用多方案报价法，通常有以下两种情况：

（1）如果发现招标文件中的工程范围很不具体、不明确，或条款内容很不清楚、不公正，或对技术规范的要求过于苛刻，可先按招标文件中的要求报一个价，然后再说明假如招标人对合同要求做某些修改，报价可降低多少等。

（2）如发现设计图纸中存在某些不合理并可以改进的地方，或可以利用某项新技术、新工艺、新材料替代的地方，或者发现自己的技术和设备满足不了招标文件中设计图纸的要求，可以先按设计图纸的要求报一个价，然后再另附上一个修改设计的比较方案，或说明在修改设计的情况下，报价可降低多少等。

3. 扩大标价法

【案例 7-3】 某施工单位在建设工程施工投标中，校核工程量清单时发现某些分部分项工程的工程量，图纸与工程量清单有较大的差异，与业主沟通后，业主不同意调整，该施工单位也不愿意让利，对有差异部分采用扩大标价法报价，其余部分仍按原定策略报价，中标后自身利益未受损失。

扩大标价法是投标人针对招标项目中的某些要求不明确、工程量出入较大等有可能承担重大风险的部分提高报价，从而规避意外损失的一种投标技巧。但是也有一定的风险，可能会因为总报价过高，错失中标的机会。

4. 突然降价法

【案例 7-4】 某办公楼施工招标文件的合同条款中规定：预付款额为合同价的 30%，开工后 3 日内支付，主体结构工程完成一半是一次性全额扣回，工程款按季度支付。某承包商将技术标和商务标分别封装，在封口处加盖本单位公章和法定代表人签字后，在投标截止日期前一天上午将投标文件报送业主。次日下午，在规定的开标时间前 1 小时，该承包商又递交了一份补充材料，其中声明将原报价降低 4%。开标会由市招标办的工作人员主持，市公证处有关人员到会，各投标单位代表均到场。开标前，市公证处人员对各投标单位的资格进行审查，并对所有投标文件进行审查，确认所有投标文件均有效后，正式开标。主持人宣读投标单位名称、投标价格、投标工期和有关投标文件的重要说明，最终该承包商因突然降价获得商务标得分优势而中标。

突然降价法是指为迷惑竞争对手而采用的一种竞争方法。报价是一件保密性很强的工作，但是对手有时候会通过各种渠道、手段来刺探情况，因此在报价时可以采取迷惑对方的手法，在准备投标报价的过程中预先考虑好降价的幅度，然后有意散布一些假情报，表现出自己对该工程兴趣不大，会按一般情况报价或准备报高价等，而在临近投标截止日期前，突然降低报价，以期战胜竞争对手。

采用这种方法时，一定要在准备投标报价的过程中，考虑好降价的幅度，在临近投标截止日期前，根据情报信息与分析判断，再做最后决策。如果采用突然降价法而中标，由于开标只降总价，在签订合同后可采取不平衡报价的思想调整工程量表内的各项单价或价格，以便后期取得高一些的盈利。

5. 先亏后盈法

【案例 7-5】西部大开发战略部署以后，我国中西部地区基建市场潜力很大，在这种情况下，只要能进入当地市场，将会有源源不断的工程项目，因此，在南疆某村镇改造项目的投标中，某单位在公司形象的宣传上下大力气，采取"不惜代价、只求中标"的低价投标方案，将投标价一降再降，从 1 个多亿元降到六七千万元，以低价成本的价格挤垮竞争对手，打入当地市场。在后续的建设中，依靠自己的经验和信誉，建立长期合作关系，从今后的合作中逐步弥补首次投标的损失。

在实际工作中，有的承包商为了打入某一地区或某一领域，依靠自身实力，采取低报价投标方案。一旦中标之后，可以承揽这一地区或这一领域更多的工程任务，达到总体盈利的目的。采用先亏后盈法的承包商必须有较好的资信条件，而且提出的施工方案也先进可行，同时也要加强对公司的宣传，否则即使低价，招标人也不一定选择。

建设工程承包人对招标工程进行投标时，除了以上的投标策略和技巧以外，其他方面的投标技巧也可以考虑，比如：

（1）聘请投标代理人。投标人在招标工程所在地聘请代理人为自己出谋划策，以利争取中标。

（2）寻求联合投标。一家承包人实力不足，可以联合其他企业，特别是联合工程所在地的公司或技术装备先进的著名公司投标，这是争取中标的一种有效方法。

（3）许诺优惠条件。我国不允许投标人在开标后提出优惠条件。投标人若有降低价格或支付条件要求、提高工程质量、缩短工期、提出新技术和新设计方案，以及免费提供补充物资和设备、免费代为培训人员等方面优惠条件的，应当在投标文件中提出。招标人组织评标时，一般要考虑报价、技术方案、工期、支付条件等方面的因素。因此，投标人在投标文件中附带优惠条件，是有利于争取中标的。

（4）开展公关活动。公关活动是投标人宣传和推销自我，沟通和联络感情，树立良好形象的重要活动。积极开展公关活动，是投标人争取中标的一个重要手段。

能力训练题 🔍

一、单项选择题

1. （　　）是指一个工程项目的投标报价，在总价基本确定后，如何调整内部各个子项的报价，以期既不影响总价，又在中标后又能满足资金周转的需要，结算时得到更理想的经济效益。

A. 不平衡报价法　　　　B. 多方案报价法　　　　C. 扩大标价法　　　　D. 突然降价法

2. （　　）是投标人针对招标项目中的某些要求不明确、工程量出入较大等有可能承担重大风险的部分提高报价，从而规避意外损失的一种投标技巧。

A. 不平衡报价法　　　　B. 多方案报价法　　　　C. 扩大标价法　　　　D. 突然降价法

3. 在实际工作中，有的承包商为了打入某一地区或某一领域，依靠自身实力，采取"不惜代价、只求中标"的低报价投标方案，一旦中标之后，可以承揽这一地区或这一领域更多的工程任务，达到总体盈利的目的，这种投标技巧是（　　）。

A. 不平衡报价法　　　　B. 扩大标价法　　　　C. 突然降价法　　　　D. 先亏后盈法

二、案例分析题

某办公楼施工招标文件的合同条款中规定：预付款为合同价的 30％，开工后 3 日内支付，主体结构工程完成一半是一次性全额扣回，工程款按季度支付。

某承包商通过资格预审后对该项目投标，经造价工程师估算，总价为 9000 万元，总工期为 24 个月，其中：基础工程估价为 1200 万元，工期为 6 个月；主体结构工程估价为 4800 万元，工期为 12 个月；装饰和安装工程估价为 3000 万元，工期为 6 个月。该承包商为了既不影响中标，又能在中标后取得较好的收益，决定采用不平衡报价法对造价工程师的原估价做适当调整：基础工程调整为 1300 万元，主体结构工程调整为 5000 万元，装饰和安装工程调整为 2700 万元。

另外，该承包商还考虑到，该工程虽然有预付款，但平时工程款按季度支付不利于资金周转，决定除按上述调整后的数额报价外，还建议业主将支付条件改为：预付款为合同价的 5％，工程款按月支付，其余条款不变。该承包商将技术标和商务标分别封装，在封口处加盖本单位公章和法定代表人签字后，在投标截止日期前一天上午将投标文件报送业主。次日下午，在规定的开标时间前 1 小时，该承包商又递交了一份补充材料，其中声明将原报价降低 4％。但是，招标单位的有关工作人员认为，一个承包商不得递交两份投标文件，因而拒收承包商的补充材料。开标会由市招标办的工作人员主持，市公证处有关人员到会，各投标单位代表均到场。开标前，市公证处人员对各投标单位的资格进行审查，并对所有投标文件进行审查，确认所有投标文件均有效后，正式开标。主持人宣读投标单位名称、投标价格、投标工期和有关投标文件的重要说明。

由以上案例可知，该承包商在投标过程中使用了哪些报价技巧？请一一分析。

专题实训 4　投标文件编制实训

模块	3 建设工程投标业务	项目	7 投标	专题实训	4 投标文件编制实训
知识目标	了解技术标的编制与审核； 掌握商务标编制与审核； 掌握投标保证金的相关规定				
能力目标	能够根据招标文件要求正确缴纳投标保证金； 能够根据招标文件要求编制投标响应文件				
重点难点	重点：商务标的编制与审核； 难点：技术标的编制与审核				

一、项目背景资料

见专题实训 3。

二、实训任务

1. 任务分配

教师组织班级分为 4 个投标小组，每个小组内学生进行分工合作完成下面任务。

项目经理将工作任务进行分配，填写《任务分配单》，下发给团队成员，由任务接收人进行签字确认。

任务分配原则如下：

（1）技术经理——技术标编制。

（2）商务经理——商务标编制。

（3）市场经理——准备投标保证金、对招标文件作出响应。

2. 投标文件编制

2.1　技术标编制

（1）确定施工方案

1）施工方案共分为 8 类：土方工程、地基与基础、防水工程、钢筋工程、模板工程、混凝土工程、季节性施工、措施性施工。

2）技术经理从施工方案类别中，结合投标工程的工程概况、招标范围等，选取适用本投标工程的施工方案。

（2）编制施工进度计划

（3）挑选施工机械，并完成施工现场平面布置

（4）签字确认

技术经理负责将确定的施工方案、施工机械设备资料卡，连同项目经理下发的《任务分配单》，一同提交项目经理进行审查，团队其他成员和项目经理签字确认。

2.2　商务标编制

（1）套定额、组价

（2）确定投标报价

1）项目经理带领团队成员，结合本投标工程的工程概况、竞争情况及商务标的评标办法，借助老师提供的工程投标策略类卡片和工程投标报价技巧类卡片，结合单据《中标价预估表》，确定本投标工程的投标报价。

2）完成单据《中标价预估表》。

（3）签字确认

商务经理负责将完成的《中标价预估表》，连同项目经理下发的《任务分配单》，一同提交项目经理进行审查，团队其他成员和项目经理签字确认。

2.3　投标保证金准备

（1）市场经理根据招标文件规定的投标保证金的递交方式、时间和地点，填写《资金、用章审批表》，并将单据一同提交项目经理审批。

（2）项目经理审批通过后，将市场经理申请的资金数量交给市场经理。

（3）市场经理按照招标文件的要求，将投标保证金准备好（可使用密封袋将投标保证金进行密封）。

（4）项目经理将《资金、用章审批表》提交给业务审批处。

2.4　对招标文件作出响应

（1）项目经理组织团队成员共同讨论，根据招标文件的规定，借助单据《招标文件响应表》，确定是否对招标文件作出响应。

（2）市场经理将分析的结论填写至《招标文件响应表》，项目团队签字确认。

3. 完成电子版投标文件编制

（1）项目经理组织团队成员，共同完成一份电子版投标文件。

（2）团队自检

投标文件电子版完成后，项目经理组织团队成员，利用《投标文件审查表》进行自检。

（3）签字确认

市场经理负责将结论记录到《投标文件审查表》，团队其他成员和项目经理签字确认。

建设工程施工开标、评标和定标

模块 4

Chapter 08

项目8
建设工程施工开标、评标和定标

思维导图

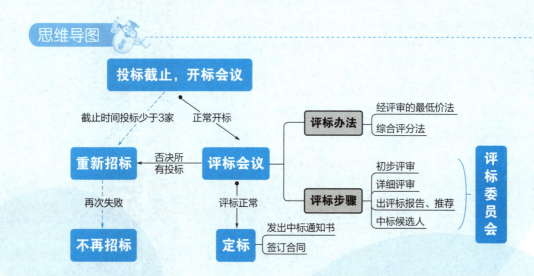

模块	4 建设工程施工开标、评标和定标	项目	8 建设工程施工开标、评标和定标	任务	8.1 开标
知识目标	掌握开标的时间、程序				
能力目标	能够以招标人的身份,组织开标仪式				
重点难点	重点:开标的程序; 难点:开标记录表填写				

8.1.1　开标的含义

开标是投标人提交投标截止时间后,招标人依据招标文件规定的时间和地点,开启投标人提交的投标文件,公开宣布投标人的名称、投标价格及投标文件中的其他主要内容。开标通常是以会议形式进行,公开招标和邀请招标均应举行开标会议。开标时间应在招标文件确定的投标截止同一时间公开进行,开标地点应是在招标文件规定的地点,已经建立公共资源交易中心的地方,开标应当在当地公共资源交易中心举行。

根据《中华人民共和国招标投标法》第三十四条规定:"开标应当在招标文件确定的提交投标文件截止时间的同一时间公开进行;开标地点应当为招标文件中预先确定的地点。"提交投标文件截止之时,即是开标之时。之所以对开标时间这样要求,是为了防止投标截止时间之后与开标之前仍有一段时间间隔,可能会给不端行为造成可乘之机(例如在指定开标时间之前泄漏投标文件中的内容)。开标地点应与招标文件中规定的地点相一致,是为了防止投标人因不知地点变更而不能按要求准时提交投标文件。这也是为维护投标人的利益而作出的要求。

8.1.2　开标的准备工作

1. 参加开标会议的人员

开标会议由招标单位主持或授权招标代理机构主持,并邀请所有投标单位的法定代表人或其委托代理人参加。

8-1
建设工程
开标

2. 开标程序

(1)宣布开标纪律。主持人宣布开标纪律,对参与开标会议的人员提出会场要求,如开标过程中不得喧哗、通信设备调整到静音状态等。任何人不得干扰正常的开标程序。

8-2
开标程序

(2)公布在投标截止时间前递交投标文件的投标人名称,并点名确认投标人是否派人到场。公布在投标截止时间前递交投标文件的投标人名称,并点名确认投标人是否派人到场。

（3）宣布开标人、唱标人、记录人、监标人等有关人员姓名。

（4）按照投标人须知前附表规定检查投标文件的密封情况。

（5）按照投标人须知前附表的规定确定并宣布投标文件开标顺序。

（6）设有标底的，公布标底。

（7）按照宣布的开标顺序当众开标，公布投标人名称、标段名称、投标保证金的递交情况、投标报价、质量目标、工期及其他内容，并记录在案。

（8）投标人代表、招标人代表、监标人、记录人等有关人员在开标记录上签字确认。

（9）开标结束。

小贴示

1. 开标的主要工作

开标时，应当众打开在规定时间内收到的所有标书，宣读无效标和弃权标的规定，核查投标人提交的各种证件、资料，检查标书密封情况，当众宣读并记录投标人名称以及报价（包括投标人报价内容及备选方案报价），公布评标原则和评标办法等。

2. 开标记录表格式

开标记录表格式

_____（项目名称）_____标段施工开标记录表

开标时间：_____年_____月_____日_____时_____分

序号	投标人	密封情况	投标保证金	投标报价(元)	质量目标	工期	备注	签名
1								
2								
3								
4								
……								
招标人编制的标底								

招标人代表：_____ 记录人：_____ 监标人：_____

_____年_____月_____日

小提示

为了确保招标能够公开、公平、公正进行，每个环节都应该按要求规范严密把控，规避不正之风导致的各种风险。特别是从事招标投标相关工作的工作人员，更应该严格要求自己，廉洁自律，保持职业操守。

能力训练题

一、判断题

1. 开标时间应是招标文件确定的投标截止同一时间。（　　　）

2. 开标时，应当众打开在规定时间内收到的所有标书，宣读无效标和弃权标的规定，核查投标人提交的各种证件、资料，检查标书密封情况，当众宣读并记录投标人名称以及报价。（　　　）

3. 投标人代表、招标人代表、监标人、记录人等有关人员需要在开标记录上签字确认。（　　　）

二、问答题

1. 开标的准备工作有哪些？

2. 开标的程序是什么？

任务 8.2 评标

模块	4 建设工程施工开标、评标和定标	项目	8 建设工程施工开标、评标和定标	任务	8.2 评标
知识目标	掌握评标委员会的组建和评标方法； 掌握评标计算方法				
能力目标	能按规定组建评标委员会； 能协助评标委员开展评标活动				
重点难点	重点：评标程序和方法； 难点：建设工程评标的主要方法				

8.2.1 评标原则

评标是指由招标人依法组建的评标委员会按照法律规定和招标文件约定的评标方法和具体评标标准，对投标人递交的投标文件进行审查、评审和比较，并最终确定中标人的全过程。

开标后即转入秘密评标阶段，这阶段工作要严格对投标人及任何不参与评标工作的人保密。评标是招标活动的重要环节。高效的评标工作对于降低工程成本、提高经济效益和确保工程指令起着重要作用。

《中华人民共和国招标投标法》第三十八条规定："招标人应当采取必要的措施，保证评标在严格保密的情况下进行，任何单位和个人不得非法干预，影响评标的过程和结果。"

评标活动遵循公平、公正、科学和择优的原则。评标人员应当按照招标文件确定的评标标准和方法，对投标文件进行评审和比较，要实事求是，不得带有任何主观意愿和偏见，高质量、高效率地完成评标工作，并应遵循以下原则：

8-3
评标原则
和纪律

(1) 认真阅读招标文件，严格按照招标文件规定的要求和条件对投标文件进行评审。

(2) 公正、公平、科学合理。

(3) 质量好、信誉高、价格合理、工期适当、施工方案先进可行。

(4) 规范性与灵活性相结合。

8.2.2 评标要求

1. 评标委员会

8-4
评标
委员会

评标由招标人依法组建的评标委员会负责。其评标委员会由招标人的代表和有关技术、经济等方面的专家组成，成员人数为 5 人以上单数，其中招标人、招标代理机构以外的技术、经济等方面专家不得少于成员总数的 2/3。

确定专家成员一般应当采取随机抽取的方式。

与投标人有利害关系的人不得进入相关项目的评标委员会，已经进入的应当更换。评标委员会成员的名单在中标结果确定前应当保密。

评标委员会成员有下列情形之一的，应当回避：

（1）招标人或投标人的主要负责人的近亲属。

（2）项目主管部门或者行政监督部门的人员。

（3）与投标人有经济利益关系，可能影响对投标公正评审的。

（4）曾因在招标、评标及其他与招标投标有关活动中从事违法行为而受过行政处罚或刑事处罚的。

　　评标委员可以要求投标人对投标文件中含义不明确的内容做必要的澄清或说明，但是澄清或说明不得超出投标文件的范围或改变投标文件的实质性内容，评标委员会应当按照招标文件确定的评标标准和方法，对投标文件进行评审和比较。设有标底的，应当参考标底。

　　评标委员会完成评标后，应当向投标人提出书面评标报告，并推荐合格的中标候选人，评标委员会须对评标结果签字确认。招标人根据评标委员会提出的书面评标报告和推荐合格的中标候选人确定中标人，招标人也可以授权评标委员会直接确定中标人。

　　评标委员会的专家成员，应当由招标人从建设行政主管部门及其他有关政府部门确定的专家名册中或在工程招标代理机构的专家库内相关专业的专家名单中确定。

　　评标专家资格为：①从事相关专业领域工作满8年并具有高级技术职称或同等专业水平；②熟悉相关法律法规，并具有与招标项目相关的实践经验；③能够认真、公正、诚实、廉洁地履行职责；④身体健康，能够承担评标工作。

2. 对招标人的纪律要求

招标人不得泄露招标投标活动中应当保密的情况和资料，不得与投标人串通损害国家利益、社会公共利益或者他人合法权益。

3. 对投标人的纪律要求

投标人不得相互串通投标或者与招标人串通投标，不得向招标人或评标委员会成员行贿谋取中标，不得以他人名义投标或者以其他方式弄虚作假骗取中标；投标人不得以任何方式干扰、影响评标工作。

4. 对与评标活动有关的工作人员的纪律要求

与评标活动有关的工作人员不得收受他人的财物或者其他好处，不得向他人透漏对投标文件的评审和比较、中标候选人的推荐情况及评标有关的其他情况。在评标活动中，与评标活动有关的工作人员不得擅离职守、影响评标程序正常进行。

8.2.3　评标步骤

评标程序是招标文件中"评标办法"的组成部分，评标委员会应当按照下述所规定的

8-5
评标方法

详细程序开展并完成评标工作。依据《中华人民共和国标准施工招标文件》和《房屋建筑和市政工程标准施工招标文件》，评标活动将按下述 5 个步骤进行。

1. 评标准备

（1）评标委员会成员签到

评标委员会成员到达评标现场时应在签到表上签到，以证明其出席。

（2）评标委员会的分工

评标委员会首先推选一名评标委员会主任。招标人也可以直接指定评标委员会主任。评标委员会主任负责评标活动的组织领导工作。评标委员会主任在与其他评标委员会成员协商的基础上，可以将评标委员会划分为技术组和商务组，也可以大家一起分商务和技术两阶段评审。

（3）熟悉文件资料

评标委员会主任应组织评标委员会成员认真研究招标文件，了解和熟悉招标目的、招标范围、主要合同条件、技术标准和要求、质量标准和工期要求等，掌握评标标准和方法，熟悉评标表格的使用，未在招标文件中规定的标准和方法不得作为评标的依据。

招标人或招标代理机构应向评标委员会提供评标所需的信息和数据，包括招标文件、未在开标会上当场拒绝的各投标文件、开标会记录、资格预审文件及各投标人在资格预审阶段递交的资格预审申请文件（适用于已进行资格预审的）、招标控制价或标底（如果有）、工程所在地工程造价管理部门颁布的工程造价信息、定额（如作为计价依据时）、有关的法律、法规、规章、国家标准以及招标人或评标委员会认为必要的其他信息和数据。

（4）对投标文件进行基础性数据分析和整理工作

在不改变投标人投标文件实质性内容的前提下，评标委员会应当对投标文件进行基础性数据分析和整理（简称为"清标"），从而发现并提取其中可能存在的对招标范围理解的偏差、投标报价的算术性错误、错漏项、投标报价构成不合理、不平衡报价等存在明显异常的问题，并就这些问题整理形成清标成果。评标委员会对清标成果审议后，决定需要投标人进行书面澄清、说明或补正的问题，形成质疑问卷，向投标人发出问题澄清通知（包括质疑问卷）。

在不影响评标委员会成员的法定权利的前提下，评标委员会可委托由招标人专门成立的清标工作小组完成清标工作。在这种情况下，清标工作可以在评标工作开始之前完成；也可以与评标工作平行进行。清标工作小组成员应为具备相应执业资格的专业人员，且应当符合有关法律法规对评标专家的回避规定和要求，不得与任何投标人有利益、上下级等关系，不得代行依法应当由评标委员会及其成员行使的权利。

清标成果应当经过评标委员会的审核确认，经过评标委员会审核确认的清标成果视同是评标委员会的工作成果，并由评标委员会以书面方式追加对清标工作小组的授权，书面授权委托书必须由评标委员会全体成员签名。

投标人接到评标委员会发出的问题澄清通知后，应按评标委员会的要求提供书面澄清资料并按要求进行密封，在规定的时间递交到指定地点。投标人递交的书面澄清资料由评标委员会开启。

2. 初步评审

国内大型工程项目的评审因内容复杂、涉及面宽，通常分成初步评审和详细评审两个阶段进行。

初步评审也称对投标书的响应性审查，是以投标须知为依据，检查各投标书是否为响应性投标，确定投标书的有效性。

初步评审包括形式评审、资格评审、响应性评审、施工组织设计、项目管理机构评审、算数错误修正、澄清说明或补充。

（1）形式评审。

审查内容包括：

1）投标人的资格。

2）投标文件的有效性。

3）投标文件的完整性。

4）与招标文件的一致性。

投标人名称是否与营业执照、资质证书、安全生产许可证一致；

- 投标函是否按规定有法定代表人或其委托代理人签字盖章或加盖单位章；
- 投标文件格式是否符合招标文件的要求；
- 如有联合体投标，是否提交联合体协议书，并明确联合体牵头人；
- 报价是否唯一等。

（2）资格评审

1）未进行资格预审的资格评审的内容：投标人是否具备有效的营业执照、有效的安全生产许可证、资质等级、财务状况、类似项目业绩、信誉、项目经理、其他要求、联合体投标人（如有）是否符合"投标人须知"中要求的规定等。

2）已进行资格预审的情况：当投标人资格预审申请文件的内容发生重大变化时，评标委员会依据资格预审文件中规定的标准和方法，对照投标人在资格预审阶段递交的资格预审文件中的资料以及在投标文件中更新的资料，对其更新的资料进行评审。

资格预审采用"合格制"的，投标文件中更新的资料应当符合资格预审文件中规定的审查标准，否则其投标作废标处理。

资格预审采用"有限数量制"的，投标文件中更新的资料应当符合资格预审文件中规定的审查标准，其中以评分方式进行审查的，其更新的资料按照资格预审文件中规定的评分标准评分后，其得分应当保证即便在资格预审阶段仍然能够获得投标资格且没有对未通过资格预审的其他资格预审申请人构成不公平，否则其投标作废标处理。

（3）响应性评审

响应性评审的主要内容有：投标内容、工期、工程质量、投标有效期、投标保证金是否符合"投标人须知"中的规定，已标价工程量清单是否符合招标文件中"工程量清单"给出的范围及数量，技术标准和要求是否符合招标文件的要求等。施工方案、工程进度与技术措施、质量管理体系与措施、安全保证措施、环境保护管理体系与措施、资源（劳务、材料、机械设备)、技术负责人等方面是否与国家相应规定及招标项目符合。

（4）施工组织设计和项目管理机构评审

施工组织设计和项目管理机构评审的主要内容有：施工方案与技术措施、质量管理体系与措施、安全管理体系与措施、环境保护管理体系与措施、工程进度计划与措施、资源配备计划、技术负责人、其他主要人员、施工设备、实验及检测仪器设备等。

（5）算术错误修正

评标委员会依据规定的相关原则对投标报价中存在的算术错误进行修正，并根据算术错误修正结果计算评标价。

（6）澄清说明或补充

在评标过程中，评标委员会可以书面形式要求投标人对所提交投标文件中不明确的内容进行书面澄清或说明，或者对细微偏差进行补正。评标委员会不接受投标人主动提出的澄清、说明或补正。投标人的书面澄清、说明和补正属于投标文件的组成部分。评标委员会对投标人提交的澄清、说明或补正有疑问的，可以要求投标人进一步澄清、说明或补正，直至满足评标委员会的要求。

投标文件中的大写金额和小写金额不一致的，以大写金额为准；总价金额与单价金额不一致的，以单价金额为准，但单价金额小数点有明显错误的除外；对不同文字文本投标文件的解释发生异议的，以中文文本为准。

投标文件对招标文件实质性要求和条件响应的偏差分为重大偏差和细微偏差。所有存在重大偏差的投标文件都属于在初评阶段应淘汰的投标书。

下列情况属于重大偏差：

1）没有按照招标文件要求提供投标担保或者所提供的投标担保有瑕疵。

2）投标文件没有投标人授权代表签字和加盖公章。

3）投标文件载明的招标项目完成期限超过招标文件规定的期限。

4）明显不符合技术规格、技术标准的要求。

5）投标文件载明的货物包装方式、检验标准和方法等不符合招标文件的要求。

6）投标文件附有招标人不能接受的条件。

7）不符合招标文件中规定的其他实质性要求。

投标文件有上述情形之一的，为未能对招标文件作出实质性响应，并按规定作废标处理。

细微偏差是指投标文件在实质上响应招标文件要求，但在个别地方存在漏项或者提供了不完整的技术信息和数据等情况，并且补正这些遗漏或者不完整不会对其他投标人造成不公平的结果。

（7）投标文件作废标处理的其他情况

投标文件有下列情形之一的，由评标委员会初审后按废标处理。

1）无单位盖章并无法定代表人或法定代表人授权的代理人签字或盖章的。

2）未按规定的格式填写，内容不全或关键字迹模糊、无法辨认的。

3）投标人递交两份或多份内容不同的投标文件，或在一份投标文件中对同一招标项目报有两个或多个报价，且未声明哪一个有效，按招标文件规定提交备选投标方案的除外。

4）投标人名称或组织结构与资格预审时不一致的。

5）未按招标文件要求提交投标保证金的。

6）联合体投标未附联合体各方共同投标协议的。

　　投标文件未按规定格式填写、无单位签章等细节问题均会导致废标，由此可见，细节决定成败，任何小误差都有可能导致失标，在工作中我们应该高标准要求自己，坚持一丝不苟、精益求精，展现高素质专业精神。

3. 详细评审

详细评审指在初步评审的基础上，对经初步评审合格的投标文件，按照招标文件确定的评标标准和方法，对其技术部分（技术标）和商务部分（经济标）进一步审查，评定其合理性，以及合同授予该投标人在履行过程中可能带来的风险。

（1）价格折算

评标委员会按评标办法中规定的量化因素和标准进行价格折算，计算出评标价，并编制价格比较一览表。

（2）判断投标报价是否低于成本

评标委员会根据规定的程序、标准和方法，判断投标报价是否低于其成本。在评标过程中，评标委员会发现投标人的报价明显低于其他投标报价或者在设有标底时明显低于标底，使得其投标报价可能低于其个别成本的，应当要求该投标人作出书面说明并提供相关证明材料。由评标委员会认定投标人以低于成本竞标的，其投标作废标处理。

（3）澄清、说明或者补正

在评审过程中，评标委员会应当就投标文件中不明确的内容要求投标人进行澄清、说明或者补正。投标人应当根据问题澄清通知要求，以书面形式予以澄清、说明或者补正。

　　对投标人的技术评审，主要内容是评审施工方案或施工组织设计、施工进度计划的合理性，施工技术管理人员和施工机械设备的配备，关键工序、劳动力、材料计划、材料来源、临时用地、临时设施布置是否合理可行，施工现场周围环境污染的保护措施、投标人的综合施工技术能力、质量控制措施、以往履约能力、业绩和分包情况等。

　　对投标人的商务评审，实质上是响应招标文件的要求，主要审查内容包括：投标报价是否按招标文件要求的计价依据进行报价；是否擅自修改了工程量清单数据；报价构成是否合理性，是否低于成本等；报价数据是否有计算上或累计上的算术错误等。

4. 推荐中标候选人

（1）汇总评标结果

投标报价评审工作全部结束后，评标委员会填写评标结果汇总表。

（2）推荐中标候选人

除"投标人须知"前附表授权直接确定中标人外，评标委员会在推荐中标候选人时，应遵照以下原则：

1）评标委员会对有效的投标按照根据"投标人须知"前附表中的规定推荐中标候选人。

2）如果评标委员会根据规定作废标处理后，有效投标不足 3 个，且少于"投标人须知"前附表中规定的中标候选人数量的，则评标委员会可以将所有有效投标作为中标候选人向招标人推荐。如果因有效投标不足 3 个使得投标明显缺乏竞争的，评标委员会可以建议招标人重新招标。

3）投标截止时间前递交投标文件的投标人数量少于 3 个或者所有投标被否决的，招标人应当依法重新招标。

（3）直接确定中标人

"投标人须知"前附表中授权评标委员会直接确定中标人的，评标委员会对有效的投标按照评标价由低至高的次序排列，并确定排名第一的投标人为中标人。

> 2017 年 12 月 27 日第十二届全国人民代表大会常务委员会第三十一次会议通过了关于修改《中华人民共和国招标投标法》《中华人民共和国计量法》的决定。

5. 评标报告

评标委员会在完成评标后，应向招标人提出书面评标结论性报告，并抄送有关行政监督部门。

评标报告应当如实记载以下内容：

（1）基本情况和数据表；

（2）评标委员会成员名单；

（3）开标记录；

（4）符合要求的投标一览表；

（5）废标情况说明；

（6）评标标准、评标方法或者评标因素一览表；

（7）经评审的价格或者评分比较一览表；

（8）经评审的投标人排序；

（9）推荐的中标候选人名单与签订合同前要处理的事宜；

（10）澄清、说明、补正事项纪要。

评标报告由评标委员会全体成员签字。评标委员会应当对此作出书面说明并记录在案。评标委员会推荐的中标候选人应当限定在 1～3 人，并标明排列顺序。

向招标人提交书面评标报告后，评标委员会即告解散。

8.2.4 评标主要方法

1. 评标办法的核心内容

评标办法的核心内容是围绕"如何设定评价标准"和"如何判断投标文件是否满足所

设的评价标准"这两个问题展开的。其中，第一个问题关注的是评审的内容和标准；第二个问题关注的是评审的程序和方法。

（1）评审的内容，指评审涉及投标文件的商务、技术、价格、服务及其他方面的哪部分或哪几部分。对于已进行资格预审的招标项目，不得再将资格预审的相关标准和要求作为评价内容。为实现物有所值，评审内容可考虑如下因素：①费用，包括生命周期成本；②质量；③风险；④可持续性；⑤创新。

（2）评审的标准，指将各评审内容细分，形成评审的要素、指标以及要素、指标的量化等这些判定、衡量投标文件优劣的准则。要素、指标必须有针对性、清楚、明确、具体、详细，体现"褒优贬劣"。同时，对于咨询服务类评标，不建议使用过分详细的子标准清单，以避免使评审工作成了机械化的练习，而不是对建议书进行专业化的评判。

（3）评标程序，主要是明确规定评标委员会评标时应当遵循的主要工作环节及其先后次序。评标要突出"评审"二字，评审不是简单的评分，评审需要经过审查、分析、比较，有时要启动质疑程序，要求投标人进行澄清、说明和补正，甚至是多个轮次的互动，并在此基础上进行评判。

（4）评标的方法，是运用评标标准评审、比较投标方案，区分出优劣的具体方式与途径。根据评价指标是否量化为货币形式，评标方法可以分为价格法和打分法。①价格法，将各评审要素折算为货币进行比较，一般是价格低者中标；②打分法，各评审要素按重要程度分配权重和分值，用得分多少进行比较，一般是得分高者中标。打分法的优点是可以将难以用金额表示的各项要素量化后进行比较，可以较全面地反映出投标人的素质，缺点是要确定每个评标因素的权重易带主观性。对于依法必须招标项目的评标活动，评标方法包括经评审的最低投标价法、综合评估法或者法律、行政法规允许的其他评标方法；不宜采用经评审的最低投标价的招标项目，一般应当采取综合评估法进行评审。

2. 评标办法的选择要求

评标办法的选择，直接关系到投标和评标的工作质量，以及最后评标结论的合理性，实践中应当给予高度的重视。

评标办法应符合以下要求：①评审标准应恰当地适应于招标的类型、性质、市场环境、复杂性、风险、价值和目标；②在切实可行的范围内，评审标准应该量化（如转换为货币表示的评审标准）；③招标文件应包括完整的评审标准、程序和方法；④只用且全部使用在招标文件中列出的评审标准；⑤在招标文件发出之后，评审内容与标准的任何变化都应当通过招标文件的修改（补遗）作出；⑥确保对所有递交的投标文件运用一致的评审办法。

我国目前常用的评标方法有：经评审的最低投标价法和综合评估法，此两种评标方法的要点比较如图 8-1 所示。

（1）经评审的最低投标价法

1）适用情况

① 一般适用于具有通用技术、性能标准或者招标人对其技术、性能没有特殊要求的招标项目。

② 政府和国有投资项目。

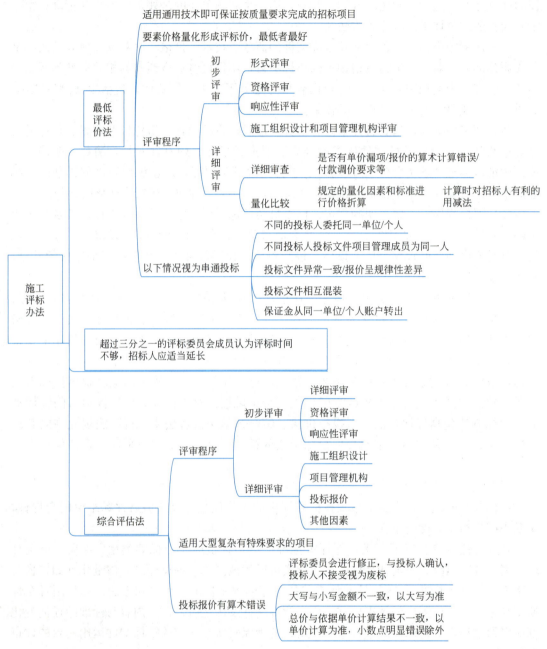

图8-1 经评审的最低投标价法和综合评估法的要点比较图

③ 必须是工程量清单报价。实行"量""价"分离，风险共担的原则。施工单位承担"价"的风险，建设单位承担"量"的风险。

④ 招标文件要保证深度和精度，"粗枝大叶"的招标文件无法满足最低评标价法的要求。

2）评标程序及原则

① 评标委员会根据招标文件中评标办法的规定对投标人的投标文件进行初步评审。

有一项不符合评审标准的，作废标处理。

② 评标委员会应当根据招标文件中规定的评标价格调整方法，对所有投标人的投标报价及投标文件的商务标部分做必要的价格调整。

③ 评标委员会应当拟定一份"标价比较表"，连同书面评标报告提交招标人。"标价比较表"应当注明投标人的投标报价、对商务偏差的价格调整和说明以及经评审的最终投标价。

8-7
评标办法
（经评审的
最低投标
价法）

④ 除招标文件中授权评标委员会直接确定中标人外，评标委员会按照经评审的价格由低到高的顺序推荐中标候选人。

1. 对投标文件中的各项评标因素尽可能地折算为货币量，将投标报价进行综合比较后，确定出评标价格最低的投标，并以该投标人为中标候选人的评标方法。

2. 在评标过程中，最低评标价不是最低投标价，它是一个以货币形式表现的衡量投标竞争力的定量指标。除了考虑投标价格因素外，还综合考虑质量、工期、施工组织设计、企业信誉、业绩等因素，并将这些因素尽可能加以量化折算为一定的货币额，加权计算得到。显然经专家评审后的最低评标价就是经评审的合理低价，所以该方法也称为经评审的合理低价中标法。

【案例 8-1】经评审的最低投标价法

某建设单位对拟建项目进行公开招标，招标文件中规定：项目计划工期为 15 个月，投标人实际工期比计划工期少 1 个月，则在其投标报价中减少 5 万元（不考虑资金时间价值条件下）；招标方经研究内定标底为 290 万元，若投标人报价低于或高于标底 15% 以上者为废标。有 6 个单位通过资格预审领取招标文件，编写投标文件并在规定时间内向招标方递交了投标文件，具体内容见下表：

投标人	A	B	C	D	E	F
投标报价(万元)	368.43	300	276	270	310	280.75
计划工期(月)	12	14	15	14	12	12

问：假设 6 个投标人技术标得分情况基本相同，不考虑资金的时间价值，按照最低报价法确定中标人的顺序。

解：经计算，A 报价高于标底 15% 以上，故 A 为废标

B 报价 $= 300 - (15 - 14) \times 5 = 295$ 万元

C 报价 $= 276 - (15 - 15) \times 5 = 276$ 万元

D 报价 $= 270 - (15 - 14) \times 5 = 265$ 万元

E 报价 $= 310 - (15 - 12) \times 5 = 295$ 万元

F 报价 $= 280.75 - (15 - 12) \times 5 = 265.75$ 万元

所以，顺序为 D、F、C（B、E）

【案例 8-2】 某国外援助资金建设项目施工招标，该项目是职工住宅楼和普通办公大楼，标段划分为甲、乙两个标段。招标文件规定：国内投标人有 7.5% 的评标优惠，同时头两个标段的投标人给予评标优惠；若甲标段中标，乙标段扣减 4% 作为评标优惠；合理工期为 24～30 个月内，评标工期基准为 24 个月，每增加 1 个月在评标价格上加 10 万元。经资格预审有 A、B、C、D、E 五家承包商的投标文件获得通过，其中 A、B 两投标人同时对甲乙两个标段进行投标；B、D、E 为国内承包商。承包商的投标情况如下：

投标人	报价（百万元）		投标工期（月）	
	甲段	乙段	甲段	乙段
A	10	10	24	24
B	9.7	10.3	26	28
C		9.8		24
D	9.9		25	
E		9.5		30

解：

运用经评审的最低投标价法评标，其评审结果如下：

甲段的评审结果（单位：百万元）

投标人	报价	修正因素		评标价
		工期因素	本国优惠	
A	10			10
B	9.7	+0.2	−0.728	9.17
D	9.9	+0.1	−0.7425	9.26

故，甲段的中标人为 B。

乙段的评审结果（单位：百万元）

投标人	报价	修正因素			评标价
		工期因素	两个标段优惠	本国优惠	
A	10				10
B	10.3	+0.4	−0.412	−0.773	9.515
C	9.8				9.8
E	9.5	+0.6		−0.713	9.387

故，乙段的中标人为 E。

（2）综合评估法

不宜采用经评审的最低投标价法的招标项目，一般应当采取综合评估法进行评审。根据综合评估法，最大限度地满足招标文件中规定的各项综合评价标准的投标，应当推荐为投标候选人。

综合评估法是对价格、施工组织设计（或施工方案）、项目经理的资历和业绩、质量、工期、信誉和业绩等各方面因素进行综合评价，从而确定中标人的评标定标方法，是一种适用最广泛的评标定标方法。

综合评估法需要综合考虑投标书的各项内容是否同招标文件所要求的各项文件、资料和技术要求相一致。不仅要对价格因素进行评议，还要对其他因素进行评议，包括：标价（即投标报价）、施工方案或施工组织设计、投入的技术及管理力量、质量、工期、信誉和业绩。综合评估法按其具体分析方式的不同，可分为定性综合评估法和定量综合评估法。

1）定性综合评估法（评估法）

定性综合评估法又称评估法。将评审指标分项进行定性比较分析，选出其中被大多数评标组织成员认为各项条件都比较优良的投标人为中标人，也可用记名或无记名投票表决的方式确定中标人。

定性评估法的特点是不量化各项评审指标。通常的做法是：由评标组织对工程报价、工期、质量、施工组织设计、主要材料消耗、安全保障措施、业绩、信誉等评审指标，分项进行定性比较分析，综合考虑，经过评议后，选择其中被大多数评标组织成员认为各项条件都比较优良的投标人为中标人，也可用记名或无记名投票表决的方式确定投标人。

优点是不量化各项评审指标，是一种定性的优选法。采用定性综合评议法，一般要按从优到劣的顺序，对各投标人排列名次，排序第一名的即为中标人。评标过程简单，较短时间内即可完成。一般适用于小型工程或规模较小的改扩建项目。

缺点是虽然能深入地听取各方面的意见，但由于没有进行量化评定和比较，评标的科学性较差。

2）定量综合评估法（打分法、百分法）

定量综合评估法又称打分法、百分制计分评估法（百分法）。通常的做法是，事先在招标文件或评标定标办法中对评标的内容进行分类，形成若干评价因素，并确定各项评价因素在百分之内所占的比例和评分标准，开标后由评标组织中的每位成员按照评分规则，采用无记名方式打分，最后统计投标人的得分，得分最高者（排序第一名）或次高者（排序第二名）为中标人。

定量综合评估法的主要特点是要量化各评审因素。从理论上讲，评标因素指标的设置和评分标准分值的分配，应充分体现企业的整体素质和综合实力，准确反映公开、公平、公正的竞标法则，使质量好、信誉高、价格合理、技术强、方案优的企业能中标。

8-8
评标办法
（综合评估法）

【案例 8-3】某建设单位经相关主管部门批准，组织建设某项目全过程总承包的公开招标工作。若本工程有 A、B、C、D 四家投标单位为有效投标，经评审，四家投标单位的投标方案的有关参数见表，若评价指标的权重为：业绩 25%、投标方案 25%、质量目标 5%、方案年费用 45%，请按照综合评分法计算各投标单位的评标得分（保留两位小数）。

评价指标 得分 投标单位	业绩	投标方案	质量目标	方案年费用
A	95	90	60	72.46
B	100	100	100	69.93
C	90	85	100	63.18
D	95	85	60	67.30

解:

A 方案的得分

$[100-(72.46-63.18)\times100\times2/63.18]\times45\%+95\times25\%+90\times25\%+60\times5\%=81.03$

B 方案的得分

$[100-(69.93-63.18)\times100\times2/63.18]\times45\%+100\times25\%+100\times25\%+100\times5\%=90.38$

C 方案的得分

$100\times45\%+90\times25\%+85\times25\%+100\times5\%=93.75$

D 方案的得分

$[100-(67.30-63.18)\times100\times2/63.18]\times45\%+90\times25\%+85\times25\%+60\times5\%=88.88$

能力训练题

一、判断题

1. 评标阶段工作要严格对投标人及任何不参与评标工作的人保密。（　　）

2. 评标委员会由招标人的代表、投标人的代表和有关技术、经济等方面的专家组成。（　　）

3. 招标人根据评标委员会提出的书面评标报告和推荐的中标候选人确定中标人，也可以授权评标委员会直接确定中标人。（　　）

二、单选题

1.《中华人民共和国招标投标法》规定，评标委员会由（　　）负责组建。

A. 招标人　　　　　　　　　　B. 投标人

C. 招标代理机构　　　　　　　D. 建设主管部门

2.《中华人民共和国招标投标法》规定，评标工作由（　　）负责进行。

A. 招标人　　　　　　　　　　B. 投标人

C. 评标委员会　　　　　　　　D. 建设主管部门

3. 在评标过程中，同一投标文件中表述不一致的，正确的处理方法是（　　）。

A. 投标文件的小写金额和大写金额不一致的，应以小写为准

B. 投标函与投标文件其他部分的金额不一致的，应以投标文件其他部分为准

C. 总价金额与单价金额不一致的，应以总价金额为准

D. 对不同文字文本的投标文件解释发生异议的，以中文文本为准

4. 在建设工程项目的招标投标活动中，某投标人以低于成本的报价竞标，则下列说法正确的是（　　　）。

A. 其做法符合低价中标原则，不应禁止　　　B. 没有违背诚实信用原则，不应禁止

C. 是降低了工程造价，应当提倡　　　　　D. 该投标文件应将予以否决

三、多选题

1. 评标委员会成员有下列行为之一且情节特别严重的，取消其评标资格，不属于该情形的是（　　　）。

A. 应当回避而不回避的

B. 按照招标文件规定的评标标准和方法评标的

C. 向招标人征询确定中标人的意向的

D. 私下接触投标人的

E. 拒绝在评标报告上签字的

任务 8.3 定标及签订合同

模块	4 建设工程施工开标、评标和定标	项目	8 建设工程施工开标、评标和定标	任务	8.3 定标及签订合同
知识目标	掌握定标的程序； 掌握中标后签订合同的程序				
能力目标	会编制中标候选人公示、中标公告和中标通知书； 会在正确的时间点发布中标通知书及签订合同				
重点难点	重点：建设工程施工定标的程序，建设工程合同签订的相关规定； 难点：中标通知书的发出，建设工程合同的签订				

8.3.1 建设工程施工定标

1. 定标

定标亦称决标，是指招标人最终确定中标单位的行为。除特殊情况外，评标和定标应当在投标有效期结束日 30 个工作日前完成。招标文件应当载明投标有效期，投标有效期从提交投标文件截止日起计算。

招标人根据评标委员会提出的书面评标报告和推荐的中标候选人确定中标人，也可以授权评标委员会直接确定中标人。

在确定中标人之前，招标人不得与投标人就投标价格、投标方案等实质性内容进行谈判。

2. 商谈

大多数情况下，招标人根据全面评议的结果，选出 2～3 家中标候选人，然后再分头进行商谈。商谈的过程也就是业主方进行最后一轮评标的过程，也是投标人为最终夺取投标项目而采取各种对策的竞争过程。在这个过程中，投标人的主要目标是击败竞争对手，吸引招标方，争取最后中标。

在公开开标的情况下，由于投标人已了解可能影响其夺标的主要对手和主要障碍，其与招标人商谈的内容通常是在不改变其投标实质（如报价、工期、支付条款）的条件下，对招标方作出种种许诺和附加优惠条件及对施工方案的修改等。

在商谈期间，投标人应特别注意洞察招标人的反应。在不影响最根本利益的前提下，投其所好。例如，投标常常提出施工设备在竣工后赠送给招标方、许诺向当地承包公司分包工程、使用当地劳动力、与当地有关部门进行技术合作、为其免费培训操作技术人员等建议，这些建议对招标方具有很大的吸引力。

对于招标方，由于需要最终选定中标人，在报价条件和技术建议反映不出较大差别时，只有靠进一步澄清的方法分头同各中标候选人进行商谈，通过研究各家提出的辅助建议，结合原投标报价，排出先后顺序并最终决标。

3. 主要工作

定标是招标单位的单独行为，但需由其他人一起进行裁决。在这一阶段，招标单位所要进行的工作有：

8-9
中标人的
条件

（1）决定中标人。

（2）通知中标人其投标已经被接受。

（3）向中标人发授标意向书。

（4）通知所有未中标的投标人。

（5）向他们退还投标保函等。

中标人的投标应当符合下列条件：

（1）满足招标文件各项要求，并考虑各种优惠及税收等因素，在合理条件下所报投标价格最低。

（2）最大限度满足招标文件中规定的综合评价标准。建筑工程施工定标，即确定中标企业的主要依据是：标价合理，有一整套完整的保证质量、安全、工期等的技术组织措施，社会信誉高，经济效益好。

招标人在评标委员会依法推荐的中标候选人以外确定中标人的，依法必须进行招标项目在所有投标被评标委员会否决后自行确定中标人的，中标无效。责令改正，可以处中标项目金额 0.5%～1% 的罚款；对单位直接负责的主管人员和其他直接责任人员依法给予处分。

8.3.2　发出《中标通知书》

中标通知书是指招标人在确定中标人后向中标人发出的通知其中标的书面凭证。《中华人民共和国招标投标法》第四十五条规定："中标人确定后，招标人应当向中标人发出中标通知书。"同时通知未中标人，并与中标人在 30 个工作日之内签订合同。《中标通知书》对招标人和中标人具有法律约束力。

招标人迟迟不确定中标人或者无正当理由不与中标人签订合同的，给予警告，根据情节可处 1 万元以下的罚款；造成中标人损失的，并应当赔偿损失。

小贴示

1. 要约邀请

招标投标是以订立合同为目的的民事活动。根据《中华人民共和国民法典》，招标人发出招标公告或者投标邀请书，是吸引法人或者其他组织向自己投标的意思表示。招标文件即为要约邀请。

2. 要约

投标人向招标人送达的投标文件，是投标人希望与招标人就招标项目订立合同的意思表示。投标文件即为要约。

3. 承诺

招标人向中标的投标人发出的中标通知书则是招标人同意接受中标的投标人的投标条件，即同意接受该投标人的要约的意思表示。中标通知书及合同均为承诺。

1. 中标通知书的发出

中标单位由招标管理机构审查后，由招标人向中标单位发出"中标通知书"，同时把结果通知未中标人，并与中标人在 30 个工作日之内签订合同。未中标单位在接到通知后，应把有关图纸资料退还招标人，索回投标保证金。

8-10
中标通知书
格式

中标通知书对招标人和中标人具有法律约束力。中标通知书发出后，招标人改变中标结果或者中标人放弃中标的，应当承担法律责任。中标人不在规定时间内完成中标后工作，即使与招标人签订合同，招标人有权没收投标保证金。当招标文件规定有履约保证金或履约保函时，中标人应在规定期限内及时提交，否则也将被视为放弃中标而被没收投标保证金。

2. 中标通知书的法律效力

中标通知书实质上就是招标人的承诺。依照《中华人民共和国民法典》第四百七十九条："承诺是受要约人同意要约的意思。"表示中标通知书发出后产生法律效力。

《中华人民共和国招标投标法》第四十五条规定："中标人确定后，招标人应当向中标人发出中标通知书，并同时将中标结果通知所有未中标的投标人。中标通知书对招标人和中标人具有法律效力。中标通知书发出后，招标人改变中标结果的，或者中标人放弃中标项目的，应当依法承担法律责任。"

3. 中标通知书发出后未履行的处罚

中标通知书对招标人和中标人具有法律效力。中标通知发出后，招标人改变中标结果的或者中标人放弃中标项目的，应当依法承担法律责任。中标通知书的发出即产生合同成立的效力，招标投标的双方自然应当严格履行。

如果一方悔标，根据《中华人民共和国民法典》第五百七十七条："当事人一方不履行合同义务或者履行合同义务不符合约定的，应当承担继续履行、采取补救措施或者赔偿损失等违约责任。"需要全面承担"继续履行""采取补救措施""赔偿损失"等违约责任。根据《中华人民共和国招标投标法》第六十条："中标人不履行与招标人订立的合同的，履约保证金不予退还，给招标人造成的损失超过履约保证金数额的，还应当对超过部分予以赔偿；没有提交履约保证金的，应当对招标人的损失承担赔偿责任。"

4. 定金处罚

定金是合同当事人为担保合同的履行，由一方合同主体按约定预先给付一定数额金钱给对方，给付定金的一方将来不履行合同时无权要求返还定金，而接收定金的一方将来不履行合同时应当双倍返还定金。

> 立约定金：指为担保将来签订正式合同的定金，交付定金的一方将来如果拒签合同，无权要求返还定金；接收定金的一方如果拒绝签订合同，则应双倍返还定金。
>
> 成约定金：指以交付定金作为合同成立的要件，只有定金交付，合同才能成立。
>
> 证约定金：指把定金作为订立合同的依据，定金具有证明合同成立的作用。
>
> 违约定金：将定金作为违约的处罚手段来加以运用。
>
> 解约定金：指以定金作为解除合同的代价，交付定金的当事人可以放弃定金来行使合同解除权，而接收定金的一方也可以双倍返还定金以解除合同。

虽然我国《中华人民共和国招标投标法》没有明确对招标人悔标规定适用"定金罚则"，但根据该法的"公平"原则，招标人悔标应当向投标人双倍返还"履约保证金"。因此可以认为，《中华人民共和国招标投标法》第六十条所规定的就是"解约定金"。

5. 赔偿损失

赔偿损失是违约责任中的一种重要形式。《中华人民共和国民法典》第五百八十三条"当事人一方不履行合同义务或者履行合同义务不符合约定的，在履行义务或者采取补救措施后，对方还有其他损失的，应当赔偿损失"。该条指合同当事人由于不履行合同义务或者履行合同义务不符合约定，给对方造成财产上的损失时，由违约方以其财产赔偿对方所蒙受的财产损失的一种违约责任形式。

根据《中华人民共和国招标投标法》的规定，在首先适用"定金罚则"以后仍未能弥补守约方损失时，由违约方承担相应的赔偿责任，具有明显的补偿性质。

赔偿额应当相当于因违约所造成的损失，包括合同履行后可以获得的利益，但不得超过违反合同一方订立合同时，预见到或者应当预见到的因违反合同可能造成的损失。

此外，《中华人民共和国民法典》还规定可以对违约方追究行政法律责任。

8.3.3　签订合同

1. 合同签订

根据《中华人民共和国招标投标法》的有关规定，招标人和中标人应当自中标通知书发出之日起 30 日内，按照招标文件和中标人的投标文件订立书面合同。招标人和中标人不得再行订立背离合同实质性内容的其他协议。通常招标人要事先与中标人进行合同谈判。合同谈判以招标文件为基础，各方提出的修改补充意见在经对方同意后，均应作为合同协议书的补遗并成为正式的合同文件。

2. 投标保证金和履约保证

1）投标保证金的退还

招标人与中标人签订合同后 5 个工作日内，应当向中标人和未中标的投标人退还投标保证金。

2）提交履约保证

《中华人民共和国招标投标法》第四十六条规定："招标文件要求中标人提交履约保证金的，中标人应当提交。"

拒绝提交的，视为放弃中标项目。招标人要求中标人提供履约保证金或履约担保的，招标人应当同时向中标人提供工程款支付担保。招标人不得擅自提高履约保证金，不得强制要求中标人垫付中标项目建设资金。

双方在合同协议书上签字，同时承包商提交了履约保证，才正式决定了中标人，至此招标工作方告一段落。招标人与中标人签订合同后 5 个工作日内，应当向未中标的投标人退还投标保证金。

小贴示

　　通常在工程招标项目中，履约担保是工程发包人为防止承包人在合同执行过程中违反合同规定或违约，并弥补给发包人造成的经济损失。其形式有：履约担保金（又叫履约保证金）、履约银行保函和履约担保书。履约保证金可用保兑支票、银行汇票或现金支票，履约保证度是合同价格的一种。

　　要求中标人提交一定金额的履约保证金，是招标人的一项权利。该保证金应按照招标人、在招标文件中的规定，或者根据招标人在评标后作出的决定，以适当的格式和金额采用现金、支票、履约担保书或银行保函的形式提供，其金额应足以督促中标人履行合同后应予返还。

　　按招标文件约定方式，提交履约保证金可以作为中标合同生效条件之一。拒绝提交履约保证金的，可以视为放弃中标项目，并应当承担违约责任。有些地方把履约保证金作为合同生效的条件，在接到中标通知书后 7 天内，中标人应按合同规定向业主提交履约保证金或履约保函。

　　履约保证金采取银行保函的形式时，最容易与银行担保相混淆。银行担保，是银行以自己的财产或信用为他人债务提供的一种担保形式。而作为履约保证金的银行保函，只是银行保证在中标人不履行合同时，从其开户上支付相应的保证金额。所以银行保函实质上还是中标人自己的担保，并非作为第三人的银行的保证。

拓展知识

　　基于 BIM 的评标系统可以为专家提供直观的方案展示，专家在评审中可以对建筑物外观、内部结构、周围环境、各个专业方案等进行详细分析和对比，并且可以借助 BIM 方案展示，模拟整个施工过程进度和资金计划，使得评标过程更加科学、全面、高效和准确。

　　1. 实施方案

　　评标专家通过查看投标人递交的 BIM 实施方案，考察项目应用 BIM 技术的实施目标、实施团队、软硬件环境、应用价值点及方案、协同实施保障措施等。通过查看 BIM 实施方案，对投标人的 BIM 应用能力做综合考评。

　　2. 模型评审

　　评标专家通过单体、楼层、专业、构件类型等多个维度，结合平移、缩放、旋转等工具按钮，评审提交的模型文件和施工招标文件的建设内容是否匹配，方便评标专家审查模型的完整度。

　　3. 进度评审

　　评标专家选择任一时间段后施工模型的动态模拟。由于模型和进度计划的关联关系，随着时间的推移，进度计划会不断更新，主窗口的模型也将动态推演。

　　4. 场布评审

　　评标专家通过场地模型的三维呈现，对于施工现场的总体部署的合理性、文明施工的相应程度做出评判，有效地提升评审结果的准确性，也降低了后期现场因场地布置导致的安全隐患风险。

5. 工艺评审

评标专家通过三维场景的动画展示,对某一时刻的施工组织安排进行详细地查看,还可在主窗口中通过移动、旋转、缩放,查看此刻模型的状态,更便于评标专家对重难点方案的理解,增强了评标专家的直观体验。

6. 资源评审

评标专家通过时间、当前值、累计值等多维度对投标人的资金和资源使用计划合理性进行审查,便于评标专家对资金资源计划进行全面、深度评估。同时,资源模拟可根据系统配置,显示出混凝土用量等重要主材预算量曲线,从而有利于评标专家及招标人评选出更加优质的投标人。

7. 清单评审

评标专家查看分部分项工程量清单、措施项目、其他项目、人材机汇总和费用汇总表,更加完整了解投标人清单组成内容,便于专家发现工程报价中存在的问题。

8. 费用评审

评标专家通过勾选、框选、构件查询等方式,筛查对应的直接费,查看详细清单,对重点区域造价进行评审,也可通过构件查找窗口,快速筛选出需要评审的构件项。

9. 评审结果

评标专家在每个模块中查看评审内容,并可以切换至"评审结果"模块,对评审项进行"优点""存在缺陷或签订合同前应注意和澄清事项"的录入。

基于 BIM 的评标系统,对招标人、投标人和行业管理都具有优势。

1. 对于招标人

BIM 技术有助于参与招标文件编制各方的协同工作;有利于招标投标主体之间的数据交换与协同,使招标投标更加流畅和信息对等;有利于将工程上一阶段成果应用到下一阶段,实现设计、施工、竣工验收、运维各阶段的紧密衔接。

2. 对于投标人

BIM 技术有助于投标单位更加深入地了解拟投标项目实际情况,也为企业自身管理能力和盈利能力的掌控提供了资源和数据积累;同时,投标单位通过对于投标 BIM 模型与企业成本数据库的综合应用,可以进行快速投标。

3. 对于行业管理与发展

BIM 技术促进了行业管理信息化改革进程,提升了精细化管理水平。基于 BIM 的招标投标,使行业监督管理更加深入与便捷,促进行业各方主体和从业人员更快地掌握与应用 BIM 技术,推动建设工程设计、施工、竣工验收及运维阶段的有机衔接,从而提高整个建筑行业精细化管理水平。

能力训练题 🔍

一、判断题

1. 定标是指招标人最终确定中标单位的行为。(　　　)

2. 除特殊情况外，评标和定标应当在投标有效期结束日 30 个工作日前完成。（　　）

3. 投标有效期从提交投标文件开始时间起计算。（　　）

4.《中标通知书》只对中标人具有法律约束力。（　　）

5. 招标人可以要求中标人垫付中标项目建设资金。（　　）

二、问答题

1. 履约担保的作用是什么？

2. 签订合同有哪些原则？

专题实训 5　开评、评标、定标实训

模块	4 建设工程施工开标、评标和定标	项目	8 建设工程施工开标、评标和定标	专题实训	5 开评、评标、定标实训
知识目标	了解开标过程； 了解评标过程				
能力目标	能够参加开标会议并担任其中任何工作； 能够回答评标委员会的提问				
重点难点	重点：开标流程和评标流程； 难点：评标要求				

一、项目背景资料

见专题实训 3。

二、实训任务

任务 1　开标会议的召开

基于专题实训 3 和专题实训 4 已经完成的招标文件和投标文件。班级学生在老师的指导下进行角色扮演，模拟招标人、投标人、招标代理人和监督人，按约定时间召开开标会议。

任务 2　评标会议的召开

在开标会议结束后，进入到评标阶段。班级学生在老师的指导下分别形成 4 个评标会议室来模拟评标过程。每个评标会议室中学生分别扮演招标人代表、招标代理人、评标专家和监督人等角色，分别对同一个项目进行评标，确定中标候选人。

该过程中每个小组需要提交的材料见附表 1～附表 10。

附表 1　形式审查记录表

形式审查记录表

工程名称：　　　　　　　　　　　　　　　　　　评审时间：　　　年　　月　　日

序号	审查内容	审查标准	投标人名称、评审意见及原件核验情况				
			投标人 1	投标人 2	投标人 3	投标人 4	投标人 5
1	封套密封和标记	按照投标人须知规定的投标文件组成内容,投标文件应按以下要求装订:按以下要求装订: 共分二册装订,分别为: "商务标"包括投标函及投标函附录、法定代表人身份证明、授权委托书、投标保证金、已标价工程量清单、施工组织设计、项目管理机构、资格审查资料、其他材料。 "技术标"包括施工组织设计的内容。 1. 商务标和技术标不分正副本。 2. 纸质文件中的商务标和技术标分别装定成册。 标记: 在 2021 年 9 月 24 日 9 时前不得开启 投标人名称: 　　　　　　　　　　　　　(盖单位章)					
2	投标人名称	与营业执照、资质证书、安全生产许可证一致。					
3	投标函签字盖章	有法定代表人或其委托代理人签字(或盖章)并加盖单位章。委托代理人签字(或盖章)的,应附委托书。投标函中的投标报价不得手写或作修改。					
4	投标文件格式、签署、份数	符合第八章"投标文件格式"的要求,盖章、签字(或盖章)按格式要求签署。涂改处加盖投标人单位章及法定代表人印章。 1. 商务标正副本壹份,技术标正副本壹份,辅助评标用光盘壹份(含已标价工程量清单)(如要求)。 2. 纸质文件中的商务标壹份,技术标壹份,电子光盘(含商务标、技术标,不含已标价工程量清单)壹份和辅助评标用光盘壹份(含已标价工程量清单)(如要求)。					
5	联合体投标	本次招标不接受联合体投标。					
6	报价唯一	只能有一个有效报价。在招标文件没有规定的情况下,不得提交选择性报价。					
形式审查结论: 通过形式审查标注为"通过",未通过形式审查标注为"未通过"。 其中任何一项不满足要求,则其投标文件按废标处理,不得进入下一步评审。							

评标委员会成员签字：

附表 2　资格评审记录表

资格评审记录表（适用于未进行资格预审的）

工程名称：　　　　　　　　　　　　　　　　　　　　　　　　　评审时间：　　　年　　　月　　　日

序号	审查内容	审查标准	投标人名称及评审意见				
			投标人 1	投标人 2	投标人 3	投标人 4	投标人 5
1	营业执照	具有有效的营业执照。					
2	企业资质等级	投标人必须具备建设行政主管部门颁发的建筑工程施工总承包贰级及以上资质。					
3	安全生产许可证	具备建设行政主管部门颁发的有效的安全生产许可证,企业负责人具备相应的由建设行政主管部颁发的安全生产考核合格证书。					
4	财务状况（如要求）	近 2 年(指 2019 年 9 月 1 日起至 2021 年 9 月 1 日止)年度财务良好,不亏损。投标人须在投标文件资格审查部分提供经会计师事务所或审计机构审计的财务审计报告及财务报表复印件,财务报表须至少包括现金流量表、资产负债表、利润表。且以上审计报告、财务报表签字盖章齐全。					
5	类似工程业绩（如要求）	2018 年 9 月至今(以工程竣工验收合格签署时间为准),承担过 2 个及以上的公共建筑工程业绩。提供中标(中选、直接发包)通知书、合同协议书(合同原件需包含协议书、专用条款等)、竣工验收意见书(含设计、施工、监理、勘察、建设单位签字盖章部分)复印件。以上内容必须真实有效且相关内容须能体现业绩有关要求,工程业绩信息未在全国建筑市场监管公共服务平台上查询到非有效业绩,不予认定,作否决投标处理。					
6	信誉	1. 未被有关行政部门暂停投标资格,或被有关行政部门暂停投标资格期限已满,也无行贿犯罪记录(由投标人自行声明未受到暂停投标资格的行政处罚或暂停投标资格行政处罚期限已满,也无行贿犯罪记录。如声明与实际不符,将被取消投标或中标资格,其投标保证金不予退还)。 2. 按照《关于在招标投标活动中对失信被执行人实施联合惩戒的通知》(法〔2016〕285 号)要求,被人民法院列为失信被执行人的不得参与投标,各投标人应通过"信用中国"网站(www. creditchina. gov. cn)查询的被列为失信被执行人情况,并提供相关查询截图加盖投标人单位公章的复印件或扫描件。若招标人查询发现前三名中标候选人被列为失信被执行人的,则取消其中标资格并依法追究相关责任。					

序号	审查内容	审查标准	投标人名称及评审意见				
			投标人1	投标人2	投标人3	投标人4	投标人5
6	信誉	3. 投标截止日前三年内,在招标投标活动中无围标、串标等违法违规记录(由投标申请人自行承诺,并对其真实性负责。招标人有对其进行多渠道核实真假的权利,如提供虚假材料,经查实,将被取消投标或中标资格,其投标保证金不予退还)。 项目经理资格:土建专业二级(含以上级)注册建造师执业资格,具备有效的安全生产考核合格证书,且不得担任其他在施建设工程项目的项目经理。 其他要求:无。					
7	项目经理资格	投标人拟派项目经理须具备土建专业二级注册建造师执业资格,具备有效的安全生产考核合格证书,且未担任其他在施建设工程项目的项目经理。					
8	其他要求	无					
9	联合体投标	本项目不接受联合体投标。					
第二章"投标人须知"第1.4.3项规定的投标人不得存在的情形审查情况记录							
1	独立法人资格	不是招标人不具备独立法人资格的附属机构(单位)——以营业执照为证明材料。					
2	设计或咨询服务	没有为本标段前期准备提供设计或咨询服务,但设计施工总承包除外——以投标承诺函内容为证明材料。					
3	与监理人关系	不是本标段监理人或者与本标段监理人不存在相互任职(或工作)关系或者为同一法定代表人或者相互控股或者参股关系——以营业执照和以投标承诺函内容为证明材料。					
4	与代建人关系	不是本标段代建人或者与本标段代建人不存在相互任职(或工作)关系或者为同一法定代表人或者相互控股或者参股关系——以营业执照和以投标承诺函内容为证明材料。					
5	与招标代理机构关系	不是本标段招标代理机构或者与本标段招标代理机构不存在相互任职(或工作)关系或者为同一法定代表人或者相互控股或者参股关系——以营业执照和以投标承诺函内容为证明材料。					
6	生产经营状况	没有被责令停业——以投标承诺函内容为证明材料。					

续表

序号	审查内容	审查标准	投标人名称及评审意见				
			投标人 1	投标人 2	投标人 3	投标人 4	投标人 5
7	投标资格	没有被暂停或者取消投标资格、没有被建设行政部门作不良行为记录——以投标承诺函内容及建设行政部门的文件为证明材料。					
8	财产问题	财产没有被接管或冻结——以投标承诺函内容为证明材料。					
第三章"评标办法"第 3.1.2 项(2)和(3)目规定的情形审查情况记录							
1	澄清和说明情况	按照评标委员会要求澄清和说明——以评标委员会成员的判断为准。					
2	投标人在投标过程中遵章守法	没有发现存在弄虚作假、行贿或者其他违法违规行为——以评标委员会成员的甄别及以投标承诺函内容为证明材料。					
资格审查结论： 通过资格审查标注为"通过"，未通过资格审查标注为"未通过"。 其中任何一项不满足要求，则其投标文件按废标处理，不得进入下一步评审。							

评标委员会成员签字：

附表3 响应性评审记录表

响应性评审记录表

工程名称：　　　　　　　　　　　　　　　　　　　　　　评审时间：　　　年　　月　　日

序号	审查内容	审查标准	投标人名称及评审意见				
			投标人1	投标人2	投标人3	投标人4	投标人5
1	投标内容	工程项目招标投标所需的全部工作内容（具体施工内容以工程量清单、施工图纸为准）。					
2	工期	计划工期：340日历天 在领取中标通知书后30天内开工。					
3	工程质量	质量标准：符合现行国家有关工程施工验收规范和标准的要求合格。					
4	投标有效期	90天（从提交投标文件截止日算起）。					
5	投标保证金	投标保证金的金额：60万 递交地点： 缴纳方式：现金转账或银行保函。					
		提交时间：2021年9月24日之前。					
6	权利义务	符合第四章"合同条款及格式"规定，投标文件不应附有招标人不能接受的条件。					
7	已标价工程量清单及投标价格	1. 符合工程量清单给出的范围及数量。 2. 招标文件中规定工程量清单不允许修改的内容不得修改。 3. 每项清单综合单价报价不得高于每项清单综合单价最高限价。					
8	技术标准和要求	严格执行第七章"技术标准和要求"及国家施工规范、规程和质量检验标准等——以投标承诺内容为证明材料。					
响应性评审结论： 通过响应性评审标注为"通过"，未通过的标注为"未通过"。 其中任何一项不满足要求，则其投标文件按废标处理，不得进入下一步评审。							

评标委员会成员签字：

附表4 施工组织设计评审统计表

施工组织设计评审统计表

工程名称：

投标人名称：　　　　　　　　　　　　　　　　　　　　　　　　评审时间：　　　年　　　月　　　日

序号	评分项目	标准分	评委姓名称及评分					评分基准值	评分基准值±30%（含30%）范围	投标人得分
			评委1	评委2	评委3	评委4	评委5			
1	施工方案与技术措施	3								
2	质量管理体系与保证措施	1								
3	施工总进度及保证措施	5								
4	安全和绿色施工保障措施	1								
5	文明施工措施	1								
6	成品保护和工程保修工作的管理措施	1								
7	对工程施工重点、技术关键点的理解和认识	1								
8	施工现场总平面布置	5								
	合计	18								

注：本表分值来源于附表5的"合计"栏。

评标委员会成员签字：

附表5 施工组织设计评审记录表

施工组织设计评审记录表

工程名称：　　　　　　　　　　　　　　　　　　　　　　　　评审时间：　　　年　　　月　　　日

序号	评分项目	标准分	投标人名称（或暗标代码）及得分				
			投标人1	投标人2	投标人3	投标人4	投标人5
1	施工方案与技术措施	3					
2	质量管理体系与保证措施	1					
3	施工总进度及保证措施	5					
4	安全和绿色施工保障措施	1					
5	文明施工措施	1					
6	成品保护和工程保修工作的管理措施	1					
7	对工程施工重点、技术关键点的理解和认识	1					
8	施工现场总平面布置	5					
	合计	18					

评委签字（每位评委签一张）：

附表 6　项目管理机构评审统计表

项目管理机构评审统计表

工程名称：

投标人名称：　　　　　　　　　　　　　　　　　　　　　评审时间：　　　年　　月　　日

序号	评分项目	标准分	评委姓名及评分					评分基准值	评分基准值±30%（含30%）范围	投标人得分
			评委1	评委2	评委3	评委4	评委5			
1	项目经理职称与业绩	1							-	
2	技术负责人职称与业绩	1							-	
	合计	2分								

注：本表分值来源于附表7的"合计"栏。

评标委员会成员签字：

附表 7　项目管理机构评审记录表

项目管理机构评审记录表

工程名称：　　　　　　　　　　　　　　　　　　　　　　评审时间：　　　年　　月　　日

序号	评分项目	标准分	投标人名称及得分				
			投标人1	投标人2	投标人3	投标人4	投标人5
1	项目经理职称与业绩	1					
2	技术负责人职称与业绩	1					
	合计	2分					

评委签字（每位评委签一张）：

附表 8　投标总价评分记录表

投标总价评分记录表（用于总价子目）

工程名称：　　　　　　　　　　　　　　　　　　　　　　评审时间：　　　年　　月　　日

序号	评审因素	投标人名称及得分				
		投标人1	投标人2	投标人3	投标人4	投标人5
1	投标总价					
2	评标基准价					
3	偏差率					
4	投标总价得分					
5	拦标总价(控制总价)：最低下限价：					

评标委员会成员签字：

附表 9　细微偏差评审记录表

细微偏差评审记录表

工程名称：　　　　　　　　　　　　　　　　　　　　　评审时间：　　　年　　月　　日

序号	评分项目	标准分	投标人名称及扣分				
			投标人 1	投标人 2	投标人 3	投标人 4	投标人 5
1	补正、修改的内容或者评标委员会发现投标书中出现非实质性偏差的内容。（每出现一处细微偏差扣 0.5 分,最多扣分 3 分）	3					

评标委员会成员签字：

附表 10　详细评审评分汇总表

详细评审评分汇总表

工程名称：　　　　　　　　　　　　　　　　　　　　　评审时间：　　　年　　月　　日

序号	评分项目	分值代码	投标人名称代码				
			投标人 1	投标人 2	投标人 3	投标人 4	投标人 5
1	施工组织设计	A					
2	项目管理机构	B					
3	投标报价	C					
4	细微偏差扣分	D					
详细评审得分合计		A＋B＋C－D					
投标人最终排名次序							

评标委员会成员签字：

建设工程合同管理

模块 5

项目9

Chapter 09

建设工程施工合同认知

思维导图

```
                                        合同的订立(要约、承诺)

                                        合同的效力

                                        合同的履行
                           合同法知识
                                        合同的变更和转让

                                        合同权利义务的终止和解除

                                        违约责任、合同争议的解决


                                                            建设工程勘察设计合同

                                                            建设工程监理合同

                                                            建设工程物资采购合同
                                         常见建设工程相关合同
                                                            建设工程施工合同

  建设工程施工      建设工程合同类型                            承揽合同
  合同认知
                                                            建设工程租赁合同


                                                            单价合同

                           建设工程施工合同价款分类          总价合同

                                                            其他合同


                                        建设工程施工合同内容      工程范围、工期、质量、造价等条款
                           建设工程施工合同
                                                                建设工程施工合同示范文本
                                        建设工程施工合同种类
                                                                FIDIC施工合同条件、AIA合同等
```

任务 9.1 合同法律知识概述

模块	5 建设工程合同管理	项目	9 建设工程施工合同认知	任务	9.1 合同法律知识概述
知识目标	了解合同的概念、类型、形式等； 掌握合同订立、履行、变更、转让、终止、违约责任、争议处理等的内容； 理解有效合同、无效合同、可变更和可撤销合同的概念				
能力目标	会正确运用合同相关法律知识分析相关案例； 会合理处理建筑工程合同履行过程中的违约和争议				
重点难点	重点：掌握合同的订立过程和内容； 难点：理解合同的生效和履行、变更、终止的情况				

9.1.1　合同基本概述

1. 合同的概念

合同是民事主体之间设立、变更、终止民事法律关系的协议。依法成立的合同，受法律保护。依法成立的合同，仅对当事人具有法律约束力，但是法律另有规定的除外。当事人对合同条款的理解有争议的，应当依据《中华人民共和国民法典》第一百四十二条的规定，确定争议条款的含义。

2. 合同的法律特征

（1）合同是一种民事法律行为。

（2）合同是双方或多方当事人的法律行为。

（3）合同是以设立、变更、终止民事权利义务关系为目的。

（4）合同是双方当事人法律地位平等协商的协议。

9-1
合同的
法律特征

3. 合同的类型

按《中华人民共和国民法典》合同第二分编，典型合同有以下 19 类：买卖合同，供用电、水、气、热力合同，赠与合同，借款合同，保证合同，租赁合同，融资租赁合同，保理合同，承揽合同，建设工程合同，运输合同，技术合同，保管合同，仓储合同，委托合同，物业服务合同，行纪合同，中介合同，合伙合同。

4. 合同的形式

当事人订立合同，可以采用书面形式、口头形式或者其他形式。书面形式是合同书、信件、电报、电传、传真等可以有形地表现所载内容的形式。以电子数据交换、电子邮件等方式能够有形地表现所载内容，并可以随时调取查用的数据电文，视为书面形式。

9.1.2 合同的订立

9-2
合同的
订立

1. 合同的内容

合同的内容即当事人的权利和义务。合同的内容由当事人约定，体现了合同自由。

一般包括以下条款：

（1）当事人的名称或者姓名和住所

当事人可以包括自然人和法人，是指自然人的姓名、住所或者法人和其他组织的名称、住所。自然人的姓名指经户籍登记管理机关核准登记的正式用名，自然人的住所是指自然人长期生活和活动的主要处所。法人、其他组织的名称是指经登记主管机关核准登记的名称，住所是指它们的主要办事机构所在地。

（2）标的

标的是合同权利义务指向的对象，是一切合同的主要条款。标的的表现形式为物（货币）、劳务、行为、智力成果、工程项目等。例如：房屋买卖合同的标的为买卖的房屋、劳务合同的标的为劳务、技术转让合同的标的为技术成果等。

（3）数量

数量是衡量合同标的多少的尺度，以数字和计量单位表示。选择双方共同接受的计量单位，确定双方认可的计量方法，允许规定合理的磅差和尾差。

（4）质量

质量是标的的内在品质和外观形态的综合指标，如产品的品种、型号、工程项目的标准等。签订合同时，必须要明确质量标准，可以国家的质量标准为依据，也可经双方约定确定质量标准。

（5）价款或者报酬

价款是指在以物或者货币为标的的有偿合同中，取得利益的一方要向对方支付金钱，如租赁合同中的租金。报酬是指在以行为为标的的有偿合同中，获得利益的一方向对方支付金钱，如运输合同中的运费。

（6）履行期限、地点和方式

履行期限可分为即时履行、定时履行、分期履行；履行地点可以是出卖人所在地或者买受人所在地；履行方式可以选一次性交付或分批交付，空运、水运还是陆运。

（7）违约责任

违约责任是指合同当事人不履行合同义务或者履行合同义务不符合约定而应承的民事责任，它以支付违约金和损失赔偿金为主要承担责任方式。当事人可以在合同中约定违约致损的赔偿方法以及赔偿范围。

（8）解决争议的方法

解决争议的方法是当事人在合同中约定的，一旦出现争议，将用什么手段，在何处解决争议。主要有协商、调解、仲裁或诉讼等方法。当事人也可不约定仲裁或诉讼而直接向有管辖权的法院提起诉讼。

另外，还可以约定包装方式、检验标准、方法、结算方式、合同使用文字及其效力等。

2. 合同的订立程序

当事人订立合同，可以采取要约、承诺方式或者其他方式。

（1）要约

要约也称发盘、出盘、发价或报价，是希望与他人订立合同的意思表示。要约必须由特定的当事人向相对人作出，必须有订立合同的意图，要约的内容要具体和确定，经受要约人承诺，才具有法律约束力。

要约生效的时间适用于《中华人民共和国民法典》第一百三十七条的规定："以对话方式作出的意思表示，相对人知道其内容时生效。以非对话方式作出的意思表示，到达相对人时生效。以非对话方式作出的采用数据电文形式的意思表示，相对人指定特定系统接收数据电文的，该数据电文进入该特定系统时生效；未指定特定系统的，相对人知道或者应当知道该数据电文进入其系统时生效。当事人对采用数据电文形式的意思表示的生效时间另有约定的，按照其约定。"

要约的撤回是指要约人在发出要约后，于要约到达受要约人之前取消其要约的行为，对尚未生效的要约阻止其生效的意思表示。撤回须在要约到达之前或同时到达受要约人。

要约的撤销是指在要约发生法律效力后，要约人取消要约从而使要约归于消灭的行为。撤销要约的意思表示以对话方式作出的，该意思表示的内容应当在受要约人作出承诺之前为受要约人所知道；撤销要约的意思表示以非对话方式作出的，应当在受要约人作出承诺之前到达受要约人。

在两种情况下要约不可撤销：（1）要约人以确定承诺期限或者其他形式明示要约不可撤销；（2）受要约人有理由认为要约是不可撤销的，并已经为履行合同做了合理准备工作。

要约邀请是希望他人向自己发出要约的意思表示。要约邀请不是合同订立过程中的必经过程，在法律上不需要承担责任。常见的要约邀请有寄送价目表、拍卖公告、招标公告、商业广告和宣传等。商业广告原则上为要约邀请，但悬赏广告是要约。

（2）承诺

承诺是指受要约人同意要约的意思表示。承诺由受要约人作出，内容必须与要约的内容完全一致。承诺生效时合同成立，但是法律另有规定或者当事人另有约定的除外。以通知方式作出的承诺，以对话方式作出的意思表示，相对人知道其内容时生效。以非对话方式作出的意思表示，到达相对人时生效。承诺不需要通知的，根据交易习惯或者要约的要求作出承诺的行为时生效。

承诺的撤回是指对已经发出但尚未生效的承诺撤回。撤回的意思表示应在承诺到达要约人之前或与承诺同时到达要约人。承诺不存在撤销的问题。

【案例 9-1】

施工合同规定，由建设单位提供建筑材料，建设单位于 2021 年 3 月 1 日以信件的方式向上海 B 建材公司发出要约："愿意购买贵公司水泥 1 万吨，按每吨 350 元/吨的价格，你方负责运输，货到付款，30 天内答复有效。"3 月 10 信件到达 B 建材公司，B 建材公司收发员李某签收，但由于正逢下班时间，于第二天将信交给公司办公室。恰逢 B 建材公司董事长外出，2021 年 4 月 6 日才回来，看到建设单位的要约，立即以电话的方式告知建设单位："如果价格为 380 元/吨，可以卖给贵公司 1 万吨水泥。"建设单位不予理睬。4 月 20 日上海 C 建材公司经理吴某在 B 建材公司董事长办公室看到了建设单位的要约，当天回去就向建设单位发了传真："我们愿意以 350 元/吨的价格出售 1 万吨水泥。"建设单位第二天回电 C 建材公司："我们只需要 5000 吨。"C 建材公司当天回电："明日发货。"

【问题】

1. 2021 年 4 月 6 日 B 建材公司电话告知建设单位的内容是要约还是承诺？为什么？
2. 建设单位对 2021 年 4 月 6 日 B 建材公司电话不予理睬是否构成违约？为什么？
3. 2021 年 4 月 20 日 C 建材公司的传真是要约还是承诺？为什么？
4. 2021 年 4 月 21 日建设单位对 C 建材公司的回电是要约还是承诺？为什么？
5. 2021 年 4 月 21 日 C 建材公司对建设单位的回电是要约还是承诺？为什么？

9.1.3 合同的效力

9-3
合同的
效力

1. 合同效力概述

合同的效力是指合同生效后，对合同的当事人甚至第三人产生的法律后果。合同效力产生的前提不是合同成立，而是合同生效。

当事人采用合同书形式订立合同的，自当事人均签名、盖章或者按指印时合同成立。在签名、盖章或者按指印之前，当事人一方已经履行主要义务，对方接受时，该合同成立。法律、行政法规规定或者当事人约定合同应当采用书面形式订立，当事人未采用书面形式但是一方已经履行主要义务，对方接受时，该合同成立。

依法成立的合同，自成立时生效，但法律另有规定或者当事人另有约定的除外。依照法律、行政法规的规定，合同应当办理批准等手续的，依照其规定。未办理批准等手续影响合同生效的，不影响合同中履行报批等义务条款以及相关条款的效力。应当办理申请批准等手续的当事人未履行义务的，对方可以请求其承担违反该义务的责任。

2. 合同的生效要件

（1）当事人主体资格合法。

（2）意思表示真实。

（3）合同内容合法。

（4）合同形式、程序符合规定。

当合同欠缺生效要件或合同生效要件有瑕疵时，就会导致合同的无效、可撤销或可变更及合同效力待定等情况。

🔍 **拓展思考**

2021 年 5 月，A 公司为采购一批价值约 800 万元的设备，委托当地一家招标投标公司组成评标委员会进行招标投标活动。B 公司通过现场竞标以后经评标委员会评议确定为中标单位。次日，评标委员会给 B 公司出具了"中标通知书"。但 A 公司通过考察，不同意 B 公司为中标人，并拒绝与 B 公司签订合同。双方因而成讼。

问：本案中设备采购合同是否成立？

A 公司是否应该承担责任？何种责任？

3. 无效的合同

（1）概念

无效合同是指合同已经成立，但严重欠缺合同的有效要件，不按照行为人设立、变更和终止民事法律关系的意思表示发生法律效力的合同。合同不生效、无效、被撤销或者终止的，不影响合同中有关解决争议方法的条款的效力。

（2）无效合同的法定情形

1）行为人不具有相应的行为能力所实施的合同。

2）一方以欺诈、胁迫手段订立的合同并损害了国家利益。

3）违反社会公共利益的合同。

4）违反法律或行政法规的强制性规定的合同。

4. 可撤销或可变更的合同

（1）概念

可撤销的合同又称相对无效的合同，是指合同虽已成立，但因欠缺合同的生效要件，可以因行为人撤销权的行使，使合同自始归于无效的合同。可撤销合同的情况：

1）基于重大误解所订立的合同。

2）合同订立时显失公平。

3）一方以欺诈、胁迫手段或乘人之危，使对方当事人在违背真实意思的情况下订立的合同，并给对方造成损害。

（2）法定情形

1）重大误解

①重大事项的误解。

②受到较大损失或者达不到误解人订立合同的目的。

2）显失公平

①合同对双方事人明显不公平。

②一方获得的利益超过了法律所允许的限度。

③受害一方通常是在缺乏经验或紧迫的情况下非自愿地实施民事行为。

3）以欺诈、胁迫手段或乘人之危订立的合同

（3）撤销权

享有撤销权的当事人，须向法院或仲裁机关提起诉讼或者申请仲裁，而不是向相对人提出撤销。因此，撤销权的实现，必须借助于法院或仲裁机关的裁决。

5. 效力待定的合同

（1）概念

效力待定合同是指欠缺有效要件，能否发生法律效力尚未确定，有待有权人追认或拒绝来确定是否有效的合同。

（2）效力待定合同的种类

1）限制民事行为能力人依法不能独立订立的合同（需他的法定代理人追认）。

2）无权代理人订立的合同（需被代理人追认）。

3）无处分权人订立的处分他人财产的合同（需权利人追认）。

无权代理人以被代理人的名义订立合同，被代理人已经开始履行合同义务或者接受相对人履行的，视为对合同的追认。法人的法定代表人或者非法人组织的负责人超越权限订立的合同，除相对人知道或者应当知道其超越权限外，该代表行为有效，订立的合同对法人或者非法人组织发生效力。

🔍 拓展思考

2021年8月8日，某建筑公司与某水泥厂签订了一份水泥购销合同，约定由水泥厂向建筑公司提供1万吨水泥，价格400元/吨。但建筑公司通过市场询价发现当时水泥的市场价为300元/吨。于是建筑公司与水泥厂协商，要求将水泥价格降至300元。后因为价格上无法达成协议，建筑公司向水泥厂提出解除该合同要求，双方最终达成一致解除合同。

问：建筑公司与水泥厂协商降价是否在行使撤销权？

建筑公司向水泥厂提出解除该合同要求是否在行使撤销权？

小启示 📖

合同订立过程中要坚持诚实守信原则，中国民族一直以来十分重视诚实守信的伦理标准，我们要坚持以诚为本，不能为了追逐利益，丧失道德。作为学生，我们也要在日常生活中从小事做起，坚决抵制不良之风，做到独立完成作业，考试不作弊，培养诚实守信的作风。

9.1.4　合同的履行

1. 合同的履行的概念和基本原则

（1）概念

合同的履行是指合同各方当事人按照合同的规定，全面履行各自的义务，实现各自的权利，使各方的目的得以实现的行为。合同的履行是合同当事人订立合同的根本目的。

（2）基本原则

合同履行时当事人应当遵循全面履行原则和诚信原则，根据合同的性质、目的和交易习惯履行通知、协助、保密等义务。当事人在履行合同过程中，应当避免浪费资源、污染环境和破坏生态。

1）全面履行原则：当事人应当按照合同约定的标的、价款、数量、质量、地点、期限、方式等全面履行各自的义务。

2）诚信原则：当事人诚实、守信用、遵守商业道德。以善意的心理履行合同。

合同履行时，以支付金钱为内容的债，除法律另有规定或者当事人另有约定外，债权人可以请求债务人以实际履行地的法定货币履行。标的有多项而债务人只需履行其中一项的，债务人享有选择权；但是，法律另有规定、当事人另有约定或者另有交易习惯的除外。享有选择权的当事人在约定期限内或者履行期限届满未作选择，经催告后在合理期限内仍未选择的，选择权转移至对方。

当事人行使选择权应当及时通知对方，通知到达对方时，标的确定。标的确定后不得变更，但是经对方同意的除外。可选择的标的发生不能履行情形的，享有选择权的当事人不得选择不能履行的标的，但是该不能履行的情形是由对方造成的除外。

2. 合同履行的特殊规则

（1）约定不明的履行

合同生效后，当事人就质量、价款或者报酬、履行地点等内容没有约定或者约定不明确的，可以协议补充；不能达成补充协议的，按照合同有关条款或者交易习惯确定。当事人就有关合同内容约定不明确，依据前条规定仍不能确定的，适用下列规定：

1）质量要求不明确的，按照强制性国家标准履行；没有强制性国家标准的，按照推荐性国家标准履行；没有推荐性国家标准的，按照行业标准履行；没有国家标准、行业标准的，按照通常标准或者符合合同目的的特定标准履行。

2）价款或者报酬不明确的，按照订立合同时履行地的市场价格履行；依法应当执行政府定价或者政府指导价的，依照规定履行。

3）履行地点不明确，给付货币的，在接受货币一方所在地履行；交付不动产的，在不动产所在地履行；其他标的，在履行义务一方所在地履行。

4）履行期限不明确的，债务人可以随时履行，债权人也可以随时请求履行，但是应当给对方必要的准备时间。

5）履行方式不明确的，按照有利于实现合同目的的方式履行。

6）履行费用的负担不明确的，由履行义务一方负担；因债权人原因增加的履行费用，由债权人负担。

（2）合同订立后价格变动的处理办法

执行政府定价或者政府指导价的，在合同约定的交付期限内政府价格调整时，按照交付时的价格计价。逾期交付标的物的，价格上涨时，按照原价格执行；价格下降时，按照新价格执行。逾期提取标的物或者逾期付款的，价格上涨时，按照新价格执行；价格下降时，按照原价格执行。

🔍 拓展思考

2021 年 4 月，A 建筑公司与 B 钢铁厂签订了一份特种螺纹钢购销合同。双方约定由 B 钢铁厂向 A 建筑公司提供特种螺纹钢 2000 吨，单价为每吨 3000 元（此为 4 月份的价格），并约定 B 钢铁厂在 2021 年 8 月底之前交货，A 建筑公司应在收到货物后 10 天内支付价款 600 万元。2021 年 8 月，该钢材因市场因素价格上涨至每吨 5000 元，于是 B 钢铁厂提议修改合同将该钢材的单价提高到每吨 5000 元，A 建筑公司拒绝，双方协商未果。A 建筑公司遂诉至法院要求按原约定履行，B 钢铁厂则反诉要求解除合同。

问：法院应支持谁的观点？

3. 合同履行中的抗辩权

抗辩权是指在双务合同中，当事人一方有依法对抗对方要求或者否认对方权利主张的权利。

（1）同时履行抗辩权（双方）

同时履行抗辩权是指在双务合同中当事人互负债务，没有先后履行顺序的，应当同时履行。一方在对方履行之前有权拒绝其履行请求。一方在对方履行债务不符合约定时，有权拒绝其相应的履行请求。

（2）先履行抗辩权（后履行一方）

先履行抗辩权是指在双务合同中当事人互负债务，有先后履行顺序，应当先履行债务一方未履行的，后履行一方有权拒绝其履行请求。先履行一方履行债务不符合约定的，后履行一方有权拒绝其相应的履行请求。

（3）不安抗辩权（先履行一方）

不安抗辩权是指在有先后履行顺序的双务合同中，应先履行义务的一方有确切证据证明对方当事人有难以给付的情况时，在对方当事人未履行或未为合同履行提供担保之前，有暂时中止履行合同的权利。

应当先履行债务的当事人，有确切证据证明对方有下列情形之一的，可以中止履行：

1）经营状况严重恶化。

2）转移财产、抽逃资金，以逃避债务。

3）丧失商业信誉。

4）有丧失或者可能丧失履行债务能力的其他情形。

当事人没有确切证据中止履行的，应当承担违约责任。当事人依据规定中止履行的，应当及时通知对方。对方提供适当担保的，应当恢复履行。中止履行后，对方在合理期限内未恢复履行能力且未提供适当担保的，视为以自己的行为表明不履行主要债务，中止履行的一方可以解除合同并可以请求对方承担违约责任。

4. 合同的保全

合同的保全是指法律为防止因债务人的财产不当减少，给债权人的债权实现带来危害，允许债权人代债务人之位向第三人行使债务人对第三人的权利，或请求法院撤销债务人与第三人的民事行为的法律制度。

（1）代位权

因债务人怠于行使其债权或者与该债权有关的从权利，影响债权人的到期债权实现的，债权人可以向人民法院请求以自己的名义代位行使债务人对相对人的权利，但是该权利专属于债务人自身的除外。

代位权的行使范围以债权人的到期债权为限。债权人行使代位权的必要费用，由债务人负担。相对人对债务人的抗辩，可以向债权人主张。

（2）撤销权

债务人以放弃其债权、放弃债权担保、无偿转让财产等方式无偿处分财产权益，或者恶意延长其到期债权的履行期限，影响债权人的债权实现的，债权人可以请求人民法院撤销债务人的行为。

撤销权的行使范围以债权人的债权为限。债权人行使撤销权的必要费用，由债务人负担。撤销权自债权人知道或者应当知道撤销事由之日起一年内行使。自债务人的行为发生之日起五年内没有行使撤销权的，该撤销权消灭。债务人影响债权人的债权实现的行为被撤销的，自始没有法律约束力。

🔍 拓展思考

　　2020 年底，某发包人与某施工承包人签订施工承包合同，约定施工到月底结付当月工程进度款。2021 年初承包人接到开工通知后随即进场施工，截至 2021 年 4 月，发包人均结清当月应付工程进度款。承包人计划 2021 年 5 月完成的当月工程量约为 1200 万元，此时承包人获悉，法院在另一诉讼案中对发包人实施保全措施，查封了其办公场所；同月，承包人又获悉，发包人已经严重资不抵债。

　　2021 年 5 月 3 日，承包人向发包人发出书面通知："鉴于贵公司工程进度款支付能力严重不足，本公司决定暂时停止本工程施工，并愿意与贵公司协商解决后续事宜。"

　　请问承包人的做法是否构成违约？

9.1.5　合同的变更和转让

1. 合同的变更

合同的变更是指在合同成立后，尚未履行或尚未完全履行以前，合同内容发生变化的情形。《中华人民共和国民法典》第五百四十三条规定："当事人协商一致，可以变更合同。"

9-4
合同的
变更和转让

当事人对合同变更的内容应做明确的约定，变更的内容约定不明确的，推定为未变更。合同变更的实质是以变更后的合同代替了原合同，合同的变更不影响当事人要求赔偿损失的权利，因合同的变更给对方当事人造成损失的、合同变更以前由于一方的过错而给另一方造成损失的，应负赔偿责任。

2. 合同的转让

合同的转让即合同主体的变更，是指合同当事人一方依法将其合同的权利和义务全部或部分转让给第三人。

（1）债权转让

合同权利的转让，是指合同债权人通过协议将其债权全部或部分转让给第三人。但是有下列情形之一的除外：

1）根据债权性质不得转让。

2）按照当事人约定不得转让。

3）依照法律规定不得转让。

债权人转让债权，未通知债务人的，该转让对债务人不发生效力。债权转让的通知不得撤销，但是经受让人同意的除外。因债权转让增加的履行费用，由让与人负担。

（2）债务转移

合同义务转移是指合同债务人，通过与第三人协议，将合同义务全部或部分转移给第三人承担，债务转移应当经债权人同意。债务人或者第三人可以催告债权人在合理期限内予以同意，债权人未做表示的，视为不同意。

债务人转移债务的，新债务人可以主张原债务人对债权人的抗辩；原债务人对债权人享有债权的，新债务人不得向债权人主张抵销。债务人转移债务的，新债务人应当承担与主债务有关的从债务，但是该从债务专属于原债务人自身的除外。

（3）债的概括转移

原合同当事人与第三人订立合同，并经原合同对方当事人的同意，将自己在合同中的权利和义务一并转移给第三人。合同的权利和义务一并转让的，适用债权转让、债务转移的有关规定。

9.1.6　合同权利义务的终止和解除

9-5
合同的
终止和解除

1. 合同终止

（1）概念

合同终止是指合同当事人双方依法使相互间的权利义务关系终止，即合同关系消灭。

（2）合同终止的条件

1）债务已经履行。

2）债务相互抵销。

3）债务人依法将标的物提存。

4）债权人免除债务。

5）债权债务同归于一人。

6）法律规定或者当事人约定终止的其他情形。

合同解除的，该合同的权利义务关系终止。

（3）合同终止后的权利义务

债权债务终止后，当事人应当遵循诚信等原则，根据交易习惯履行通知、协助、保密、旧物回收等义务。债权债务终止时，债权的从权利同时消灭，但是法律另有规定或者当事人另有约定的除外。债务人对同一债权人负担的数项债务种类相同，债务人的给付不足以清偿全部债务的，除当事人另有约定外，由债务人在清偿时指定其履行的债务。

债务人在履行主债务外还应当支付利息和实现债权的有关费用，其给付不足以清偿全部债务的，除当事人另有约定外，应当按照下列顺序履行：

1）实现债权的有关费用。

2）利息。

3）主债务。

2. 合同解除

合同解除是指当事人一方在合同规定的期限内未履行、未完全履行或者不能履行合同时，另一方当事人或者发生不能履行情况的当事人可以根据法律规定的或者合同约定的条件，通知对方解除双方合同关系的法律行为。《中华人民共和国民法典》第五百六十二条规定："当事人协商一致，可以解除合同。当事人可以约定一方解除合同的事由，解除合同的事由发生时，解除权人可以解除合同。"

（1）约定解除

约定解除是指当事人可以通过其约定或行使约定的解除权而导致合同的解除。

以持续履行的债务为内容的不定期合同，当事人可以随时解除合同，但是应当在合理期限之前通知对方。法律没有规定或者当事人没有约定解除权行使期限，自解除权人知道或者应当知道解除事由之日起一年内不行使，或者经对方催告后在合理期限内不行使的，该权利消灭。主张解除合同，应当通知对方。

（2）法定解除

法定解除是指合同成立后、未履行或未完全履行以前，当事人一方依照法律规定的解除条件行使法定解除权而使合同效力消灭的行为。当事人一方依法主张解除合同的，应当通知对方，合同自通知到达对方时解除。对方对解除合同有异议的，任何一方当事人均可以请求人民法院或者仲裁机构确认解除行为的效力。

当事人一方未通知对方，直接以提起诉讼或者申请仲裁的方式依法主张解除合同，人民法院或者仲裁机构确认该主张的，合同自起诉状副本或者仲裁申请书副本送达对方时解除。

有下列情形之一的，当事人可以解除合同：

1）因不可抗力致使不能实现合同目的。

2）在履行期限届满前，当事人一方明确表示或者以自己的行为表明不履行主要债务。

3）当事人一方迟延履行主要债务，经催告后在合理期限内仍未履行。

4）当事人一方迟延履行债务或者有其他违约行为致使不能实现合同目的。

5）法律规定的其他情形。

（3）合同解除的后果

合同解除后，尚未履行的，终止履行；已经履行的，根据履行情况和合同性质，当事人可以请求恢复原状或者采取其他补救措施，并有权请求赔偿损失。

合同因违约解除的，解除权人可以请求违约方承担违约责任，但是当事人另有约定的除外。主合同解除后，担保人对债务人应当承担的民事责任仍应当承担担保责任，但是担保合同另有约定的除外。

合同的权利义务关系终止，不影响合同中结算和清理条款的效力。

3. 抵销

抵销是指当事人互负债务时，各以其债权充当债务的清偿，而使其债务在对等额内相互消灭。抵销既消灭了互负的债务，也消灭了互享的债权。

（1）法定抵销

当事人互负到期债务，该债务的标的物种类、品质相同的，任何一方可以将自己的债务与对方的债务抵销，但依照法律规定或者按照合同性质不得抵销的除外。

（2）约定抵销

当事人互负债务，标的物种类、品质不相同的，经双方协商一致，也可以抵销。

当事人主张抵销的，应当通知对方。通知自到达对方时生效。抵销不得附条件或者附期限。

4. 提存

在因债权人的原因而无法交付合同标的物时，债务人将该标的物交给提存机关保存以消灭合同的行为。债权人分立、合并或者变更住所没有通知债务人，致使履行债务发生困难的，债务人可以中止履行或者将标的物提存。

标的物提存后，债务人应当及时通知债权人或者债权人的继承人、遗产管理人、监护人、财产代管人。

5. 免除

免除是债权人以债务的消灭为目的而抛弃债权的单方行为。《中华人民共和国民法典》第五百七十五条规定："债权人免除债务人部分或者全部债务的，债权债务部分或者全部终止，但是债务人在合理期限内拒绝的除外。"

免除是单方法律行为，只需债权人单方意思表示即可成立，不需经债务人同意。债权人可以免除债务人的全部债务，也可以免除债务人的部分债务。免除可以附条件、附期限。免除一经作出，即致债消灭，不得撤回。

6. 混同

混同是指合同的债权与债务归于同一人，致使合同关系消灭的法律事实。但涉及第三人利益的混同，债不消灭。民法典第五百七十六条规定："债权和债务同归于一人的，债权债务终止，但是损害第三人利益的除外。"

9.1.7 违约责任、合同争议的解决

9-6
违约责任

1. 违约责任

（1）违约责任含义及表现形式

违约责任是指合同当事人一方不履行合同义务或者履行合同义务不符合约定的，应当承担继续履行、采取补救措施或者赔偿损失等违约责任。

违约责任的表现形式包括不履行和不适当履行。不履行包括不能履行（如标的灭失）和拒绝履行。当事人一方未支付价款、报酬、租金、利息，或者不履行其他金钱债务的，对方可以请求其支付。

当事人一方不履行非金钱债务或者履行非金钱债务不符合约定的，对方可以请求履行，但是有下列情形之一的除外：

1）法律上或者事实上不能履行；

2）债务的标的不适于强制履行或者履行费用过高；

3）债权人在合理期限内未请求履行。

有前款规定的除外情形之一，致使不能实现合同目的的，人民法院或者仲裁机构可以根据当事人的请求终止合同权利义务关系，但是不影响违约责任的承担。

履行不符合约定的，应当按照当事人的约定承担违约责任。对违约责任没有约定或者约定不明确，依据《中华人民共和国民法典》第五百一十条规定："合同生效后，当事人就质量、价款或者报酬、履行地点等内容没有约定或者约定不明确的，可以协议补充；不能达成补充协议的，按照合同相关条款或者交易习惯确定。"仍不能确定的，受损害方根据标的的性质以及损失的大小，可以合理选择请求对方承担修理、重作、更换、退货、减

少价款或者报酬等违约责任。

（2）违约责任的承担方式

违约责任的承担方式主要有继续履行、停止违约行为、赔偿损失、支付违约金、执行定金罚则及其他补救措施。

1）继续履行，是指债权人在债务人不履行合同义务时，可请求人民法院或者仲裁机构强制债务人实际履行合同义务。

2）赔偿损失，是指当事人一方不履行合同义务或履行义务不符合约定的，在履行义务或采取补救措施后，对方还有其他损失的，应当承担损害赔偿责任。

3）支付违约金，违约金是按照当事人约定或者法律规定，一方当事人违约时应当根据违约情况向对方支付的一定数额的货币。违约金的支付是独立于履行之外的。当事人就迟延履行约定违约金的，违约方支付违约金后，还应当履行债务。

4）定金，是指合同当事人为了确保合同的履行，依据法律和合同的规定由一方按合同标的额的一定比例，或者直接约定一个数目，预先给付对方的金钱或其他代替物。定金的数额由当事人约定，但不得超过主合同标的额的 20%，超过部分不产生定金的效力。给付定金的一方不履行债务的，无权要求返还定金。收受定金的一方不履行债务的，应当双倍返还定金。当事人在合同中既约定违约金，又约定定金的，一方违约时，对方可以选择适用违约金或定金条款，但两者不可同时并用。

5）采取补救措施，是指债务人履行合同义务不符合约定，债权人在请求人民法院或者仲裁机构强制债务人实际履行合同义务的同时，可根据合同履行情况要求债务人采取的补救措施。

2. 合同争议的解决

合同争议是指合同的当事人双方在签订、履行和终止合同的过程中，对所订立的合同是否成立、生效、合同成立的时间、合同内容的解释、合同的履行、合同责任的承担以及合同的变更、解除、转让等有关事项产生的纠纷。

9-7
合同争议
解决

合同争议的解决方式主要有和解、调解、仲裁或诉讼。（1）和解是纠纷常见的解决方式，但缺乏法律约束力。（2）调解是由争议各方选择信任的第三方，就合同争议进行调解处理。（3）仲裁指争议各方根据合同中的仲裁条款或者纠纷发生以后达成的仲裁协议，将争议提交法定的仲裁机构，由仲裁机构依据仲裁规则进行居中调解，依法做出裁定的方式。当事人不愿和解、调解或者和解、调解不成的，可以根据仲裁协议向仲裁机构申请仲裁。并可根据生效的仲裁协议申请强制执行。（4）诉讼是解决合同争议的最后方式，是指人民法院根据争议双方的请求、事实和法律，依法做出裁判，借此解决争议的方式。当事人没有订立仲裁协议或者仲裁协议无效的，可以向人民法院起诉。

合同订立之后，在履行过程中可能会发生变更、终止、违约等情况，针对相应的问题，我国法律上都有相应的规定，即使双方分歧很大，也可以通过合理合法的手段和方法解决问题。生活中，我们也可能会遇到一些争端，作为文明守法的学生，我们要冷静处理，找寻合适的解决方式，切记冲动行事。

能力训练题 🔍

一、单选题

1. 甲公司因建楼急需水泥，遂向乙水泥厂发函，称："我公司愿购贵厂××型水泥50吨，单价300元/吨，货到付款。"第二天乙水泥厂即向甲公司发出货物。下列说法正确的是（　　）。

A. 甲公司发函的行为是要约邀请

B. 乙水泥厂发货的行为不构成承诺，因为承诺须以通知的方式发出

C. 乙水泥厂发货行为构成承诺，货物到达甲公司时承诺生效

D. 乙水泥厂发货行为构成承诺，货物发出时承诺生效

2. 北京甲公司与上海乙公司签订了一份书面合同，甲公司签字、盖章后邮寄给乙公司签字、盖章。则该合同成立的时间应为（　　）。

A. 甲、乙公司达成合意时

B. 甲公司签字、盖章时

C. 乙公司收到甲公司签字、盖章的合同时

D. 乙公司签字、盖章时

3. 如果法律和当事人双方对合同的形式、订立程序均没有特殊要求时，（　　）时合同成立。

A. 要约生效　　　　　　　　　　　B. 承诺生效

C. 双方当事人签字或者盖章　　　　D. 附生效期限的合同期限届至

4. 下列各项中构成承诺的是（　　）。

A. 甲公司向乙公司发出要约，丙公司得知后向甲公司表示完全同意要约的内容

B. 甲公司向乙公司发出要约，乙公司向丁公司表示完全同意要约的内容

C. 甲向乙发出要约，要求7天内给予答复，但是乙7天内未作任何答复

D. 甲向某水泥厂致电要求购买某型号水泥，该厂将甲指定的产品送货上门，同时收取货款

5. 依据《中华人民共和国民法典》对合同变更的规定，以下表述中正确的是（　　）。

A. 不论采用何种形式订立的合同，履行期间当事人通过协商均可变更合同约定的内容

B. 采用范本订立的合同，履行期间不允许变更合同约定的内容

C. 采用格式合同的，履行期间不允许变更合同约定的内容

D. 采用竞争性招标方式订立的合同，履行期间不允许变更约定的内容

6. 根据《中华人民共和国民法典》规定，当事人对合同变更的内容约定不明确的，则（　　）。

A. 由当事人诉请人民法院裁决

B. 由当事人申请仲裁委员会裁决

C. 推定为未变更

D. 视为已变更

7. 合同中，当事人一方违约时，该合同是否继续履行取决于（　　）。

A. 违约方是否已经承担违约金　　　　B. 违约方是否已经赔偿损失

C. 对方是否要求继续履行　　　　　　D. 违约方是否愿意继续履行

8. 建设工程施工合同履行时，若部分工程价款约定不明，则应按照（　　）履行。

A. 订立合同时承包人所在地的市场价格

B. 订立合同时工程所在地的市场价格

C. 履行合同时工程所在地的市场价格

D. 履行合同时工程所在价格管理部门发布的价格

9. 甲、乙两公司签订一份建筑材料采购合同，合同履行期间因两公司合并致使该合同终止。该合同终止的方式是（　　）。

A. 免除　　　　　B. 抵销　　　　　C. 混同　　　　　D. 提存

10. 合同争议的解决顺序为（　　）。

A. 和解—调解—仲裁—诉讼　　　　B. 调解—和解—仲裁—诉讼

C. 和解—调解—诉讼—仲裁　　　　D. 调解—和解—诉讼—仲裁

11. 当事人采用合同书形式订立的，自（　　）合同成立。

A. 双方当事人制作合同书时　　　　B. 双方当事人表示受合同的约束时

C. 双方当事人签字或盖章时　　　　D. 双方当事人达成一致意见时

12. 甲受到欺诈的情况下与乙订立了合同，后经甲向人民法院申请，撤销了该合同，则该合同自（　　）起不发生法律效力。

A. 人民法院决定撤销之日　　　　B. 合同订立时

C. 人民法院受理请求之日　　　　D. 权利人知道可撤销事由之日

二、问答题

1. 简述合同的生效要件是什么？

2. 合同解除的法定情形有哪些？

三、案例分析

某建筑工程公司与某建筑材料公司订立买卖钢材合同，双方于 3 月 2 日达成一致，签订了合同，双方在合同中约定：由建筑材料公司供应建筑工程公司钢材 1000 吨，单价每吨 3350 元，总价款 335 万元。建筑工程公司自带货款到建筑材料公司指定单位提货，货发完后即结算货款，如果建筑材料公司无货或不发货，则承担 20 万元违约金。

合同订立后，建筑工程公司按建筑材料公司指定，把 33 万元款项汇入第三人某物资供应站的分理账户。3 月 20 日、4 月 5 日，建筑工程公司先后两次从物资供应站提取钢材 500 吨，折合价款 167.5 万元。此后，建筑工程公司向建筑材料公司要求继续供货，建筑材料公司没有继续供货，物资供应站也不予退款。建筑材料公司称，建筑工程公司虽然与其签订了合同，但业务往来的对象是物资供应站，无货可供的责任不在其身上。

问题：

1. 建筑工程公司与建筑材料公司所订买卖合同未约定履行期限，该合同是否成立生效？为什么？

2. 建筑工程公司应向谁主张违约责任？为什么？

3. 物资供应站处于何种法律地位？

4. 建筑工程公司能否请求对方承担 20 万元违约金责任？为什么？

5. 建筑工程公司举证证明，因对方违约造成乙方损失 7 万元，则对方应否同时承担违约金责任并赔偿损失？为什么？

6. 建筑工程公司能否请求对方继续履行？

任务 9.2 建设工程合同类型

模块	5 建设工程合同管理	项目	9 建设工程施工合同认知	任务	9.2 建设工程合同类型
知识目标	了解建设工程合同的定义、分类、主要条款; 理解建设工程主要的合同种类; 掌握建设工程相关合同关系和内容				
能力目标	具备根据建设工程的实际情况选择合适的合同类型的能力				
重点难点	重点:掌握建设工程合同的种类; 难点:进行建设工程合同支付方式选择				

9.2.1 建设工程合同的概述

1. 建设工程合同概念

9-8
建设工程
施工合同的
概述、类型
及特点

建设工程合同是承包人进行工程建设,发包人支付价款的合同。建设工程合同包括工程勘察、设计、施工合同。建设工程合同应当采用书面形式。

发包人可以与总承包人订立建设工程合同,也可以分别与勘察人、设计人、施工人订立勘察、设计、施工承包合同。发包人不得将应当由一个承包人完成的建设工程支解成若干部分发包给数个承包人。总承包人或者勘察、设计、施工承包人经发包人同意,可以将自己承包的部分工作交由第三人完成。第三人就其完成的工作成果与总承包人或者勘察、设计、施工承包人向发包人承担连带责任。建设工程主体结构的施工必须由承包人自行完成。

2. 建设工程合同的分类

(1)按承发包的方式进行划分

建设工程总承包合同、建设工程承包合同、BOT 合同、分包合同等。

(2)按工程建设阶段进行划分

建设工程勘察合同、设计合同、施工合同。

(3)建设工程施工合同按照计价方式的不同进行划分

总价合同、单价合同、其他合同。

(4)与建设工程有关的其他合同

建设工程委托监理合同、建设工程物资采购合同、建设工程保险合同、建设工程担保合同等。

9.2.2 常见建设工程相关合同

1. 建设工程勘察设计合同

(1)建设工程勘察、设计合同的概念

建设工程勘察、设计合同是委托人与承包人为完成一定的勘察、设计任务，明确双方权利义务关系的协议。承包人应当完成委托人委托的勘察、设计任务，委托人则应接受符合约定要求的勘察、设计成果并支付报酬。

（2）建设工程勘察设计合同的主要条款

1）建设工程名称、规模、投资额、建设地点。

2）委托方提供资料的内容、技术要求及期限；承包方勘察的范围、进度和质量；设计的阶段、进度、质量和设计文件份数。

3）勘察、设计取费的依据，取费标准及拨付办法。

4）其他协作条件。

5）违约责任。

2. 建设工程监理合同

（1）建设工程监理合同的概念

建设工程监理合同是建设工程的业主与监理单位，为了完成委托的工程监理业务，明确双方权利义务关系的协议。

（2）《建设工程监理合同（示范文本）》

住房和城乡建设部、国家市场监督管理总局对《建设工程委托监理合同（示范文本）》GF—2000—0202 进行了修订，制发了《建设工程监理合同（示范文本）》GF—2012—0202，监理合同的组成文件包括：

1）协议书。

2）中标通知书或委托书。

3）投标文件或与监理与相关服务建议书。

4）专用条件。

5）通用条件。

6）附录：①附录 A 相关服务的范围和内容；②附录 B 委托人派遣的人员和提供的房屋、资料、设备。

3. 建设工程物资采购合同

（1）建设工程物资采购合同的概念

建设工程物资采购合同，是指具有平等主体的自然人、法人、其他组织之间为实现建设工程物资买卖，设立、变更、终止相互权利义务关系的协议。

（2）建设工程物资采购合同的特征

1）建设工程物资采购合同应依据施工合同订立。

2）建设工程物资采购合同以转移财物和支付价款为基本内容。

3）建设工程物资采购合同的标的品种繁多，供货条件复杂。

4）建设工程物资采购合同应实际履行。

5）建设工程物资采购合同采用书面形式。

（3）建设工程物资采购合同的主要条款

1）双方当事人的名称、地址，法定代表人的姓名，委托代订合同的，应有授权委托书并注明代理人的姓名、职务等。

2）合同标的。

3）技术标准和质量要求。

4）物资数量及计量方法。

5）物资的包装。

6）物资交付方式。

7）物资的交货期限。

8）物资的价格。

9）违约责任。

10）特殊条款。

11）争议解决的方式。

4. 建设工程施工合同

（1）建设工程施工合同的概念

建设工程施工合同是发包人与承包人就完成具体工程项目的建筑施工、设备安装、设备调试、工程保修等工作内容，确定双方权利和义务的协议。施工合同是建设工程合同的一种。依照施工合同，承包方应完成一定的建筑、安装工程任务，发包人应提供必要的施工条件并支付工程价款。

（2）建设工程施工合同的主要条款

1）工程范围。

2）建设工期。

3）开工和竣工时间。

4）工程质量等级。

5）合同价款。

6）施工图纸的交付时间。

7）材料和设备供应责任。

8）付款和结算。

9）竣工验收。

10）质量保修范围和期限。

11）其他条款。

5. 承揽合同

（1）承揽合同的概念、类型

承揽合同，是指承揽人按照定作人的要求完成一定的工作，定作人接受承揽人完成的工作成果并给付约定报酬的合同。

1）加工合同。

2）定作合同。

3）修理合同。

4）复制合同。

5）测试合同和检验合同。

（2）承揽合同的主要内容

根据《中华人民共和国民法典》规定，承揽合同的内容包括承揽的标的、数量、质量、报酬、承揽方式、履行期限、验收标准和方法等。其中最基本的内容有两项：承揽的标的和报酬。

1）承揽合同的标的。

2）承揽合同的数量和质量。

3）价款与定金。

4）承揽方式。

5）材料的提供。

6）履行期限。

7）验收标准和方法。

8）不可抗力因素。

6. 建设工程租赁合同

（1）租赁合同概述

租赁合同是出租人将租赁物交付承租人使用、收益，承租人支付租金的合同。租赁分为融资性租赁和经营性租赁。

（2）租赁合同的内容

1）租赁物的名称。

2）租赁物的数量。

3）用途。出租人应当在租赁期间保持租赁物符合约定的用途，承租人应当按照约定的用途使用租赁物。

4）租赁期限。

5）租金及其支付期限和方式。

6）租赁物的维修。

知识拓展

一个工程项目的实施，项目主体需要签订多种类别的合同，相互间的关系如图9-1所示。

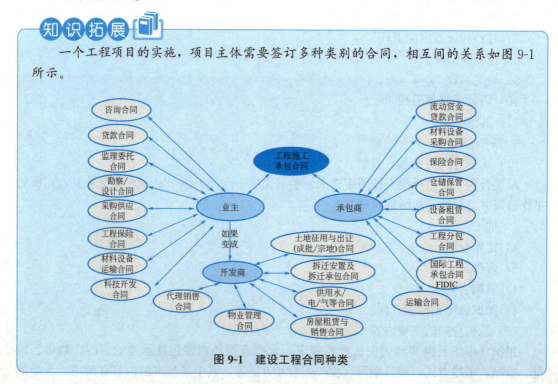

图9-1　建设工程合同种类

9.2.3   建设工程施工合同价款分类

1. 单价合同

单价合同是指合同当事人约定以工程量清单及其综合单价进行合同价格计算、调整和确认的建设工程施工合同，在约定的范围内合同单价不做调整。根据《建设工程施工合同（示范文本）》GF—2017—0201 中 12.1 款〔合同价格形式〕规定，合同当事人应在专用合同条款中约定综合单价包含的风险范围和风险费用的计算方法，并约定风险范围以外的合同价格的调整方法，其中因市场价格波动引起的调整按第 11.1 款〔市场价格波动引起的调整〕约定执行。常见的单价合同有以下种类：

（1）估计工程量单价合同

业主在准备此类合同的招标文件时，委托咨询单位按分部分项工程列出工程量表并填入估算的工程量，承包商投标时在工程量表中填入各项的单价，计算出总价作为投标报价。但在每月结账时，以实际完成的工程量结算。在工程全部完成时以竣工图最终结算工程的总价格。

有的合同上规定，当某一单项工程的实际工程量比招标文件上的工程量相差一定百分比（一般为±15%～±30%）时，双方可以讨论改变单价，但单价调整的方法和比例最好在签订合同时即写明，以免以后产生纠纷。

为了减少由于单项工程工程量增减经常引起争论，FIDIC 通常规定相差±15%时再调整合同价格。

（2）纯单价合同

在设计单位还来不及提供施工详图，或虽有施工图但由于某些原因不能比较准确地计算工程量时，采用纯单价合同。

招标文件只向投标人给出各分项工程内的工作项目一览表、工程范围及必要的说明，而不提供工程量，承包商只要给出表中各项目的单价即可，将来施工时按实际工程量计算。

有时也可以由业主一方在招标文件中列出单价，而投标一方提出修正意见，双方磋商后确定最后的承包单价。

（3）单价与包干混合式合同

以单价合同为基础，但对某些不易计算工程量的分项工程采用包干办法，而对能用某种单位计算工程量的，均要求报单价，按实际完成工程量及合同上的单价结算。很多大型土木工程都采用这种方式。

单价合同对业主方而言的主要优点：可以减少招标准备工作，缩短招标准备时间，能鼓励承包商通过提高工效等手段从成本节约中提高利润，业主只按工程量表的项目开支，可减少意外开支，只需对少量遗漏的项目在执行合同过程中再报价，结算程序比较简单。

在该合同支付方式下，工程的总造价一直到工程结束前都是未知数，特别是当设计师对工程量的估算偏低，业主风险就更大，因而设计师比较正确地估算工程量和减少项目实施中的变更可为业主避免大量的风险。对承包商而言，这种合同避免了总价合同中的许多风险因素，比总价合同风险小。

2. 总价合同

总价合同是指合同当事人约定以施工图、已标价工程量清单或预算书及有关条件进行合同价格计算、调整和确认的建设工程施工合同，在约定的范围内合同总价不做调整。合同当事人应在专用合同条款中约定总价包含的风险范围和风险费用的计算方法，并约定风险范围以外的合同价格的调整方法，其中因市场价格波动引起的调整按《建设工程施工合同（示范文本）》GF—2017—0201 第 11.1 款〔市场价格波动引起的调整〕、因法律变化引起的调整按第 11.2 款〔法律变化引起的调整〕约定执行。常见的总价合同有以下种类：

（1）固定总价合同

承包商的报价以业主方详细的设计图纸及计算为基础，并考虑到一些费用的调整因素，如图纸及工程要求不变动则总价固定，但当施工中图纸或工程质量要求有变更，或工期要求提前，则总价也应改变。

适用于：工期较短（一般不超过一年），对工程项目要求十分明确的项目。

承包商将承担全部风险，将为许多不可预见的因素付出代价，因而报价一般较高。

（2）调价总价合同

在报价及签订合同时，以招标文件的要求及当时的物价计算总价的合同。

但在合同条款中双方商定：如果在执行合同中由于通货膨胀引起工料成本增加达到某一限度时，合同总价应相应调整。业方承担因通货膨胀的风险，承包商承担其他风险，这类合同一般用于工期较长（如 1 年以上）的工程。

（3）固定工程量总价合同

业主要求投标人在投标时，按单价合同办法分别填报分项工程单价，从而计算出工程总价，并签订合同。原定工程项目全部完成后，根据合同总价付款给承包商。如果改变设计或增加新项目，则用合同中已确定的单价来计算新的工程量和调整总价。此类合同适用于工程量变化不大的项目。

（4）管理费总价合同

业主雇用某一公司的管理专家对发包合同的工程项目进行管理和协调，由业主付给一笔总的管理费用。采用这种合同时要明确具体工作范畴。

在投标时投标人必须报出各子项工程价格，在合同执行过程中，对很小的单项工程，在完工后一次支付；对较大的工程，则按施工过程分阶段支付或按完成的工程量百分比支付。

总价合同的适用范围：房屋建筑工程的图纸、规范详细，工程技术不复杂，风险不大，工期不长。业主为了避免因设计时未考虑施工因素导致的索赔，可以采用总价合同。设计-建造与交钥匙工程，业主可以采用总价合同，比较早地将设计与建造总包给承包商，而承包商则承担着更大的责任与风险，报价一般较高。

3. 其他合同

合同当事人可在专用合同条款中约定其他合同价格形式。工程中常见的其他合同主要是成本加酬金合同（简称 CPF 合同），即业主向承包商支付实际工程成本中的直接费（一般包括人、材及机械），按事先协议好的某一种方式支付管理费及利润的一种合同方式。成本加酬金合同主要适用于对工程内容及其技术经济指标尚未完全确定而又急于建设的工程、旧建筑物维修、翻新的工程，或是施工风险很大的工程。

成本加酬金合同缺点是发包单位对工程总造价不易控制，往往工程成本增加，承包商获得的报酬也会增加，不利于承包商在施工中主动控制成本。成本补偿合同有多种形式，现介绍部分形式：

（1）成本加固定费用合同

根据双方讨论同意的工程规模、估计工期、技术要求、工作性质及复杂性、所涉及的风险等来考虑确定一笔固定数目的报酬金额作为管理费及利润。

对人工、材料、机械台班费等直接成本实报实销。如果设计变更或增加新项目，即直接费用超过原定估算成本的10%左右时，固定的报酬费也要增加。

这种方式虽不能鼓励承包商关心降低成本，但为了尽快得到酬金，承包商会关心缩短工期。有时也可在固定费用之外根据工程质量、工期和节约成本等因素，给承包商另加奖金，以鼓励承包商积极工作。

（2）成本加定比费用合同

工程成本中的直接费加一定比例的报酬费，报酬部分的比例在签订合同时由双方确定。

这种方式报酬费随成本加大而增加，不利于缩短工期和降低成本，往往在工程初期很难描述工作范围和性质，或工期急迫、无法按常规编制招标文件招标时采用。在国外，除特殊情况外，一般公共项目不采用此方式。

（3）成本加奖金合同

奖金是根据报价书中成本概算指标制定的。合同中对这个概算指标规定了一个"底点"（约为工程成本概算的60%～75%）和一个"顶点"（约为工程成本概算的110%～135%）。承包商在概算指标的"顶点"之下完成工程则可得到奖金，超过"顶点"则要对超出部分支付罚款。如果成本控制在"底点"之下，则可加大酬金值或酬金百分比。采用这种方式通常规定，当实际成本超过"顶点"对承包商罚款时，最大罚款限额不超过原先议定的最高酬金值。

当招标前设计图纸、规范等准备不充分，不能据以确定合同价格，而仅能制定一个概算指标时，可采用这种形式。

（4）最大成本加费用合同

简称MCPF合同，是在总价合同基础上加上固定酬金费用的方式，即当设计深度已达到可以报总价的深度，投标人报一个工程成本总价，再报一个固定的酬金（包括各项管理费、风险费和利润）。

若实际成本超过合同中的工程成本总价，由承包商承担所有的额外费用；若是承包商在实际施工中节约了工程成本，节约的部分由业主和承包商分享（其比例可以是业主75%，承包商25%；或各50%），在签订合同时将比例确定。

（5）工时及材料补偿合同

用一个综合的工时费率（包括基本工资、保险、纳税、工具、监督管理、现场及办公室各项开支以及利润等），来计算支付人员费用，材料则以实际支付材料费为准支付费用。这种形式一般用于招标聘请专家或管理代理人等。

能力训练题 🔍

一、单项选择题

1. 监理合同中的"附加工作"是指（　　）。

A. 监理合同范围以外的工作

B. 建设单位暂停监理业务后又恢复监理业务时监理方的工作

C. 由于建设单位原因终止监理合同后的善后工作

D. 由于非监理方的原因使监理工作受到阻碍或延误而增加的监理工作

2. （　　）通常其只适用于一些紧急工程项目、新型工程项目或对项目工程内容及技术经济指标未确定的项目和一些风险较大的项目。

A. 分包合同　　　　　　　　　　　B. 成本加酬金合同

C. 总价合同　　　　　　　　　　　D. 单价合同

3. 不属于建设工程施工合同文件的组成内容的是（　　）。

A. 招标文件　　　　　　　　　　　B. 建设工程施工合同条件

C. 建设项目可行性研究报告　　　　D. 投标书

4. 在建设工程施工合同法律关系中，主体是（　　）。

A. 主要构筑物　　　　　　　　　　B. 发包方和承包方的主要负责人

C. 主要建筑物　　　　　　　　　　D. 发包方和承包方

5. 在勘察设计合同执行中，若委托方不履行合同，则可（　　）。

A. 协商处理定金　　　　　　　　　B. 无权要回定金

C. 要回部分定金　　　　　　　　　D. 双倍返还定金

6. 监理合同中不包括（　　）内容。

A. 保障监理单位权益的条款　　　　B. 违约责任的条款

C. 保障业主权益的条款　　　　　　D. 保障承包商权益的条款

7. 勘察设计合同中，（　　）是委托方的义务。

A. 进行设计技术交底　　　　　　　B. 提交勘察设计成果

C. 明确设计范围和深度　　　　　　D. 负责设计变更和修改预算

二、多选题

1. 施工合同按照计价方式的不同可以分为（　　）等。

A. 总承包合同　　　　　　　　　　B. 分别承包合同

C. 总价合同　　　　　　　　　　　D. 单价合同

E. 其他合同

2. 成本加酬金合同通常适用于（　　）。

A. 紧急工程项目

B. 一些风险较大的项目

C. 新型工程项目

D. 工期较短、技术不太复杂、风险不大的项目

E. 项目工程内容及技术经济指标未确定的项目

任务 9.3　建设工程施工合同

模块	5 建设工程合同管理	项目	9 建设工程施工合同认知	任务	9.3 建设工程施工合同
知识目标	了解建设工程施工合同的作用及特点； 熟悉建设工程施工合同的主要内容； 掌握建设工程施工合同示范文本的组成； 熟悉建设工程施工合同示范文本中与工程质量、工程进度、工程价款有关的条款				
能力目标	会根据建设工程施工合同解决施工过程中的问题				
重点难点	重点：建设工程施工合同示范文本的组成，施工合同文件的组成； 难点：建设工程施工合同示范文本中与工程质量、工程进度、工程价款有关的条款				

引例

广州市中山大道中立交桥工程项目，经有关部门批准采取公开招标的方式确定了某城市路桥公司为中标单位并签订合同。由于设计方案有所变更，工程量难以确定，故双方采用固定总价合同。

1. 该工程合同条款中相关规定

（1）由于设计未完成，承包范围内待施工的工程虽然性质明确，但工程量还难以确定，双方商定采用固定总价合同形式签订施工合同，以减少双方的风险。

（2）施工单位按照建设单位代表批准的施工组织设计组织施工，施工单位不承担因此引起的工程延误和费用增加的责任。

（3）甲方向施工单位提供场地的工程地质和地下主要管网线路资料，供施工单位参考使用。

（4）承包单位不能将工程转包，但允许分包，也允许分包单位将分包的工程再次分包给其他施工单位。

2. 工期规定

在施工招标文件中规定该工程工期为 358 天。但在施工合同中，双方约定：开工期为 2020 年 12 月 15 日，竣工日期为 2021 年 12 月 25 日，日历天数为 375 天。

3. 施工中出现的状况

（1）工程进行到第 3 个月时，有政协委员投诉称此工程妨碍文物遗址观瞻，当地政府下令暂停施工，因此发包人向承包商提出暂时中止合同施工的通知，承包商按要求暂停施工。

（2）复工后在工程后期，工地遭遇当地百年罕见的台风袭击，工程被迫暂停施工，部分现场场地遭到破坏，最终使工期拖延 2 个月。

思考：

1. 建筑工程施工合同的主要内容应包含哪些？

2. 建设工程施工合同条款中的合同价款和工期如何订立？

3. 建设工程施工合同管理具体工作内容有哪些？

4. 在工程实施过程中，因政府通知和台风袭击引起的暂停施工问题应如何处理？

9.3.1 建设工程施工合同概述

1. 建设工程施工合同的作用

（1）施工合同确定了建设工程施工及管理的目标即质量、进度和费用，这些目标是合同当事人在工程施工中进行经济活动的依据。

（2）施工合同明确了在施工阶段承包人和发包人的权利和义务。

（3）施工合同是工程施工过程中承发包双方的最高行为准则，施工中的一切活动都必须按合同办事，受合同约束，以合同为核心。

（4）施工合同是监理工程师监督管理工程的依据。

2. 建设工程施工合同的特点

（1）合同标的特殊性

施工合同的标的是各类建筑产品，建筑产品是不动产，建造过程中往往受到自然条件、地质水文条件、社会条件、人为条件等因素的影响。这就决定了每个施工合同的标的物不同于工厂批量生产的产品，具有单件性的特点。

（2）合同履行期限的长期性

在较长的合同期内，双方履行义务往往会受到不可抗力、履行过程中法律法规政策的变化、市场价格的浮动等因素的影响，必然导致合同的内容约定、履行管理会很复杂。

（3）合同内容的多样性和复杂性

虽然施工合同的当事人只有两方，但履行过程中涉及的主体却有许多种，内容的约定还需与其他相关合同协调，如设计合同、供货合同、本工程的其他施工合同等。

（4）合同监督的严格性

建设工程施工对国家和公民以及周围环境有着重要影响，国家对建设工程实施要进行严格的计划和审批程序。建设工程实施必须严格遵守国家的基本建设程序的要求，接受国家的监督检查。

（5）合同形式的特殊要求

考虑到建设工程的重要性、复杂性和合同履行的长期性，同时在合同履行过程中经常会发生各种纠纷，因此《中华人民共和国民法典》要求建设工程施工合同要采用书面形式。

9.3.2 建设工程施工合同的主要内容

9-9
建设工程
施工合同
的内容

1. 建设工程施工合同的主要内容

（1）工程范围。工程承包范围是建设工程施工合同中约定的需要完成的工作任务的界定，应根据招标文件或施工图纸确定的承包范围确定。

（2）建设工期。工期是指自开工日期至竣工日期的期限。承发包双方在确定工期的时候，应根据承发包双方的具体情况，并结合工程的特点，确定合理的工期，双方应对开工日期及竣工日期进行精确的定义，否则容易引起纠纷。

（3）开工和竣工时间。中间交工工程的工期，需与工程合同确定的总工期相一致。①开工日期包括计划开工日期和实际开工日期。计划开工日期是指合同协议书约定的开工日期；实际开工日期是指监理人按照开工通知约定发出的符合法律规定的开工通知中载明的开工日期。②竣工日期包括计划竣工日期和实际竣工日期。计划竣工日期是指合同协议书约定的竣工日期；实际竣工日期按照竣工日期的约定确定。

（4）工程质量等级。工程质量等级标准分为优良、合格和不合格，不合格的工程不得交付使用。承发包双方可以约定工程质量等级达到优良或更高标准，但是应根据"优质优价"原则确定合同价款。

（5）工程造价。通常采用国家或者地方定额的方法进行计算确定。随着市场经济的发展，承发包双方可以协商自主定价。

（6）技术资料交付时间。施工图纸的交付时间必须满足工程施工进度要求。为了确保工程质量，严禁随意性地边设计、边施工、边修改的"三边"工程。

（7）材料和设备供应责任。承发包双方需明确约定哪些材料和设备由发包方供应，以及在材料和设备供应方面双方各自的义务和责任。

（8）拨款和结算。发包人一般应在工程开工前，支付一定的预付款，工程开工后根据工程进度按月支付工程款，工程竣工后应当及时进行结算，扣除保修金后应按合同约定的期限支付尚未支付的工程款。

（9）竣工验收。竣工验收是施工合同重要条款之一，建设工程竣工后，发包人应当根据施工图纸及说明书、国家颁发的施工验收规范和质量检验标准及时进行验收。验收合格的，发包人应当按照约定支付价款，并接收该建设工程。建设工程竣工经验收合格后，方可交付使用；未经验收或者验收不合格的，不得交付使用。

（10）质量保修范围和质量保证期。对建设工程的质量保修范围和保修期限，应当符合《建设工程质量管理条例》的规定。

（11）其他条款。工程合同还包括隐蔽工程验收、安全施工、工程变更、工程分包、合同解除、违约责任、争议解决方式、相互协作等条款，双方均要在签订合同时加以明确约定。

2. 我国建设工程施工合同示范文本

住房和城乡建设部、工商总局对《建设工程施工合同（示范文本）》GF—2013—0201 进行了修订，制定了《建设工程施工合同（示范文本）》GF—2017—0201（以下简称《示范文本》）。《示范文本》由合同协议书、通用合同条款和专用合同条款三部分组成。

9-10
建设工程
施工合同
示范文本
概述

（1）合同协议书

《示范文本》合同协议书是《施工合同文本》的总纲性文件，规定了合同当事人双方最主要的权利义务，规定了组成合同的文件及合同当事人对履行合同义务的承诺，并由合同当事人在这份文件上签字盖章，具有很高的法律效力，具有最优先的解释权。

合同协议书共计 13 条，主要包括：工程概况、合同工期、质量标准、签约合同价和合同价格形式、项目经理、合同文件构成、承诺以及合同生效条件等重要内容，集中约定了合同当事人基本的合同权利义务。

（2）通用合同条款

通用合同条款是合同当事人根据《中华人民共和国建筑法》《中华人民共和国民法典》等法律法规的规定，就工程建设的实施及相关事项，对合同当事人的权利义务作出的原则性约定。

通用合同条款共计 20 条，具体条款分别为：一般约定、发包人、承包人、监理人、工程质量、安全文明施工与环境保护、工期和进度、材料与设备、试验与检验、变更、价格调整、合同价格、计量与支付、验收和工程试车、竣工结算、缺陷责任与保修、违约、不可抗力、保险、索赔和争议解决。前述条款安排既考虑了现行法律法规对工程建设的有关要求，也考虑了建设工程施工管理的特殊需要。

（3）专用合同条款

专用合同条款是对通用合同条款原则性约定的细化、完善、补充、修改或另行约定的条款。合同当事人可以根据不同建设工程的特点及具体情况，通过双方的谈判、协商对相应的专用合同条款进行修改补充。专用条款的解释优于通用条款。

在使用专用合同条款时，应注意以下事项：

1）专用合同条款的编号应与相应的通用合同条款的编号一致。

2）合同当事人可以通过对专用合同条款的修改，满足具体建设工程的特殊要求，避免直接修改通用合同条款。

3）在专用合同条款中有横道线的地方，合同当事人可针对相应的通用合同条款进行细化、完善、补充、修改或另行约定；如无细化、完善、补充、修改或另行约定，则填写"无"或划"/"。

《示范文本》为非强制性使用文本。《示范文本》适用于房屋建筑工程、土木工程、线路管道和设备安装工程、装修工程等建设工程的施工承发包活动，合同当事人可结合建设工程具体情况，根据《示范文本》订立合同，并按照法律法规规定和合同约定承担相应的法律责任及合同权利义务。

【案例 9-2】

某建筑公司作为中标的施工单位与建设单位签订了某住宅施工承包合同，合同中约定的工程款为 5000 万元。双方按照法律规定将此合同进行了备案。三天后，建设单位主要负责人邀请建筑公司的负责人见面，提出重新签订一个施工承包合同，将合同价改为 4500 万元。由于建筑公司担心失去该施工任务，就违心答应了这个要求。工程竣工，建筑公司要求按照第一个合同结算工程款，遭到了建设单位的拒绝。建筑公司打算提起诉讼。但是建筑公司的负责人被某人士告知："你这个官司是打不赢的。因为你们已经签订了第二个合同，这个合同的效力高于第一个合同，也就是用第二个合同修改了第一个合同。"你认为这位人士的观点正确吗？为什么？

　　建筑市场在快速发展过程中，也存在很多问题，"阴阳合同"的存在已严重扰乱了建筑市场的秩序。有些业主以各种理由修改合同或违背约定，签订"阳合同"供建设行政主管部门审查备案，私下与施工单位签订一份与原合同相悖的"阴合同"，形成一份违法违规的契约，"阴阳合同"严重影响社会诚信体系的构建，影响公平竞争的市场秩序，逃避政府税收和政府监管，需要坚决抵制。因此，我们要从自身做起，遵守市场公平竞争秩序，合法纳税，履行作为公民的基本义务。

建设项目工程总承包合同

　　为指导建设项目工程总承包合同当事人的签约行为，维护合同当事人的合法权益，依据《中华人民共和国民法典》《中华人民共和国建筑法》《中华人民共和国招标投标法》以及相关法律、法规，住房和城乡建设部、市场监管总局对《建设项目工程总承包合同示范文本（试行）》GF—2011—0216 进行了修订，制定了《建设项目工程总承包合同（示范文本）》GF—2020—0216（以下简称《示范文本》）。

　　《示范文本》由合同协议书、通用合同条件和专用合同条件三部分组成。《示范文本》合同协议书共计 11 条，主要包括：工程概况、合同工期、质量标准、签约合同价与合同价格形式、工程总承包项目经理、合同文件构成、承诺、订立时间、订立地点、合同生效和合同份数，集中约定了合同当事人基本的合同权利义务。

　　通用合同条件是合同当事人根据《中华人民共和国民法典》《中华人民共和国建筑法》等法律法规的规定，就工程总承包项目的实施及相关事项，对合同当事人的权利义务作出的原则性约定。专用合同条件是合同当事人根据不同建设项目的特点及具体情况，通过双方的谈判、协商对通用合同条件原则性约定细化、完善、补充、修改或另行约定的合同条件。

　　《示范文本》适用于房屋建筑和市政基础设施项目工程总承包承发包活动。《示范文本》为推荐使用的非强制性使用文本。合同当事人可结合建设工程具体情况，参照《示范文本》订立合同，并按照法律法规和合同约定承担相应的法律责任及合同权利义务。

FIDIC 合同简介

　　国际咨询工程师联合会（Fédération Internationale Des Ingénieurs Conseils，法文缩写 FIDIC）成立于 1913 年，其宗旨是通过编制高水平的标准文件、传播工程信息，推动全球工程咨询行业健康、可持续发展。目前有 100 多个国家和地区加入了 FIDIC，中国于 1996 年正式加入该组织。

9-11
2017年版
FIDIC合同
条件简介

2017 年 12 月，FIDIC 在伦敦举办的国际用户会议上正式发布了 1999 版系列合同条件中三本的第二版，分别是：《施工合同条件》（Conditions of Contract for Construction）（红皮书）、《生产设备和设计-建造合同条件》（Conditions of Contract for Plant and Design-Build）（黄皮书）和《设计-采购-施工与交钥匙项目合同条件》（Conditions of Contract for EPC/Turnkey Projects）（银皮书）。

FIDIC 合同被奉为国际工程合同的"圣经"，随着"一带一路"倡议的推进，我国建筑企业面临着巨大的机遇和挑战，更需要对接国际标准，发挥本身的建设优势，加大拓展力度，打造中国制造品牌。作为未来的建筑从业者，我们要担负起自己的使命与责任，刻苦学习、全面发展，将来贡献自己的力量。

AIA

美国建筑师协会（American Institute of Architects，简称 AIA）为美国建筑界最具权威性的组织，总部位于华盛顿哥伦比亚特区。

AIA 的主要活动包括建筑师的继续教育，制定行业标准与合同文件，出版及建设专业刊物与网站，进行市场调研和分析，每年举办 AIA 全国代表大会和设计博览会以及评选颁发 AIA 金奖等。

AIA 编制的标准合同范本涵盖面非常广，包括合同协议书、合同条件以及招标投标、资质审查、合同签订、项目管理等各阶段所需要的各种附件、保险和担保等文书，还包括建筑师在日常项目管理中需要的各种表格，基本涵盖了工程项目的各方面。

按照 AIA 公布的官方标准，其出版的所有合同范本按照"系列"（series），即适用该合同范本的合同双方的关系进行分类，共可分为 A、B、C、D、E、G 共 6 个系列。

A 系列，用于业主与承包商之间的协议书和合同条件，还包括承包商资格申报表，保证标准格式。

B 系列，用于业主与建筑师之间的协议书和合同条件，还包括专门用于建筑设计、室内装修工程等特定情况的标准合同文件。

C 系列，用于建筑师与其他专业咨询人员之间的协议书和合同条件。

D 系列，建筑师内部使用的文件。

E 系列，范例文件。

G 系列，建筑师企业及项目管理中使用的各种表格和文件。

9.3.3　建设工程施工合同管理

1. 建设工程施工合同管理的概念

建设工程施工合同管理是指各级工商行政管理机关、建设行政主管机关，以及发包单位、监理单位、承包单位依据法律法规采取法律的、行政的手段，对施工合同关系进行组织、指导、协调及监督，保护施工合同当事人的合法权益，处理施工合同纠纷防止和制裁违法行为，保证施工合同贯彻实施的一系列活动。

2. 建设工程施工合同双方的主要工作

（1）发包人工作

1）办理土地征用、拆迁补偿、平整施工场地等工作，使施工场地具备施工条件，并在开工后继续解决以上事项的遗留问题。

2）将施工所需水、电、通信线路从施工场地外部接至专用条款约定地点，并保证施工期间需要。

3）开通施工场地与城乡公共道路的通道，以及专用条款约定的施工场地内的主要交通干道，满足施工运输的需要，保证施工期间的畅通。

4）向承包人提供施工场地的工程地质和地下管线资料，保证数据真实，位置准确。

5）办理施工许可证和临时用地、停水、停电、中断道路交通、爆破作业以及可能损坏道路、管线、电力、通信等公共设施，法律、法规规定的申请批准手续及其他施工所需的证件（证明承包人自身资质的证件除外）。

6）确定水准点与坐标控制点，以书面形式交给承包人，并进行现场交验。

7）组织承包人和设计单位进行图纸会审和设计交底。

8）协调处理施工现场周围地下管线和邻近建筑物、构筑物（包括文物保护建筑）、古树名木的保护工作，并承担有关费用。

9）发包人应做的其他工作，双方在专用条款内约定。

（2）承包人工作

1）办理法律规定应由承包人办理的许可和批准，并将办理结果书面报送发包人留存。

2）按法律规定和合同约定完成工程，并在保修期内承担保修义务。

3）按法律规定和合同约定采取施工安全和环境保护措施，办理工伤保险，确保工程及人员、材料、设备和设施的安全。

4）按合同约定的工作内容和施工进度要求，编制施工组织设计和施工措施计划，并对所有施工作业和施工方法的完备性和安全可靠性负责。

5）在进行合同约定的各项工作时，不得侵害发包人与他人使用公用道路、水源、市政管网等公共设施的权利，避免对邻近的公共设施产生干扰。承包人占用或使用他人的施工场地，影响他人作业或生活的，应承担相应责任。

6）按照《建设工程施工合同（示范文本）》GF—2017—0201 第 6.3 款〔环境保护〕约定负责施工场地及其周边环境与生态的保护工作。

7）按《建设工程施工合同（示范文本）》GF—2017—0201 第 6.1 款〔安全文明施工〕约定采取施工安全措施，确保工程及其人员、材料、设备和设施的安全，防止因工程施工造成的人身伤害和财产损失。

8）将发包人按合同约定支付的各项价款专用于合同工程，且应及时支付其雇用人员工资，并及时向分包人支付合同价款。

9）按照法律规定和合同约定编制竣工资料，完成竣工资料立卷及归档，并按专用合同条款约定的竣工资料的套数、内容、时间等要求移交发包人。

10）应履行的其他义务。

3. 建设工程施工合同对施工过程的控制管理

（1）材料设备供应的质量控制

1）发包方供应材料设备时的质量控制

① 发包人供应材料设备的验收

9-12
施工合同
条件中的
部分重要
定义

发包人应按《发包人供应材料设备一览表》约定的内容提供材料和工程设备，并向承包人提供产品合格证明及出厂证明，对其质量负责。发包人应提前 24 小时以书面形式通知承包人、监理人材料和工程设备到货时间，承包人负责材料和工程设备的清点、检验和接收。

② 材料设备验收后的保管

发包人供应的材料和工程设备，承包人清点后由承包人妥善保管，保管费用由发包人承担，但已标价工程量清单或预算书已经列支或专用合同条款另有约定除外。因承包人原因发生丢失毁损的，由承包人负责赔偿；监理人未通知承包人清点的，承包人不负责材料和工程设备的保管，由此导致丢失毁损的由发包人负责。

③ 发包人供应的材料设备与约定不符时的处理

发包人供应的材料设备不符合约定时，应当由发包人承担有关责任，具体按下列情况处理：

A. 材料设备单价与合同约定不符时，由发包人承担所有差价。

B. 材料设备种类、规格、型号、数量、质量等级与合同约定不符时，承包人可以拒绝接收保管，由发包人运出施工场地并重新采购。

C. 发包人供应材料的规格、型号与合同约定不符时，承包人可以代为调剂更换，发包人承担相应的费用。

D. 到货地点与合同约定不符时，由发包人运至合同约定地点。

E. 供应的数量少于合同约定时，发包人应补齐；多于合同约定时，发包人负责将多出部分运出施工场地。

F. 到货时间早于合同约定时，发包人承担因此发生的保管费用；到货时间迟于合同约定的，由发包人承担相应的追加合同价款。发生延误，相应顺延工期，发包人赔偿由此给承包人带来的损失。

④ 发包人供应材料设备使用前的检验或试验

发包人供应的材料和工程设备使用前，由承包人负责检验，检验费用由发包人承担，不合格的不得使用。发包人提供的材料或工程设备不符合合同要求的，承包人有权拒绝，并可要求发包人更换，由此增加的费用和（或）延误的工期由发包人承担，并支付承包人合理的利润。

2）承包人供应材料设备时的质量控制

① 承包人采购材料设备的验收

承包人采购的材料和工程设备，应保证产品质量合格，承包人应在材料和工程设备到货前 24 小时通知监理人检验。承包人进行永久设备、材料的制造和生产的，应符合相关质量标准，并向监理人提交材料的样本以及有关资料，并应在使用该材料或工程设备之前获得监理人同意。

② 承包人采购材料设备与要求不符时的处理

承包人采购的材料和工程设备不符合设计或有关标准要求时，承包人应在监理人要求的合理期限内将不符合设计或有关标准要求的材料、工程设备运出施工现场，并重新采购符合要求的材料、工程设备，由此增加的费用和（或）延误的工期，由承包人承担。

③ 承包人使用替代材料

承包人需要使用替代材料时，须经工程师认可后方可使用，由此增减的合同价款由双方以书面形式议定。承包人应在使用替代材料和工程设备 28 天前书面通知监理人，并附下列文件：

A. 被替代的材料和工程设备的名称、数量、规格、型号、品牌、性能、价格及其他相关资料；

B. 替代品的名称、数量、规格、型号、品牌、性能、价格及其他相关资料；

C. 替代品与被替代产品之间的差异以及使用替代品可能对工程产生的影响；

D. 替代品与被替代产品的价格差异；

E. 使用替代品的理由和原因说明；

F. 监理人要求的其他文件。

监理人应在收到通知后 14 天内，向承包人发出经发包人签认的书面指示；监理人逾期发出书面指示的，视为发包人和监理人同意使用替代品。

④ 承包人采购材料设备在使用前检验或试验

承包人采购材料设备在使用前，承包人应按工程师的要求进行检验或试验，不合格的不得使用，检验或试验费用由承包人承担。监理人发现承包人使用了不合格的材料和工程设备，承包人应按照监理人的指示立即改正，并禁止在工程中继续使用不合格的材料和工程设备。

发包人或监理人发现承包人使用不符合设计或有关标准要求的材料和工程设备时，有权要求承包人进行修复、拆除或重新采购，由此增加的费用和（或）延误的工期，由承包人承担。

（2）施工过程的质量控制

工程质量标准必须符合现行国家有关工程施工质量验收规范和标准的要求。有关工程质量的特殊标准或要求由合同当事人在专用合同条款中约定。

因发包人原因造成工程质量未达到合同约定标准的，由发包人承担由此增加的费用和（或）延误的工期，并支付承包人合理的利润。因承包人原因造成工程质量未达到合同约定标准的，发包人有权要求承包人返工直至工程质量达到合同约定的标准为止，并由承包人承担由此增加的费用和（或）延误的工期。

合同当事人对工程质量有争议的，由双方协商确定的工程质量检测机构鉴定，由此产生的费用及因此造成的损失，由责任方承担。合同当事人均有责任的，由双方根据其责任分别承担。

1）发包人

发包人应按照法律规定及合同约定完成与工程质量有关的各项工作。

2）承包人

承包人按照《建设工程施工合同（示范文本）》GF—2017—0201 第 7.1 款〔施工组

织设计〕约定向发包人和监理人提交工程质量保证体系及措施文件，建立完善的质量检查制度，并提交相应的工程质量文件。对于发包人和监理人违反法律规定和合同约定的错误指示，承包人有权拒绝实施。

承包人应对施工人员进行质量教育和技术培训，定期考核施工人员的劳动技能，严格执行施工规范和操作规程。

承包人应按照法律规定和发包人的要求，对材料、工程设备以及工程的所有部位及其施工工艺进行全过程的质量检查和检验，并作详细记录，编制工程质量报表，报送监理人审查。此外，承包人还应按照法律规定和发包人的要求，进行施工现场取样试验、工程复核测量和设备性能检测，提供试验样品、提交试验报告和测量成果以及其他工作。

承包人应当对工程隐蔽部位进行自检，并经自检确认是否具备覆盖条件。

除专用合同条款另有约定外，工程隐蔽部位经承包人自检确认具备覆盖条件的，承包人应在共同检查前 48 小时书面通知监理人检查，通知中应载明隐蔽检查的内容、时间和地点，并应附有自检记录和必要的检查资料。

承包人未通知监理人到场检查，私自将工程隐蔽部位覆盖的，监理人有权指示承包人钻孔探测或揭开检查，无论工程隐蔽部位质量是否合格，由此增加的费用和（或）延误的工期均由承包人承担。

3）监理人

监理人按照法律规定和发包人授权对工程的所有部位及其施工工艺、材料和工程设备进行检查和检验。承包人应为监理人的检查和检验提供方便，包括监理人到施工现场，或制造、加工地点，或合同约定的其他地方进行查看和查阅施工原始记录。监理人为此进行的检查和检验，不免除或减轻承包人按照合同约定应当承担的责任。

监理人的检查和检验不应影响施工正常进行。监理人的检查和检验影响施工正常进行的，且经检查检验不合格的，影响正常施工的费用由承包人承担，工期不予顺延；经检查检验合格的，由此增加的费用和（或）延误的工期由发包人承担。

监理人应按时到场并对隐蔽工程及其施工工艺、材料和工程设备进行检查。经监理人检查确认质量符合隐蔽要求，并在验收记录上签字后，承包人才能进行覆盖。经监理人检查质量不合格的，承包人应在监理人指示的时间内完成修复，并由监理人重新检查，由此增加的费用和（或）延误的工期由承包人承担。

除专用合同条款另有约定外，监理人不能按时进行检查的，应在检查前 24 小时向承包人提交书面延期要求，但延期不能超过 48 小时，由此导致工期延误的，工期应予以顺延。监理人未按时进行检查，也未提出延期要求的，视为隐蔽工程检查合格，承包人可自行完成覆盖工作，并作相应记录报送监理人，监理人应签字确认。监理人事后对检查记录有疑问的，可按《建设工程施工合同（示范文本）》GF—2017—0201 第 5.3.3 项〔重新检查〕的约定重新检查。

承包人覆盖工程隐蔽部位后，发包人或监理人对质量有疑问的，可要求承包人对已覆盖的部位进行钻孔探测或揭开重新检查，承包人应遵照执行，并在检查后重新覆盖恢复原状。经检查证明工程质量符合合同要求的，由发包人承担由此增加的费用和（或）延误的工期，并支付承包人合理的利润；经检查证明工程质量不符合合同要求的，由此增加的费用和（或）延误的工期由承包人承担。

（3）施工合同进度的控制

1）工程开工的相关规定

发包人应按照法律规定获得工程施工所需的许可。经发包人同意后，监理人发出的开工通知应符合法律规定。监理人应在计划开工日期 7 天前向承包人发出开工通知，工期自开工通知中载明的开工日期起算。

除专用合同条款另有约定外，《建设工程施工合同（示范文本）》GF—2017—0201 规定：因发包人原因造成监理人未能在计划开工日期之日起 90 天内发出开工通知的，承包人有权提出价格调整要求，或者解除合同。发包人应当承担由此增加的费用和（或）延误的工期，并向承包人支付合理利润。

2）工期延误的相关规定

①因发包人原因导致工期延误

在合同履行过程中，因下列情况导致工期延误和（或）费用增加的，由发包人承担由此延误的工期和（或）增加的费用，且发包人应支付承包人合理的利润：

A. 发包人未能按合同约定提供图纸或所提供图纸不符合合同约定的。

B. 发包人未能按合同约定提供施工现场、施工条件、基础资料、许可、批准等开工条件的。

C. 发包人提供的测量基准点、基准线和水准点及其书面资料存在错误或疏漏的。

D. 发包人未能在计划开工日期之日起 7 天内同意下达开工通知的。

E. 发包人未能按合同约定日期支付工程预付款、进度款或竣工结算款的。

F. 监理人未按合同约定发出指示、批准等文件的。

G. 专用合同条款中约定的其他情形。

因发包人原因未按计划开工日期开工的，发包人应按实际开工日期顺延竣工日期，确保实际工期不低于合同约定的工期总日历天数。因发包人原因导致工期延误需要修订施工进度计划的，按照《建设工程施工合同（示范文本）》GF—2017—0201 第 7.2.2 项〔施工进度计划的修订〕执行。

② 因承包人原因导致工期延误

因承包人原因造成工期延误的，可以在专用合同条款中约定逾期竣工违约金的计算方法和逾期竣工违约金的上限。承包人支付逾期竣工违约金后，不免除承包人继续完成工程及修补缺陷的义务。

3）暂停施工的相关规定

① 发包人原因引起的暂停施工

因发包人原因引起暂停施工的，监理人经发包人同意后，应及时下达暂停施工指示。因紧急情况需暂停施工，且监理人未及时下达暂停施工指示的，承包人可先暂停施工，并及时通知监理人。监理人应在接到通知后 24 小时内发出指示，逾期未发出指示，视为同意承包人暂停施工。监理人不同意承包人暂停施工的，应说明理由，承包人对监理人的答复有异议，按照《建设工程施工合同（示范文本）》GF—2017—0201 第 20 条〔争议解决〕约定处理。

因发包人原因引起的暂停施工，发包人应承担由此增加的费用和（或）延误的工期，并支付承包人合理的利润。

② 承包人原因引起的暂停施工

因承包人原因引起的暂停施工，承包人应承担由此增加的费用和（或）延误的工期，且承包人在收到监理人复工指示后 84 天内仍未复工的，视为《建设工程施工合同（示范文本）》GF—2017—0201 第 16.2.1 项〔承包人违约的情形〕第（7）目约定的承包人无法继续履行合同的情形。

③ 指示暂停施工

监理人认为有必要时，并经发包人批准后，可向承包人作出暂停施工的指示，承包人应按监理人指示暂停施工。

④ 暂停施工的处理

暂停施工后，发包人和承包人应采取有效措施积极消除暂停施工的影响。在工程复工前，监理人会同发包人和承包人确定因暂停施工造成的损失，并确定工程复工条件。当工程具备复工条件时，监理人应经发包人批准后向承包人发出复工通知，承包人应按照复工通知要求复工。

承包人无故拖延和拒绝复工的，承包人承担由此增加的费用和（或）延误的工期；因发包人原因无法按时复工的，按照《建设工程施工合同（示范文本）》GF—2017—0201 第 7.5.1 项〔因发包人原因导致工期延误〕约定办理。

监理人发出暂停施工指示后 56 天内未向承包人发出复工通知，除该项停工属于《建设工程施工合同（示范文本）》GF—2017—0201 第 7.8.2 项〔承包人原因引起的暂停施工〕及第 17 条〔不可抗力〕约定的情形外，承包人可向发包人提交书面通知，要求发包人在收到书面通知后 28 天内准许已暂停施工的部分或全部工程继续施工。发包人逾期不予批准的，则承包人可以通知发包人，将工程受影响的部分视为按第 10.1 款〔变更的范围〕第（2）项的可取消工作。

暂停施工持续 84 天以上不复工的，且不属于《建设工程施工合同（示范文本）》GF—2017—0201 第 7.8.2 项〔承包人原因引起的暂停施工〕及第 17 条〔不可抗力〕约定的情形，并影响到整个工程以及合同目的实现的，承包人有权提出价格调整要求，或者解除合同。解除合同的，按照第 16.1.3 项〔因发包人违约解除合同〕执行。

暂停施工期间，承包人应负责妥善照管工程并提供安全保障，由此增加的费用由责任方承担。暂停施工期间，发包人和承包人均应采取必要的措施确保工程质量及安全，防止因暂停施工扩大损失。

（4）施工合同投资的控制

1）工程预付款的规定

双方应当在专用条款内约定发包人向承包人预付工程款的时间和数额，预付时间应不迟于约定的开工日期前 7 天。预付款应当用于材料、工程设备、施工设备的采购及修建临时工程、组织施工队伍进场等。开工后按约定的时间和比例逐次扣回。在颁发工程接收证书前，提前解除合同的，尚未扣完的预付款应与合同价款一并结算。

发包人不按约定预付，承包人在约定预付时间 7 天后向发包人发出要求预付的催告通知，发包人收到通知后 7 天内仍未支付的，承包人有权暂停施工，并按《建设工程施工合同（示范文本）》GF—2017—0201 第 16.1.1 项〔发包人违约的情形〕执行。

2）工程进度款的规定

承包人应按专用条款约定的时间，向工程师提交已完工程量报量，付款周期与计量周期保持一致。

9-14
工程计量
及进度款
支付管理

监理人应在收到承包人提交的工程量报告后 7 天内完成对承包人提交的工程量报表的审核并报送发包人，以确定当月实际完成的工程量。监理人对工程量有异议的，有权要求承包人进行共同复核或抽样复测。承包人应协助监理人进行复核或抽样复测，并按监理人要求提供补充计量资料。承包人未按监理人要求参加复核或抽样复测的，监理人复核或修正的工程量视为承包人实际完成的工程量。监理人未在收到承包人提交的工程量报表后的 7 天内完成审核的，承包人报送的工程量报告中的工程量视为承包人实际完成的工程量，据此计算工程价款。

承包人应按约定的时间向监理人提交进度付款申请单，并附上已完成工程量报表和有关资料。监理人应在收到承包人进度付款申请单以及相关资料后 7 天内完成审查并报送发包人，发包人应在收到后 7 天内完成审批并签发进度款支付证书。发包人逾期未完成审批且未提出异议的，视为已签发进度款支付证书。

发包人和监理人对承包人的进度付款申请单有异议的，有权要求承包人修正和提供补充资料，承包人应提交修正后的进度付款申请单。监理人应在收到承包人修正后的进度付款申请单及相关资料后 7 天内完成审查并报送发包人，发包人应在收到监理人报送的进度付款申请单及相关资料后 7 天内，向承包人签发无异议部分的临时进度款支付证书。存在争议的部分，按照《建设工程施工合同（示范文本）》GF—2017—0201 第 20 条〔争议解决〕的约定处理。

除专用合同条款另有约定外，发包人应在进度款支付证书或临时进度款支付证书签发后 14 天内完成支付，发包人逾期支付进度款的，应按照中国人民银行发布的同期同类贷款基准利率支付违约金。

在对已签发的进度款支付证书进行阶段汇总和复核中发现错误、遗漏或重复的，发包人和承包人均有权提出修正申请。经发包人和承包人同意的修正，应在下期进度付款中支付或扣除。

想一想

　　某写字楼在完成地下室至地面时，双方发生争议，一方将争议提交仲裁。施工合同被仲裁机构认定为无效合同，但已完工程的质量合格。该已完工程如果以工程定额为标准确定的造价为 1200 万，双方委托的造价鉴定单位的费用为 15 万；如果参照合同约定确定的造价为 1100 万；则该工程应按多少结算工程价款？如果该已完工程的质量为不合格，则承包商应获得多少结算工程价款？

能力训练题

一、单选题

1.《建设工程施工合同（示范文本）》GF—2017—0201 规定，（　　　）是承包方的工作。

  A. 办理施工临时用地批件   B. 组织设计图纸会审

  C. 向甲方代表提供现场生活的房屋及设施 D. 提供施工现场的工程地质资料

  2. 当事人采用合同书形式订立的，自（ ）合同成立。

  A. 双方当事人制作合同书时   B. 双方当事人表示受合同的约束时

  C. 双方当事人签字或盖章时   D. 双方当事人达成一致意见时

  3. 合同双方约定的合同工期的说法，正确的一项是（ ）。

  A. 包括开工日期

  B. 包括竣工日期

  C. 包括合同工期的总日历天数

  D. 合同工期是按总日历天数计算的，不包括法定节假日在内的承包天数

  4. 当（ ）时，总包商可提出终止合同。

  A. 发生严重的工伤事件   B. 业主严重拖欠承包商应得工程款

  C. 承包商与监理工程师关系紧张   D. 出现恶劣的天气

  5. 违约责任条款的作用是（ ）。

  A. 合同形式的要求   B. 反映了当事人的愿望

  C. 体现了市场经济的要求   D. 履行合同的保证

  6. 根据《建设工程施工合同（示范文本）》GF—2017—0201 的规定，工程价款的付款期限，应当在（ ）中作出具体规定。

  A. 协议条款   B. 协议书   C. 合同条件   D. 中标书

  7. 在建设工程施工合同法律关系中，主体是（ ）。

  A. 主要构筑物   B. 发包方和承包方的主要负责人

  C. 主要建筑物   D. 发包方和承包方

  8. 施工企业的项目经理指挥失误，给建设单位造成损失的，建设单位应当要求（ ）赔偿。

  A. 施工企业   B. 施工企业的法定代表人

  C. 施工企业的项目经理   D. 具体的施工人员

二、多选题

  1. 建设工程施工合同的特点主要表现在（ ）。

  A. 合同主体的单一性   B. 合同履行期限的长期性

  C. 合同标的的特殊性   D. 合同内容的复杂性

  E. 合同形式的多样性

  2. 在施工合同中，（ ）等工作应由发包人完成。

  A. 土地征用和拆迁

  B. 临时用地、占道申报批准手续

  C. 提供工程地质报告

  D. 协调处理保护施工现场地下管道和邻近建筑物及构筑物

  E. 负责对分包的管理，并对分包的行为负责

  3. 根据专用条款约定的内容和时间，属于发包人的工作范畴的是（ ）。

A. 办理土地征用，拆迁补偿、平整施工场地等工作，使施工场地具备施工条件，并在开工后继续解决以上事项的遗留问题

B. 向承包人提供施工场地的工程地质和地下管线资料，保证数据真实，位置准确

C. 提供年、季、月工程进度计划及相应进度统计报表

D. 确定水准点与坐标控制点，以书面形式交给承包人，并进行现场交验

E. 确定施工劳务人员

4. 工程师要求的暂停施工的赔偿与责任的说法正确的是（　　）。

A. 停工责任在发包人，由发包人承担所发生的追加合同价款，赔偿承包商由此造成的损失，相应顺延工期

B. 停工责任在承包人，由承包人承担发生的费用，相应顺延工期

C. 停工责任在承包人，因为工程师不及时做出答复，导致承包人无法复工，由发包人承担违约责任

D. 停工责任在承包人，由承包人承担发生的费用，工期不予顺延

E. 停工责任在工程师，由监理单位承担发生的费用，工期不予顺延

5. 施工合同文件中的说法中，正确的有（　　）。

A. 当合同文件中出现不一致时，必须重新制定合同条款

B. 在不违反法律和行政法规的前提下，当事人可以通过协商变更施工合同的内容

C. 变更的协议或文件，效力与其他合同文件等同

D. 签署在后的协议或文件效力高于签署在先的协议或文件

E. 当合同文件出现含糊不清或者当事人有不同理解时，应按照合同争议的解决方式处理

6. 对于发包人供应的材料设备，（　　）等工作应当由发包人承担。

A. 到货后，通知清点

B. 参加清点

C. 清点后负责保管

D. 支付保管费用

E. 如果质量与约定不符，运出施工场地并重新采购

三、问答题

1. 建设工程施工合同的特点是什么？

2. 工程施工合同中，常见的争议有哪些？

3. 《建设工程施工合同（示范文本）》GF—2017—0201 的主要内容包括哪些？

项目 10

施工合同实施

思维导图

施工合同实施

- 施工合同实施的准备
  - 施工合同实施的概念、特点
  - 施工合同实施的参与方
  - 施工合同管理内容
- 合同实施的组织与控制
  - 施工合同实施组织
  - 合同总体分析与结构分解
  - 合同审查分析的内容
  - 合同谈判
  - 合同实施控制
- 合同变更
  - 工程变更定义、种类
  - 工程变更程序
  - 工程变更的价款调整
  - 工程变更的管理
- 现场签证
  - 现场签证的定义、情况
  - 现场签证的原则和审批流程
  - 现场签证的范围和结算
- 施工索赔
  - 索赔的概念与特征
  - 索赔依据与反索赔
  - 索赔程序
  - 工期索赔和费用索赔
- 合同争端解决
  - 工程合同争议的定义、特点
  - 工程合同争议分类、产生原因
  - 工程合同争议解决方式

任务 10.1　施工合同实施的准备

模块	5 建设工程合同管理	项目	10 施工合同实施	任务	10.1 施工合同实施的准备
知识目标	熟悉合同管理概念和特点； 熟悉施工合同管理的目标				
能力目标	能识别施工合同管理参与方； 能明确承包商施工合同管理的主要工作内容				
重点难点	重点：施工合同管理的目标； 难点：施工合同的管理参与方				

10.1.1　施工合同实施的概念

承包单位作为履行合同义务的主体，必须对合同执行者的实施情况进行跟踪、监督和控制，确保施工合同义务的完全履行。

10-1
建设工程
合同履行
的含义

施工合同实施有两个方面的含义：一是承包单位的合同管理职能部门对合同执行者履行合同情况进行的跟踪、监督和检查；二是合同执行者本身对合同计划的执行情况进行的跟踪、检查与对比。

施工合同实施的重要依据是合同以及依据合同而编制的各种计划文件，其次还要依据各种实际工程文件以及管理人员对工程现场情况的直观了解等。合同实施的内容包括：承包的任务、工程小组或分包人的工程和工作、业主和其委托的工程师的工作。

10.1.2　施工合同实施的特点

工程合同实施者不仅要懂得与合同有关的法律知识，还需要懂得工程技术、工程经济，特别是工程管理方面的知识，而且工程合同管理有很强的实践性，只懂得理论知识是远远不够的，还需要丰富的实践经验。只有具备这些素质，才能管理好工程合同。工程合同实施的特点如下。

1. 工程合同实施涉及经济法律关系的多元性

多元性主要表现在合同签订和实施过程中会涉及多方面的关系，建设单位委托监理单位进行工程监理，而承包单位则涉及专业分包材料的供应和设备加工，以及银行、保险等众多单位，因而产生错综复杂的关系，这些关系都要通过经济合同来体现。

2. 工程合同实施的复杂性

工程建设合同是按照建设程序展开的，勘察、设计合同先行，监理施工采购合同在后，工程合同呈现出串联、并联和搭接的关系，工程合同实施也是随着项目的进展逐步展开的，因此工程合同复杂的界面决定了工程合同实施的复杂性，项目参建单位和协建单位多，通常涉及业主、勘察设计单位、监理单位、总包单位、分包单位、材料设备供应单位等，各方面责任界限的划分，合同权利和义务的定义非常复杂，合同在时间上和空间上的衔接协调很重要，合同实施必须协调和处理好各方面的关系，使相关的各合同和合同规定的各工作内容不相矛盾，使各合同在内容上、技术上，组织上、时间上协调一致，才能形成一个完整的、周密的有序体系，以保证工程有秩序、按计划地实施，因此，复杂的合同关系，决定了工程合同实施的复杂性。

3. 工程合同实施的协作性

工程合同实施不是一个人的事，往往需要设立一个专门的管理班子。在某种程度上，业主管理班子是工程合同的管理者，以业主为例，业主项目管理班中的每个部门，甚至是每个岗位、每个人的工作都与合同管理有关，如业主的招标部门是合同的订立部门，工程管理部门是合同的履行部门等。工程合同实施不仅需要专职的合同管理人员和部门，而且要求参与工程管理的其他各种人员或部门都必须精通合同，熟悉合同管理工作。正是因为工程合同实施是通过项目管理班子内部各部门、全员的分工协作、相互配合下使工程进行的，所以合同实施过程中的相互沟通与协调显得尤为重要，体现出了合同实施需各部门全员分工协作的协作性特点。

4. 工程合同实施的风险性

工程合同实施时间长，涉及面广，受外界环境如经济、社会、法律和自然条件等影响，这些因素一般被称为工程风险，工程风险难以被预测，也难以控制，一旦发生往往会影响合同的正常履行，造成合同延期和经济损失，因此工程风险管理成为工程合同管理的重要内容。

5. 工程合同实施的动态性、多变性

由于工程持续时间长，这使得相关的合同，特别是工程施工合同的生命期长、工程价值量大、合同价格高，由于合同履行过程中内外干扰事件多合同变更频繁，合同实施必须按照变化的情况不断调整，这就要求合同实施必须是动态的，必须加强合同控制工作，项目管理人员必须加强对合同变更的管理，做好记录，将其作为索赔、变更或终止合同的依据。

10.1.3 施工合同实施的参与方

施工合同实施涉及的主要参与方包括合同当事人、监理人和分包人。

1. 合同当事人

（1）发包人。发包人指专用合同条款中指明并与承包人在合同协议书中签字的当事人以及取得该当事人资格的合法继承人。

（2）承包人。承包人指与发包人签订合同协议书的当事人以及取得该当事人资格的合法继承人。

施工合同签订后，当事人任何一方均不允许转让合同。所谓合法继承人是指因资产重组后，合并或分立后的法人或组织可以作为合同的当事人。

2. 监理人

监理人指在专用合同条款中指明的，受发包人委托对合同履行实施管理的法人或其他组织。

监理人作为发包人委托的合同管理人，其职责主要有两个方面：一是作为发包人的代理人，负责发出指示、检查工程质量、进度等现场管理工作；二是作为公正的第三方，负责商定或确定有关事项，如合理调整单价、变更估价、索赔等。

3. 分包人

分包人指从承包人处分包合同中的某一部分工程，并与其签订分包合同的分包人。

在工程中，由于工程总承包商通常是技术密集型和管理型的，而专业工程施工往往由分包人完成，所以分包人在工程中起重要作用。在工程合同体系中，分包合同是施工合同的从合同。

【案例 10-1】

某房地产开发公司甲在某市老城区参与旧城改造建设，投资 3 亿元，修建 1 个四星级酒店、2 座高档写字楼、6 栋宿舍楼，建筑工期为 20 个月，该项目进行了公开招标，某建筑工程总公司乙中标，甲与乙签订工程总承包合同，双方约定：必须保证工程质量优良保证工期，乙可以将宿舍楼分包给其下属分公司施工。乙为保证工程质量与工期，将 6 栋宿舍楼分包给施工能力强、施工整体水平高的下属分公司丙与丁，并签订分包协议书。据总包合同要求，在分包协议中对工程质量与工期进行了约定。

工程根据总包合同工期要求按时开工，在工程实施过程中，乙保质按期完成了酒店写字楼的施工任务。丙在签订分包合同后因其资金周转困难，随后将工程转交给了一个具有施工资质的施工单位，并收取 10% 的管理费，丁为加快进度，将其中 1 栋单体宿舍楼分包给没有资质的农民施工队。

工程竣工后，甲会同有关质量监督部门对工程进行验收，发现丁施工的宿舍存在质量问题，必须进行整改才能交付使用，给甲带来了损失，丁以与甲没有合同关系为由拒绝承担责任，乙又以自己不是实际施工人为由推卸责任，甲遂以乙为第一被告、丁为第二被告向法院起诉。

问题：

1. 请问上述背景资料中，丙与丁的行为是否合法？各属于什么行为？
2. 这起事件应该由谁来承担责任？为什么？
3. 法律法规规定的违法分包行为主要有哪些？

10.1.4　施工合同管理的内容

1. 建设行政主管部门施工合同主要监管工作内容

建设行政主管部门要宣传贯彻国家有关经济合同方面的法律、法规和方针政策；组织培训合同管理人员，指导合同管理工作，总结交流工作经验；对建设工程施工合同签订进行审查，监督检查施工合同的签订、履行，依法

10-2
合同内容
的约定

处理存在的问题，查处违法行为。主要做好下列几个方面的监管工作：

(1) 加强合同主体资格认证工作。

(2) 加强招标投标的监督管理工作。

(3) 规范合同当事人签约行为。

(4) 做好合同的登记、备案和签证工作。

(5) 加强合同履行的跟踪检查。

(6) 加强合同履行后的审查。

2. 业主（监理工程师）施工合同管理的主要工作内容

业主的主要工作是对合同进行总体策划和总体控制，对授标及合同的签订进行决策，为承包商的合同实施提供必要的条件，委托监理工程师负责监督承包商履行合同。

对实行监理的工程项目，监理工程师的主要工作由建设单位（业主）与监理单位通过监理合同约定，监理工程师必须站在公正的第三者的立场上对施工合同进行管理。其工作内容包括建筑工程施工合同实施全过程的进度管理、质量管理、投资管理和组织协调的全部或部分，包括以下内容：

(1) 协助业主起草合同文件和各种相关文件，参加合同谈判。

(2) 解释合同，监督合同的执行，协调业主、承包商、供应商之间的合同关系。

(3) 站在公正的立场上正确处理索赔与合同争议。

(4) 在业主的授权范围内，处理工程变更，对工程项目进行进度控制、质量控制和费用控制。

3. 承包商施工合同管理的主要工作内容

承包商施工合同管理需要建立合同实施的保证体系，确保合同实施过程中的一切日常事务性工作有秩序地进行，使工程项目的全部合同事件处于控制中，保证合同目标的实现。主要包括以下内容：

(1) 合同订立前的管理：投标方向的选择、合同风险的总评价、合作方式的选择等。

(2) 合同订立中的管理：合同审查、合同文本分析、合同谈判等。

(3) 合同履行中的管理：合同分析、合同交底、合同实施控制、合同档案资料管理、合同变更管理等。

(4) 合同发生纠纷时的管理：索赔管理和反索赔。包括与业主之间的索赔和反索赔，与分包商、材料供应商及其他方面之间的索赔和反索赔。

4. 金融机构对施工合同的管理

金融机构对施工合同的管理，是通过对信贷管理、结算管理和当事人的账户管理进行的。金融机构还有义务协助执行已生效的法律文书，保护当事人的合法权益。依据《建设工程施工合同（示范文本）》GF—2017—0201 订立合同时，应注意通用条款及专用条款需明确说明的内容。

能力训练题

一、单选题

1. 增加人员投入，调整人员安排，调整工作流程和工作计划等为合同实施偏差处理中的（　　）。

    A. 组织措施　　　　B. 技术措施　　　　C. 经济措施　　　　D. 合同措施

2. 承包商施工合同管理的主要工作内容不包括（　　）。

    A. 合同订立前的管理　　　　　　　　B. 合同订立中的管理

    C. 合同履行中的管理　　　　　　　　D. 合同履行后的管理

二、问答题

1. 简述业主（监理工程师）施工合同管理的主要工作内容。

2. 简述施工合同管理的特点。

任务 10.2　合同实施的组织与控制

模块	5 建设工程合同管理	项目	10 施工合同实施	任务	10.2 合同实施的组织与控制
知识目标	了解合同总体分析与结构分解； 熟悉施工合同审查分析的内容和工程施工合同实施控制； 掌握合同谈判的内容				
能力目标	会对合同总体分析与结构分解； 能对施工合同进行审查分析				
重点难点	重点:合同总体分析与结构分解； 难点:合同审查分析内容				

10.2.1　施工合同审查分析

10-3
合同订立阶段中应注意的合同管理问题

　　合同分析是指从执行的角度分析、补充、解释合同，将合同目标和合同规定落实到合同实施的具体问题上和具体事件上，用以指导具体工作，使合同能符合日常工程管理的需要。

　　从项目管理的角度来看，合同分析确定合同控制的目标，并结合项目进度控制、质量控制、成本控制的计划，为合同控制提供相应的合同工作、合同对策、合同措施。

10.2.2　合同总体分析与结构分解

1. 合同总体分析

　　合同总体分析的主要对象是合同协议书和合同条件。承包方合同总体分析的重点包括：承包方的主要合同责任及权利、工程范围，业主方的主要责任和权利，合同价格、计价方法和价格补偿条件，工期要求和顺延条件，合同双方的违约责任，合同变更方式、程序，工程验收方法，索赔规定及合同解除的条件和程序，争执的解决等。在分析中应对合同执行中的风险及应注意的问题做出特别的说明和提示。

2. 合同结构分解

　　根据合同结构分解的一般规律和施工合同条件自身的特点，施工合同条件结构分解应遵循以下规则：

　　（1）保证施工合同条件的系统性和完整性

　　施工合同条件分解结果应包括所有的合同要素，这样才能保证应用这些分解结果时等同于应用施工合同条件。

（2）保证各分解单元间界限清晰、意义完整，保证分解结果明确有序。

（3）易于理解和接受，便于应用。即要充分尊重人们已经形成的概念和习惯，只在根本违背合同原则的情况下才做出更改。

（4）便于按照项目的组织分工落实合同工作和合同责任。

10.2.3　合同审查分析的内容

合同必须在合同依据的法律基础的范围内签订和实施，否则会导致合同全部或部分无效，从而给合同当事人带来不必要的损失。这是合同审查分析的最基本也是最重要的工作。合同效力的审查与分析主要从以下几方面入手。

1. 合同的合法性审查

保证合同的合法性是合同审查人的重要工作，也是合同审查的核心。

（1）审查合同主体是否合法。即审查合同当事人的主体资格是否合法。

1）对法人的资格审查。对法人的资格审查主要是《企业法人营业执照》的经营期限和年检问题。

2）对其他组织的资格审查。主要应审查其是否按规定登记并取得营业执照，有些法人单位设立的分支机构或经营单位，可以在授权范围内，以其所从属的法人单位的名义签订合同，产生的权利、义务由该法人单位承受，对这类组织，主要审查其所从属的法人单位的资格及其授权。

3）对自然人个人的资格审查。自然人的资格审查主要是对自然人的自然状况的了解，要具有相应的民事行为能力，主要审查其身份证、户口本、资质等级证书等基本身份证明。

（2）审查合同形式是否合法。当事人订立合同，有书面、口头和其他形式，法律、行政法规规定采取书面形式的，应当采用书面形式，订立合同时，如果当事人约定采用书面形式，也应当采用书面形式。

（3）工程项目合法性审查。即合同客体资格的审查。主要审查工程项目是否具备招标投标、签订和实施合同的一切条件。

（4）审查合同内容是否合法。判断合同内容中是否存在会导致合同被认定为无效的情形，并认真分析合同无效情况下产生的法律后果。

（5）合同订立过程的审查。如审查招标人是否有规避招标行为和隐瞒工程真实情况的现象；投标人是否有串通作弊、哄抬标价的以行贿的手段谋取中标的现象；招标代理机构是否有违法泄漏应当保密的与招标投标活动有关的情况和资料现象；其他违反公开、公平、公正原则的行为。

2. 合同的完备性审查

（1）合同文件完备性审查。即审查属于该合同的各种文件是否齐全。如发包人提供的技术文件等资料是否与招标文件中规定的相符，合同文件是否能够满足工程需要等。

（2）合同条款完备性审查。这是合同完备性审查的重点，即审查合同条款是否齐全，对工程涉及的各方面问题是否都有规定，合同条款是否存在漏项等。合同条款完备性程度与采用何种合同文本有很大关系。

1）如果采用的是合同示范文本，如 FIDIC 条件或我国施工合同示范文本等，则一般认为该合同条款较完备。此时，应重点审查专用合同条款是否与通用合同条款相符，是否有遗漏等。

2）如果未参考合同示范文本，但合同示范文本存在。在审查时应当以示范文本为样板，将拟签订的合同与示范文本的对应条款一一对照，从中寻找合同漏洞。

3）无标准合同文本，如联营合同等。无论是发包人还是承包人，在审查该类合同的完备性时，应尽可能多地收集实际工程中的同类合同文本，并进行对比分析，以确定该类合同的范围和合同文本结构形式。再将被审查的合同按结构拆分开，并结合工程的实际情况，从中寻找合同漏洞。

3. 合同条款的审查

10-4
建设工程
合同履行
的原则

对施工合同而言，应当重点审查以下内容：

（1）工作范围。即承包人所承担的工作范围，包括施工、材料和设备供应，施工人员的提供，工程量的确定，质量、工期要求及其他义务。

（2）权利和责任。在合同审查时，一定要列出双方各自的权利和责任，在此基础上进行权利义务关系分析，检查合同双方责、权、利是否平衡，合同有否逻辑问题等。同时，还必须对双方责任和权利的制约关系进行分析。如在合同中规定一方当事人有一项权利，则要分析该权利的行使会对对方当事人产生什么影响，权利方应承担什么责任等。

（3）工程质量。主要审查工程质量标准的约定能否体现优质优价的原则，材料设备的标准及验收规定，工程师的质量检查权利及限制，工程验收程序及期限规定，工程质量瑕疵责任的承担方式，工程保修期期限及保修责任等。

（4）工程款及支付问题。工程造价条款是工程施工合同的必备和关键条款，但通常会发生约定不明或设而不定的情况，往往为日后争议和纠纷的发生埋下隐患。因此，无论发包人还是承包人都必须花费相当多的精力来研究与付款有关的各种问题。

（5）违约责任。订立违约责任条款的目的在于促使合同双方严格履行合同义务，防止违约行为的发生。发包人拖欠工程款、承包人不能保证工程质量或不按期竣工，均会给对方以及第三人带来不可估量的损失。因此，违约责任条款的约定必须具体、完整。审查时，要注意合同对双方违约行为的约定是否明确，违约责任的约定是否全面；违约责任的承担是否公平；对违约责任的约定是否区分情况作相应约定，对同一种违约行为，按违约程度，承担不同的违约责任。

10.2.4 施工合同签订

1. 施工合同签订的依据

10-5
订立建设
工程施工
合同的
过程

签订施工合同必须依据《中华人民共和国民法典》《中华人民共和国建筑法》《中华人民共和国招标投标法》《建设工程质量管理条例》等有关法律、法规，按照《建设工程施工合同（示范文本）》GF—2017—0201 的"合同条件"，明确规定合同双方的权利、义务，并各尽其责，共同保证工程项目按合同规定的工期、质量、造价等要求完成。

2. 施工合同签订的条件

签订施工合同必须具备以下条件：

（1）初步设计已经批准。

（2）工程项目已列入年度建设计划。

（3）有能够满足施工需要的设计文件和有关技术资料。

（4）建设资金和主要建筑材料、设备来源已经落实。

（5）招标投标工程中标通知书已经下达。

（6）建筑场地、水源、电源、气源及运输道路已具备或在开工前完成等。

只有上述条件成立时，施工合同才具有有效性，并能保证合同双方都能正确履行合同，以免在实施过程中引起不必要的违约和纠纷，从而圆满地完成合同规定的各项要求。

10.2.5　建设工程施工合同实施控制

1. 合同控制的概念

合同控制是指承包商的合同管理组织为保证合同所约定的各项义务的全面完成及各项权利的实现，以合同分析的成果为基准，对整个合同实施过程进行全面监督、检查、对比和纠正的管理活动，它包括以下几个方面内容：

10-6
施工阶段
的合同
管理

（1）工程实施监督

工程实施监督是工程管理的日常事务性工作，首先应表现在对工程活动的监督上即保证按照预先确定的各种计划、设计、施工方案实施工程，工程实施状况反映在原始的工程资料上，如质量检查报告、分项工程进度报告、记工单、用料单、成本核算凭证等。

（2）跟踪

即将收集到的工程资料和实际数据进行整理，得到能够反映工程实施状况的各种信息，如各种质量报告、各种实际进度报表、各种成本和费用收支报表以及它们的分析报告，将这些信息与工程目标进行对比分析，就可以发现两者的差异。差异的大小，即为工程实施偏离目标的程度。如果没有差异或差异较小，则可以按原计划继续实施工程。

（3）诊断

即分析差异的原因，采取调整措施，差异表示工程实施偏离目标的程度，必须详细分析差异产生的原因和它的影响，并"对症下药"，采取措施进行调整。在工程实施过程中要不断进行调整，使工程实施一直围绕合同目标进行。

2. 合同跟踪

施工合同跟踪有两个方面的含义：一是承包单位的合同管理职能部门对合同执行者（项目经理部或项目参与者）的履行情况进行的跟踪、监督和检查；二是合同执行者（项目经理部或项目参与者）本身对合同计划的执行情况进行的跟踪、检查与对比。在合同实施过程中二者缺一不可。

对合同执行者而言，应该掌握合同跟踪的以下方面：

（1）合同跟踪的依据

合同跟踪的重要依据是合同以及依据合同而编制的各种计划文件；其次还要依据各种

实际工程文件如原始记录、报表、验收报告等；另外，还要依据管理人员对现场情况的直观了解，如现场巡视、交谈、会议、质量检查等。

（2）合同跟踪的对象

1）承包的任务

① 工程施工的质量，包括材料、构件、制品和设备等的质量，以及施工或安装质量是否符合合同要求等。

② 工程进度，是否在预定期限内施工，工期有无延长，延长的原因是什么等。

③ 工程数量，是否按合同要求完成全部施工任务，有无合同规定以外的施工任务等。

④ 成本的增加和减少。

2）工程小组或分包人的工程和工作

① 可以将工程施工任务分解交由不同的工程小组或发包给专业分包完成，必须对这些工程小组或分包人及其所负责的工程进行跟踪检查，协调关系，提出意见、建议或警告，保证工程总体质量和进度。

② 对专业分包人的工作和负责的工程，总承包商有协调和管理的责任，并承担由此造成的损失，所有专业分包人的工作和负责的工程必须纳入总承包工程的计划和控制中，预防因分包人工程管理失误而影响全局。

3）业主和其委托的工程师的工作

① 业主是否及时、完整地提供了工程施工的实施条件，如场地、图纸、资料等。

② 业主和工程师是否及时给予了指令、答复和确认等。

③ 业主是否及时并足额地支付了应付的工程款项。

3. 合同实施偏差分析

通过合同跟踪，可能会发现合同实施中存在着偏差，即工程实施实际情况偏离了工程计划和工程目标，应该及时分析原因，采取措施，纠正偏差，避免损失。

合同实施偏差分析的内容包括以下几个方面：

（1）产生偏差的原因分析。通过对合同执行实际情况与实施计划的对比分析，不仅可以发现合同实施的偏差，而且可以探索引起差异的原因。原因分析可以采用鱼刺图、因果关系分析图（表）、成本量差、价差、效率差分析等方法定性或定量地进行。

（2）合同实施偏差的责任分析。即分析产生合同偏差的原因，应该由谁承担责任。责任分析必须以合同为依据，按合同规定落实双方的责任。

（3）合同实施趋势分析。针对合同实施偏差情况，可以采取不同的措施，应分析在不同措施下合同执行的结果与趋势，包括以下几个方面：

1）最终的工程状况，包括总工期的延误、总成本的超支、质量标准、所能达到的生产能力（或功能要求）等。

2）承包商将承担什么样的后果，如被罚款、被清算，甚至被起诉，对承包商资信、企业形象、经营战略的影响等。

3）最终工程经济效益（利润）水平。

4. 合同实施偏差处理

根据合同实施偏差分析的结果，承包商应该采取相应的调整措施，调整措施可以分为以下几个方面：

（1）组织措施，如增加人员投入，调整人员安排，调整工作流程和工作计划等。

（2）技术措施，如变更技术方案，采用新的高效率的施工方案等。

（3）经济措施，如增加投入，采取经济激励措施等。

（4）合同措施，如进行合同变更，签订附加协议，采取索赔手段等。

能力训练题

一、多选题

1. 建设工程施工合同的当事人包括（　　　）。

A. 建设行政主管部门　　　　　　　B. 建设单位

C. 监理单位　　　　　　　　　　　D. 施工单位

E. 材料供应商

2. 以下属于合同控制的概念有（　　　）。

A. 诊断　　　　　B. 合同控制　　　　　C. 跟踪　　　　　　D. 签订合同

E. 对工程实施监督

二、简答题

1. 简述合同日常控制的要点。

2. 简述合同条款的审查要点。

任务 10.3 合同变更

模块	5 建设工程合同管理	项目	10 施工合同实施	任务	10.3 合同变更
知识目标	掌握工程变更的类别； 熟悉工程变更的程序				
能力目标	学会施工合同设计变更的提出； 会工程变更价格调整的方法				
重点难点	重点：工程变更的程序； 难点：工程变更的类别				

10.3.1 工程变更概念

10-7
施工合同
的变更
管理

在施工过程中，工程师根据工程需要，下达指令对招标文件中的原设计或经工程师批准的施工方案进行任一方面的改变，统称为工程变更。

建设工程施工合同履约过程中存在大量的工程变更。既有传统的以工程变更指令形式产生的工程变更，也包括由业主违约和不可抗力等因素被动形成的工程变更。国内学者通常更习惯于将后一部分工程变更视为工程索赔的内容。

10.3.2 工程变更类别

按照工程变更所包含的具体内容，可将其划分为以下五个类别。

1. 设计变更

设计变更是指建设工程施工合同履约过程中，由工程不同参与方提出最终由设计单位以设计变更或设计补充文件形式发出的工程变更指令。设计变更包含的内容十分广泛，是工程变更的主体内容，约占工程变更总量的70%以上。常见的设计变更有：因设计计算错误或图示错误发出的设计变更通知书，因设计遗漏或设计深度不够而发出的设计补充通知书，以及应业主、承包商或监理方请求对设计所作的优化调整等。

🔍 拓展思考

某学校教学楼项目，招标工程量清单表摘录，见下表：

序号	项目编码	项目名称	项目特征	单位	工程量	金额		其中 暂估价
						综合单价	合价	
29	010508001001	板后浇带	C25 商品混凝土	m³	5.77	393.16	2268.53	

本工程施工图纸中明确，有梁板混凝土等级为 C25，后浇带混凝土等级应比相应构件混凝土等级高。以上是招标工程量清单特征描述与施工图纸不一致的情况。

请问：

（1）实际施工时后浇带混凝土等级是多少？

（2）工程结算时应按什么等级的价格计入？

2. 施工方案变更

施工方案变更是指在施工过程中承包方因工程地质条件变化、施工环境或施工条件的改变等因素影响，向监理工程师和业主提出的改变原施工措施方案的过程。施工措施方案的变更应经监理工程师和业主审查同意后实施，否则引起的费用增加和工期延误将由承包方自行承担。重大施工措施方案的变更还应征询设计单位意见。在建设工程施工合同履约过程中，施工方案变更存在于工程施工的全过程，如人工挖孔桩桩孔开挖过程中出现地下流沙层或淤泥层，需采取特殊支护措施，方可继续施工；公路或市政道路工程路基开挖过程中发现地下文物，需停工采取特殊保护措施；建筑物主体在施工过程中，因市场原因引起的不同的规格型号材料之间的代换等。

3. 条件变更

条件变更是指施工过程中，因业主未能按合同约定提供必需的施工条件以及不可抗力发生导致工程无法按预定计划实施。如业主承诺交付的工程后续施工图纸未到致使工程中途停顿，业主提供的施工临时用电因社会电网紧张而断电导致施工生产无法正常进行；特大暴雨或山体滑坡导致工程停工。这类因业主原因或不可抗力所发生的工程变更统称为条件变更。

4. 计划变更

计划变更是指施工过程中，业主因上级指令、技术因素或经营需要，调整原定施工进度计划，改变施工顺序和时间安排。如小区群体工程施工中，根据销售进展情况，部分房屋需提前竣工，另一部分房屋适当延迟交付，这类变更就是典型的计划变更。

5. 新增工程

新增工程是指施工过程中，业主动用暂定金额，扩大建设规模，增加原招标工程量清单之外的建设内容。

🔍 拓展思考

某工程在施工过程中，施工单位提出建议增加地圈梁，具体情况如下：

（1）招标工程量清单中没有该项，也没有类似项目；

（2）地圈梁工程量为 $3.25m^3$，模板工程量为 $24.34m^2$（以接触面积计算）；

（3）已标价清单中，C20 商品混凝土单价为 315 元/m^3，当期工程造价信息中单价为 305 元/m^3。

请问：

（1）该变更属于什么类型的变更？

（2）结算时地圈梁的价格应如何计算？

在实际项目中常会出现新增项目的变更，由于这类变更单价没有出现在招标清单之中，所以新增项目的单价需要进行计算，同学们在今后的工作中对于这一类型的变更计算一定要严谨，用于计算的数据一定是有依据可查，采用的算法一定有相关文件资料做支撑，严谨的工作态度是一种美德。

10.3.3　工程变更程序

常见的五类工程变更中，设计变更和施工方案变更频率较高，对工程造价的影响亦较大，是合同控制的重点。而对设计变更而言，既有业主方对自身项目管理人员提出设计变更的控制，也有业主对承包方、监理方和设计方提出设计变更的控制。在现行建设工程工程量清单招标投标模式下，经评审的合理低价法是业主在工程招标阶段选择承包方的基本方法，承包方为谋求中标，一般只有选择低价中标的路线，而一旦中标，设计变更则成为承包方调整其工程量清单综合单价的重要途径。因此加强对承包方提出的变更控制则是合同控制的重中之重。标准的施工承包方提出工程变更的控制程序如图 10-1 所示。

（1）设计单位提出的变更。由建设单位组织相关部门、监理公司审查设计变更的必要性、内容的合理性、专业协调的一致性，向承包人咨询现场可实施性，合理的变更则由项目部确认后，指令监理单位通知并监督施工单位实施变更。

（2）建设单位提出的变更。如不涉及结构与安全的前提下，可以直接下达变更指令，要求监理单位通知并监督施工单位实施变更。如果涉及结构与安全的情况，须要求设计单位出具意见，在设计单位出具变更意见后，下达变更指令要求监理单位通知并监督施工单位实施变更。

（3）施工单位提出的合理变更。先由监理单位初步审核同意后，再经过建设单位与设计单位审核同意后，由监理单位下达工程变更令并监督实施变更，如牵涉到费用增加，建设单位不予补偿费用并由施工单位承担此变更可能造成的工期延后的处罚；如牵涉到节约费用、减少工期，可向建设单位提出申请的情进行奖励。

（4）施工单位接到设计变更后，及时组织工程变更的实施和预算的计量，并把预算书及设计变更单报监理单位，先由监理单位进行审核确认后报建设单位工作时限为 3 个工作日，监理单位需对施工单位的变更资料完整性及工程量增减进行审核。

10.3.4　工程变更价格调整

工程变更价款的确定应在双方协商的时间内，由承包商提出变更价格，报工程师批准后方可调整合同价或顺延工期。造价工程师对承包方（乙方）所提出的变更价款，应按照有关规定进行审核、处理。

1. 乙方在工程变更确定后 14 天内，提出变更工程价款的报告，经工程师确认后调整合同价款。按照工程量清单计价规范的规定，变更合同价款按

10-8
施工过程
质量管理

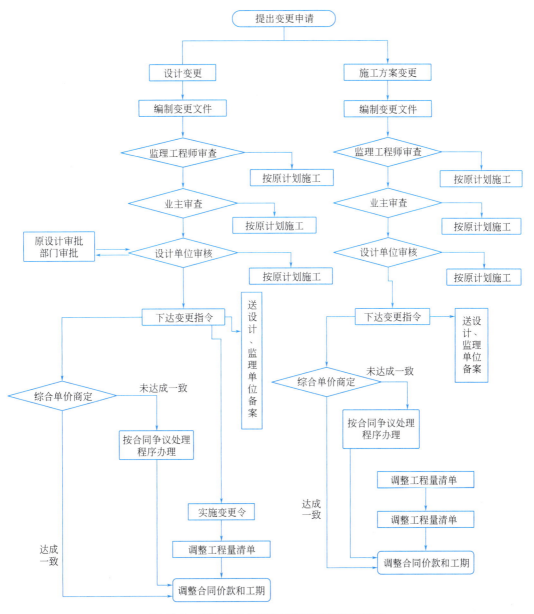

图 10-1   施工承包方提出工程变更的控制程序

下列方法确定。

（1）合同中已有适用于变更工程的价格，按合同已有的价格计算变更合同价款。

（2）合同中只有类似于变更工程的价格，可以参照类似价格变更合同价款。

（3）合同中没有适用或类似于变更工程的价格，由乙方提出适当的变更价格，经工程师确认后执行。

2. 乙方在双方确定变更后 14 天内不向工程师提出变更工程价款报告时，视为该变更不涉及合同价款的变更。

3. 工程师在收到变更工程价款报告之日起 14 天内，予以确认。工程师无正当理由不确认时，自变更价款报告送达之日起 14 天后变更工程价款报告自行生效。

4. 工程师不同意乙方提出的变更价款，可以和解或者要求合同管理及其他有关主管部门（如建设工程造价管理站）调解，和解或调解不成的，双方可以采用仲裁或向人民法院起诉的方式解决。

5. 工程师确认增加的工程变更价款作为追加合同价款，与工程款同期支付。

6. 因乙方自身原因导致的工程变更，乙方无权要求追加合同价款。

能力训练题

一、单选题

1. 乙方在工程变更确定后（   ）天内，提出变更工程价款的报告，经工程师确认后调整合同价款。

A. 3　　　　　　　B. 5　　　　　　　C. 7　　　　　　　D. 14

2. 承包商按照监理工程师的指示对已隐蔽的工程部位进行露后的重新检验。该工程部位隐蔽前曾得到监理工程师的质量认可，但重新检验后发现质量未达到合同规定的要求，则全部剥露、修改、重新隐蔽的费用的损失和工期处理为（   ）。

A. 费用和工期损失全部由业主承担　　B. 费用和工期损失全部由承包商承担

C. 费用由承包商承担，工期给予顺延　　D. 工期不予顺延，但费用由业主给予补偿

二、多选题

1. 按照工程变更所包含的具体内容，可将其划分为（   ）这几个类别。

A. 设计变更　　　　　　　　B. 施工方案变更

C. 条件变更　　　　　　　　D. 计划变更

E. 新增工程

三、简答题

1. 简述工程变更的分类。

2. 试着画一下工程变更程序流程图。

现场签证

模块	5 建设工程合同管理	项目	10 施工合同实施	任务	10.4 现场签证
知识目标	了解签证的程序及格式； 掌握现场签证的流程； 熟悉现场签证的办法				
能力目标	能够学会办理施工签证				
重点难点	重点：签证的程序及格式； 难点：现场签证的办理流程				

10.4.1　现场签证的概述

工程现场签证是指：施工过程中出现与合同规定的情况、条件不符的事件时，针对施工图纸、设计变更所确定的工程内容以外，施工图预算或预算定额取费中未包含，而施工过程中确需发生费用的施工内容所办理的签证（不包括设计变更的内容）。

1. 现场签证的主要情况

（1）因设计变更导致已施工的部位需要拆除。

（2）施工过程中出现的未包含在合同中的各种技术措施处理。

（3）在施工过程中，由于施工条件变化、地下状况（土质、地下水、构筑物及管线等）变化，导致工程量增减，材料代换或其他变更事项。

（4）发包单位在施工合同之外，委托承包单位施工的造价在一定金额以上的零星工程。

（5）合同规定需现场实测工程量的工作项目。

2. 现场签证办理的原则

（1）一单一算原则：一个现场签证单应编制一份预算，且对应一个工程合同。如果签证内容简单，也可以一份预算对应多个签证单，但是该预算书内应根据不同签证单的内容分别列项。

（2）完工确认原则：当现场需签证工程完工后，工程部和成本预算控制中心必须在完工后 3 日内进行现场工程量收方确认并在原始收方记录上签字确认或绘草图注明，如属隐蔽工程，必须在其覆盖之前签字确认。

（3）权利限制原则：公司对现场签证管理实行严格的权限规定，不在权限范围之内的签字一律无效。

（4）普通签证的办理原则是"先估价后施工"。

（5）紧急签证办理原则是"边洽边干"，但必须在开工后 7 日内办妥全部手续。

3. 现场签证的审批

（1）工程部接到施工单位现场签证申请的，应在当日内到现场对工程变化情况进行调查，审核现场签证原因、事项、内容，并签署意见。

（2）现场项目成本预算控制中心对签证预算进行审核。

1）如果是由设计变更引起的现场签证，且在设计变更审批过程中已经对签证费用进行过计算确定的，现场成本预算控制中心应对其中的签证费用进行核算。

2）对于其他情况引起的现场签证，现场项目成本预算控制中心需进行审核。

（3）对于异地项目，工程签证的归口部门是项目经理部工程部。项目成本预算部负责现场签证的审核，若涉及重大金额经济的签证需上报公司成本控制中心审核。

工程签证工作流程图如图 10-2 所示。

10.4.2　现场签证范围

通常情况下，对以下内容进行现场签证：

（1）土方开挖时的签证：地下障碍物的处理，开挖地基后，如发现古墓、管道、电缆、防空洞等障碍物时，将会同甲方、监理工程师的处理结果做好签证，如果能画图表示的尽量绘图，否则，用书面表示清楚；地基开挖时，如果地下水位过高，排地下水所需的人工、机械及材料必须签证；地基如出现软弱地基处理时所用的人工、材料、机械的签证并做好验槽记录；现场土方如为杂土，不能用于基坑回填时，土方的调配方案，如现场土方外运的运距，回填土方的购置及其回运运距；大型土方的机械合理的进出场费次数。

（2）工程开工后，工程设计变更给施工单位造成的损失，如施工图纸有误，或开工后设计变更，而施工单位已开工或下料造成的人工、材料、机械费用的损失。工程需要"小修小改"所需要人工、材料、机械的签证。

（3）停工损失：由于甲方责任造成的停水、停电超过定额规定的范围。在此期间工地所使用的机械停滞台班、人工停窝工，以及周转材料的使用量都要签证清楚。

（4）甲方供料时，供料不及时或不合格给施工方造成的损失。施工单位在包工包料工程施工中，由于甲方指定采购的材料不符合要求，必须进行二次加工的签证以及设计要求而定额中未包括的材料加工内容的签证。甲方直接分包的工程项目所需的配合费用。

（5）材料、设备、构件超过定额规定运距的场外运输，待签证后按有关规定结算；特殊情况的场内二次搬运，经甲方驻工地代表确认后的签证。

（6）续建工程的加工修理：甲方原发包施工的未完工程，委托另一施工单位续建时，对原建工程不符合要求的部分进行修理或返工的签证。

（7）工程项目以外的签证：甲方在施工现场临时委托施工单位进行工程以外的项目的签证。

10.4.3　签证价款结算

工程价款结算是指承包商在工程实施过程中，依据承包合同中关于付款条款的规定和已完成的工作量，按照规定的程序向建设单位收取工程价款的一项经济活动，是工程造价

现场签证流程图

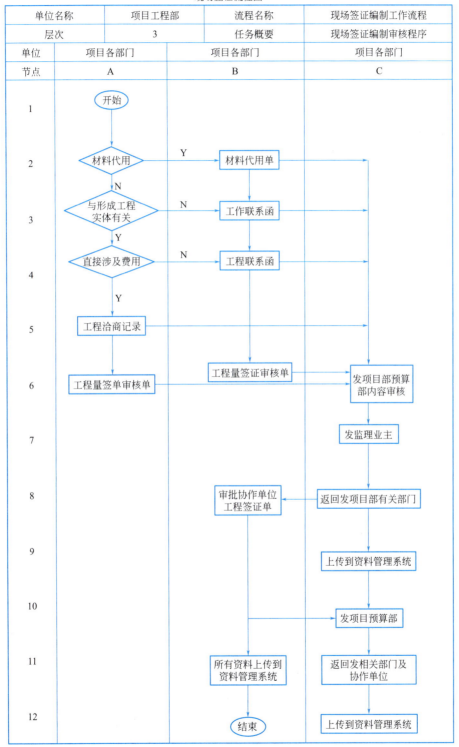

单位名称	项目工程部	流程名称	现场签证编制工作流程
层次	3	任务概要	现场签证编制审核程序
单位	项目各部门	项目各部门	项目各部门
节点	A	B	C

图 10-2 工程签证工作流程图

管理的最终结果，所以施工企业必须加强工程结算管理工作。

1. 核对合同条款。按合同的约定结算方式、执行的定额、取费的标准、主要材料约定的价格等，对工程进行竣工结算。

2. 检查隐蔽工程验收记录。例如土方的验槽记录以及钢筋混凝土等隐蔽工程施工记录和验收签证，均需两人以上签字，手续必须完整，工程量与竣工图一致方可列入竣工结算。

3. 设计修改变更应由原设计单位出具设计变更通知单和修改图纸，设计人员必须签字并加盖公章，经建设单位同意并签证才能列入结算。

4. 竣工结算的工程量应依据竣工图纸、设计变更单和现场签证等进行计算，并按定额的计算规则计算工程量。并套用合同规定的定额单价或甲乙双方商定单价，计取合同规定的取费标准。

5. 工程结算子目多，工程量大，往往有计算误差，在计算时应认真核算，防止多计与少算的情况发生。

总之，施工企业对工程造价的控制是在施工阶段中，由设计向现实转变的过程中实现的，是在特定的技术、质量、进度和预期成本等的前提下进行的，这一阶段的造价控制，其技术难度的复杂程度很高，对施工企业的发展很关键，所以要求施工企业的造价管理人员要不断提高整体素质，在工作中坚持"守法、诚信、公正、科学"的准则，认真做好每一份签证，在实践中不断积累经验、积累资料、收集信息及不断地提高专业技能，来适应施工企业造价管理工作的需要。

工程签证在工程施工管理中很重要，特别是低价中标后必须注意勤签证；当发生诸如合同变更、合同中没有约定、合同约定前后矛盾、对方违约等情况，需要及时办理费用签证、工期签证或者费用和工期签证。

可调价合同至少要签到量；固定单价合同至少要签到量、单价；固定总价合同至少签到量、价、费；成本加酬金合同要签到工、料（材料规格要注明）、机（机械台班配合人工问题）费。如能附图的尽量附图。另外签证中还要注明列入税前造价还是税后造价。

同时要注意以下填写内容的优先次序：

（1）能够直接签总价的最好不要签单价。

（2）能够直接签单价的最好不要签工程量。

（3）能够直接签结果（包括直接签工程量）的最好不要签事实。

（4）能够签文字形式的最好不要附图。

其他需要填写的内容主要有：何时、何地、何因；工作内容；组织设计（人工、机械）；工程量（有数量和计算式，必要时附图）；有无甲供材料；签证的描述要求客观，准确，隐蔽签证要以图纸为依据，标明被隐蔽部位、项目和工艺、质量完成情况，如果被隐蔽部位工程量在图纸上不确定，还要标明几何尺寸，并附上简图，施工以外的现场签证，必须写明时间、地点、事由，几何尺寸或原始数据，不能笼统地签注工程量和工程造价。签证发生后应根据合同规定及时处理，审核应严格执行国家定额及相关规定。

拓展知识

某工程现场签证表，见表 10-1。

现场签证表　　　　　　　　　　　　表 10-1

施工部位	基础基坑内	日期	2021 年 5 月 15 日

致：××工程建设管理部

　　根据甲方代表崔××的口头指令，职工宿舍基坑内废旧化粪池处理工作。我方要求完成此项工作应付价款全额为（大写）伍仟壹佰肆拾伍元肆角伍分（小写 5145.45 元），请予批准。

　　附：1. 签证事由及原因：基坑内废旧化粪池处理。

　　　　2. 计算式。

化粪池内脏污处理：500.00 元（请专业公司处理，发票附后）

化粪池拆除：1 工日；单价 120 元/工日（参照已标价工程量清单，已含企业管理费和利润）

建渣运输（2km）：$24 \times 0.15 = 3.6 m^3$，单价 7.07 元/m^3（参照已标价工程量清单中的已有项目）

费用总金额：$5000 + 120 + 3.6 \times 7.07 = 5145.45$（元）

承包人：（章）（略）

日期：2021.5.16

复核意见： 你方提出的此项签证申请经复核： □不同意此项签证，具体意见见附件。 ☑同意此项签证，金额由造价工程师复核。 监理工程师：王×× 日期：2021.5.13	复核意见： ☑此项签证按承包人中标的计日工单价计算，金额为（大写）伍仟壹佰肆拾伍元肆角伍分（小写 5145.45 元）。 □此项签证无计日工单价，金额为（大写）＿＿＿＿（小写）＿＿＿＿。 造价工程师：王×× 日期：2021.5.14

审核意见：

□不同意此签证。

☑同意此项签证，价款与本期进度款同期支付。

发包人：（章）（略）

日期：2021.5.15

【分析】签证时应注意，现场签证的工作如已有相应的计日工单价，现场签证中应列明完成该类项目所需的人工、材料、工程设备和施工机械台班的数量；如现场签证的工作没有相应的计日工单价，应在现场签证报告中列明完成该签证工作所需的人工、材料、工程设备和施工机械台班的数量及单价。发生现场签证的事项，未经发包人签证确认，承包人便擅自施工的，除非征得发包人书面同意，否则发生的费用应由承包人承担。

能力训练题

一、选择题

1. 在施工过程中，由于发包人或工程师指令修改设计、修改实施计划、变更施工顺序，造成工期延长和费用损失，承包商可以提出索赔。这种索赔属于（　　　）引起的索赔。

A. 地质条件的变化　　　　　　　　B. 不可抗力

C. 工程变更　　　　　　　　　　　D. 业主风险

2. 马凳筋的签证单必须签清楚哪些内容？（　　　）

A. 使用部位　　　　　　　　　　　B. 形状及相关尺寸

C. 布局间距或布置图　　　　　　　D. 马凳筋的规格型号

E. 长度

二、案例分析

某厂房建设场地原为农田。按设计要求在厂房地坪范围内的耕植土应清除，基础必须在稳定土层下 2.00m 处。为此，业主在"三通一平"阶段就委托土方施工公司清除了耕植土，并用好土回填压实至一定设计标高，故在施工招标文件中指出，施工单位无须再考虑清除耕土问题。某施工单位通过投标方式获得了该项工程施工任务，并与建设单位签订了固定价合同。然而，施工单位在开挖基坑时发现，相当一部分基础开挖深度虽已达到了设计标高且未见稳定土，但在基坑和场地范围内仍有一部分深层的耕植土和池塘淤泥等必须清除。

问题：

1. 在工程中遇到地基条件与原设计所依据的地质资料不符时，承包商应该怎么处理？

2. 对于工程施工中出现变更工程价款和工期的事件之后，甲乙双方需要注意哪些时效问题？

3. 根据修改的设计图纸，基坑开挖要加深加大，造成土方工程量增加，施工工效降低。在施工中又发现了较有价值的出土文物，造成承包商部分施工人员和机械窝工，同时承包商为保护文物付出了一定的措施费用。请问承包商应如何处理此事？

任务 10.5 施工索赔

模块	5 建设工程合同管理	项目	10 施工合同实施	任务	10.5 施工索赔
知识目标	熟悉施工索赔的分类； 熟悉施工索赔的依据； 掌握施工索赔的程序				
能力目标	能够分辨索赔的发生； 能够根据事件发生的情况进行索赔				
重点难点	重点:施工索赔的依据； 难点:施工索赔的程序				

10.5.1 索赔的概念与特征

索赔是指承包人在合同履行过程中，依据法律规定或合同约定，对于并非因自己的过错且可归责于发包人的情形造成的实际损失或额外费用，主张应由发包人给付的行为。索赔具有以下基本特征。

10-9
索赔的
概念和分类

1. 索赔以一方的实际支出为前提

该实际支出既可以表现为经济损失或权利损害，也可以表现为履行一方应对方的要求实施了额外工作。经济损失是指因对方因素造成支出增加的不利后果，如人工费、材料费、机械费、管理费等方面的损失。权利损害是指虽然没有直接经济损失，但造成了一方权利上的损害，如工期进度滞后。经济损失与权利损害往往具有相互转化性。经济损失必然导致一方或双方的经济损失，进而导致社会产生直接经济损失；权利损害往往最终以经济损失的形式表现出来。在某些情形下，索赔的前提表现为一方提出新的工作，对方应其要求实施了额外工作。此时，并未发生实际的经济损失或权利损害，于合同一方或双方乃至是社会，均无损失或损害发生。因此，经济损失、权利损害或额外工作产生对价，是一方提出索赔的一个基本前提条件。

2. 索赔往往具有综合性

某些情形下，经济损失或权利损害将发生。例如，发包人未及时交付施工现场，造成承包人窝工等直接经济损失，同时侵犯了承包人的工期权利，因此，索赔事项既包括经济赔偿又包括工期索赔。

3. 索赔具有双向性

不同的概念体系中，对索赔双向性的描述不尽相同。若将索赔理解为广义的概念，与不同的主体相联结，可以得到承包人向发包人的索赔以及发包人向承包人的索赔两种形式。若按照本章的索赔定义，可以得到索赔与反索赔。索赔实践中由于工程款由发包人向承包人支付，故发包人始终处于主动和有利地位。发包人向承包人主张经济损失或权利损害，可以直接从应付工程款中扣抵、扣留保留金或通过履约保函向银行索赔来实现。而承包人向发包人索赔，往往仅具有请求权，即通过协商、调解、仲裁或诉讼等方式实现，相对于发包人的扣抵、扣留工程款的行为，缺乏主动性。

4. 索赔的本质是单方行为

按照前述定义，索赔是承包人向发包人单方面的主张，该主张未经和解、调解、仲裁、诉讼等方式，不能构成约束对方的法律效果。

10.5.2 索赔与反索赔

按照提出主张的主体不同，可以分为索赔与反索赔。索赔是指签订建设工程施工合同的一方因合同另一方的责任，致使合同造价变化而向其提出调减或追加合同造价和工期变更的行为。按照索赔发生的原因，可将索赔划分为以下几类：

10-10
索赔的
作用及条件

1. 工期延期索赔

工期延期索赔是指发生了导致工期延期事件，承包人向发包人主张工期顺延的索赔。工期延期索赔可进一步分为可原谅延误与不可原谅延误、可补偿延误与不可补偿延误、共同延误与单独延误、关键延误与非关键延误等。

2. 赶工索赔

赶工通常意味着构成加班、生产效率降低、增加劳动力与材料机械改变施工方法、增加管理难度等影响。因此，非承包人自身原因引起的赶工索赔，应由发包人补偿。

3. 生产率降低索赔

生产率降低作为直接表现与结果，往往并不独立提出索赔，而是与工程延期、赶工以及合同变更索赔等紧密结合在一起。

4. 变更索赔

变更通常包括：对合同中任何工作的工程量的改变；任何工作质量或其他特性上的变更；工程任何部分标高、位置和（或）尺寸上的改变；省略任何未被他人完成的工作；永久工程所必需的任何附加工作、永久设备、材料或其他服务，包括任何联合竣工检验、钻孔和其他检验以及勘察工作；工程的实施顺序或时间安排的改变。变更索赔所涉及的工程价款，实际上分两部分，一部分是变更自身的价款，另一部分是因变更引起的损失。

5. 不利现场条件索赔

不利现场条件是指承包商在实施工程中遇见的外界自然条件及人为的条件和其他外界障碍和污染物，包括地下和水文条件，但不包括气候条件。

6. 总成本索赔

多个因素交织在一起，导致就每项因素造成的损失单独提出索赔极其困难时，承包人可对整个合同或部分工作一次性提出额外成本索赔。

7. 合同解除后的索赔

因合同解除给对方造成损失的，损失赔偿额应当相当于因违约所造成的损失，包括合同履行后可以获得的利益（利润），但不得超过违反合同一方订立合同时，预见到或者应当预见到的因违反合同可能造成的损失。

反索赔是指发包人向承包人提出索赔。反索赔与索赔在程序等方面相似性较高，可参照索赔有关内容。反索赔的情形集中在工程质量索赔、工期延误索赔方面。

反索赔发生的主要情形为：

（1）承包人在其设计资质等级和业务允许的范围内，未完成施工图设计或与工程配套的设计。

（2）承包人未向工程师提供年、季、月度工程进度计划及相应进度统计报表。

（3）承包人未按合同约定向发包人提供施工场地办公和生活的房屋及设施。

（4）承包人未遵守政府有关主管部门对施工场地交通、施工噪声以及环境保护和安全生产等的管理规定，按规定办理有关手续，并以书面形式通知发包人。

（5）已竣工工程未交付发包人之前，承包人未按专用条款约定负责已完工程的保护工作，保护期间发生损坏。

（6）承包人未做好施工场地地下管线和邻近建筑物、构筑物（包括文物保护建筑）、古树名木的保护工作。

（7）承包人未按照环境卫生管理的有关规定，交工前清理现场达到专用条款约定的要求。

10.5.3　工程施工索赔的依据

按照现行法律及合同示范文本的规定，导致工程施工索赔的主要依据有以下几点：

10-11
工程中常见
的索赔问题
知识点

1. 发包人违约

发包人违约主要指发包人违反了通用合同条款和专用合同条款中约定的主要义务对承包人造成损失。主要有以下几方面：

（1）发包人不能及时、足额支付工程款。

（2）发包人授权不明。实行工程监理的，发包人应在实施监理前将委托的监理单位名称、监理内容及监理权限以书面形式通知承包人。发包人派驻施工场地履行合同的代表，职权不得与监理单位委派的总监理工程师职权相互交叉。双方职权发生交叉或不明确时，由发包人予以明确。

（3）迟延交付场地发包人应完成土地征用、拆迁补偿、平整施工场地等工作，使施工场地具备施工条件。

（4）未提供其他工作条件，发包人应当将施工所需水、电、电信线路从施工场地外部接至专用条款约定地点，保证施工期间的需要。

（5）发包人未开通施工场地与城乡公共道路的通道，保证施工期间的畅通。

（6）发包人未向承包人提供施工场地的工程地质和地下管线资料（工程平行发包模式下）。

（7）发包人未及时办理施工许可证及其他施工所需证件、批件和临时用地、停水、停电、中断道路交通、爆破作业等的申请批准手续。

（8）发包人提供的水准点与坐标控制点错误。

（9）图纸交付迟延，以及存在错误。

（10）发包人未协调处理施工场地周围地下管线和邻近建筑物、构筑物（包括文物保护建筑）、古树名木的保护工作以及承担有关费用。发包人未按合同约定投保。主要指建筑工程一切险、安装工程一切险。发包人未履行其他随附义务，即违反了诚信原则所要求的保密、通知、协助等义务。

案例分析

在施工过程中，因甲供材料未按时到达施工场地导致暂停施工 5 天，使总工期延长 4 天。施工现场有租赁的塔式起重机 1 台，自有的砂浆搅拌机 2 台。塔式起重机台班单价为 320 元/台班，租赁费为 300 元/台班，砂浆搅拌机台班单价为 120 元/台班，折旧费为 70 元/台班。

问题：施工单位就该事件提出工期索赔和机械费索赔，索赔是否成立？如成立应索赔的机械费为多少元？

2. 由发包人直接发包的其他承包人的行为

在工程平行发包模式下，承包人与勘察人、设计人等并无任何合同法律关系。在施工平行发包模式下，某一承包人与发包人直接发包工程的其他承包人也无法律关系。该承包人以外的前述单位的行为均可归责于发包人。前述单位的行为给承包人造成损失的，应由发包人承担赔偿责任。

3. 合同缺陷

合同条款不严谨，存在疏漏、错误甚至矛盾。将给承包人的工作造成直接经济损失或权利损害。

4. 不利自然条件或客观障碍

不利自然条件或客观障碍将导致工期、质量以及成本控制受到不利影响。索赔的前提应当是：该不利自然条件或客观障碍应当是有经验的承包人无法合理预见的。

5. 工程师指令

根据《中华人民共和国民法典》，工程师属发包人的代理人，其行为造成的法律后果当然由发包人承担。工程师指令承包人赶工、进行某项额外工作或发布不当指令等，给承包人增加了工作量或给其造成了实际损失，构成索赔事由。

6. 工程变更

施工合同的履行具有长期性，受到人的因素、自然环境、市场环境以及政策法律环境因素影响较大，因此较之通常的工业产品，其工程变更发生得较为频繁。因设计变更等原因造成工程变更的，发包人应承担因此引起的费用增加。

7. 国家法律、政策变化

因国家法律、政策变化，导致直接影响工程造价，主要包括：

（1）投标时的材料单价与实际施工时期的单价差异较大，超出约定值，应以工程造价管理部门发布的建筑工程材料预算价格来确认，如材料价格异常变动，造成工程造价大幅上升。

（2）国家调整建设银行贷款利率的规定。

（3）国家有关部门关于在工程中停止使用某种设备、材料的通知。

（4）国家有关部门关于工程中推广某种设备、施工技术的规定。

（5）国家对某种设备、建筑材料限制进口、提高关税的规定。

（6）在外资或中外合资项目中货币贬值也有可能导致索赔。

8. 其他第三方原因

应由发包人办理的涉及银行、运输以及通信等第三方的事务中，第三方行为造成承包人损失。

10.5.4　工程施工索赔的程序

1. 寻找索赔机会

通过对合同履行的分析、诊断，发现索赔机会，并对索赔机会进行必要的跟踪调查。

10-12
索赔程序

2. 发出索赔意向通知

在干扰事件发生后，在合同约定的时限内向发包人、工程师提交索赔意向通知。索赔意向应简明扼要地说明：索赔事件发生的时间、地点和简单事实情况描述，索赔事件对工程成本和工期产生的不利影响，索赔依据和理由，索赔事件的发展动态。

3. 干扰事件原因分析

界定干扰事件的责任方，属可归责于发包人的事件，承包人可向发包人提起索赔。

4. 损失调查

调查干扰事件对工期、质量以及费用的影响，确定实际损失程度及其费用。

5. 证据收集

承包人应当自行或按照工程师的要求，在干扰事件持续期间固定物证、书证等证据便于查明事实。

6. 起草索赔报告

在前述工作的基础上，由合同管理部门组织，由有关人员参加，编制包含足够证据并足以支撑索赔意向的详细报告。

7. 提交索赔报告

承包人应当在合同约定的期限内，向发包人或工程师提交最终索赔报告。

根据《建设工程施工合同（示范文本）》GF—2017—0201 第 10.4.2 条："承包人应在收到变更指示后 14 天内，向监理人提交变更估价申请。监理人应在收到承包人提交的变更估价申请后 7 天内审查完毕并报送发包人，监理人对变更估价申请有异议，通知承包人修改后重新提交。发包人应在承包人提交变更估价申请后 14 天内审批完毕。发包人逾期未完成审批或未提出异议的，视为认可承包人提交的变更估价申请。"因变更引起的价格调整应计入最近一期的进度款中支付。

8. 磋商处理索赔

做好谈判前准备，谈判中注意谈判艺术和技巧。经工程师审核后，由发包人与承包人就索赔事项达成一致，解决争议。

9. 久拖未决索赔的解决途径

久拖未决的索赔，应当按照纠纷解决方式及时采取调解、仲裁或诉讼的方式解决争议。

10.5.5　工期索赔的依据和条件

10-13
工程索赔
的成立条
件及计算

工期延误是指工程建设的实际进度落后于计划进度。因承包人导致的工期延误，承包人应当支付工期延误的违约金或者赔偿损失；因发包人导致的工期延误，应当顺延工期，补偿承包人停工、窝工的损失。但是，不是所有工期延误的情况下，承包人都可以提出工期顺延和费用索赔。按照形成工期延误的原因，工期延误可分为以下六种情况：

1. 甲方原因

指甲方违反合同约定或者法定义务造成的工期延误。包括：

（1）发包人逾期支付工程预付款、进度款。

（2）发包人拖延提供施工条件。拖延提供场地、图纸等。

（3）发包人逾期提供甲供材料。

（4）发包人未办理建设行政审批手续，导致建设行政主管部门勒令停工的。

甲方原因造成的工期延误，发包人可以主张，工期顺延、费用索赔和利润索赔。

> **案例分析**
>
> 因场外突然断电造成工地全面停工 2 天，使总工期延长 2 天，造成窝工共 50 工日；复工后建设单位要求施工单位对场外电缆及配电箱进行全面检查，增加 2 工日。人工费为 85 元/工日，按照合同约定非施工单位原因造成窝工的按人工费的 45% 计取。
>
> 问题：施工单位就该事件提出索赔，索赔是否成立？如成立应索赔的人工费为多少元？

小启示

关于索赔的计算，一定要秉承有理可依，有据可查的原则，作为工程人，一丝不苟的态度十分重要，不管站在何种角度看索赔的问题，都应秉持公平、公正的角度进行计算。公平、公正是社会主义核心价值观。

2. 甲方风险

（1）不利地下条件。

（2）甲方指定分包以后，由分包人造成的工期延误。

甲方指定分包，如果由甲方直接与分包单位签订分包合同，则承包人无须承担因分包人造成的工期质量责任。如果由承包人与分包人签订分包合同，则甲方、分包人和承包人按照过错比例承担相应责任。可以主张工期顺延和费用损失。

3. 工程变更

工程变更包括：设计变更、施工方案变更、新增工作变更等。由此引起的等待变更指令、协商、变更施工准备、材料采购、机械设备准备等，均可引起工期延误和费用增加。

4. 自然风险

属于不可抗力的重大自然灾害如地震、台风、暴雨、冰冻等。承包人仅能提出工期顺延。

5. 第三方原因

属于不可归因于分包人和承包人以外的意外事件，造成的工期延误。比如因某盛大活动政府要求停工。承包人仅能够提出工期延误。

6. 乙方原因

由于承包人的原因造成工期延误的，承包人应当按照合同应当向分包人支付工期延误的违约金或者赔偿损失。

尽管客观上发生了承包人可以请求工期顺延和费用索赔的工期延误情况，还有待于承包人举证，司法实践中，如果承包人不能举证证明发生工期延误的原因，则推断工期延误是由承包人造成的。

10.5.6　费用索赔的计算

1. 费用索赔计算的基本原则和方法

（1）计算原则

10-14
索赔文件

1）实际损失原则：按照干扰事件对承包人工程费用的实际影响确定损失赔偿的额度。

2）合同约定原则：按照合同约定的索赔范围、方法与程序实施索赔。

3）合理性原则：符合市场竞争的基本要求，符合行业惯例，体现双方公平合理性。

4）有利原则：以承包人受到的实际损失为基础，统筹考虑在最终索赔谈判环节中的妥协让步，避免亏损，争取有利结果。

（2）计算方法

1）总费用法：按照类似于成本加酬金合同的计价方法，以承包人的额外成本作为基础，加上管理费、利润等作为索赔价款。

2）分项法：按照各类干扰事件及其所影响的费用项目分别计算索赔价款。

（3）常见的索赔费用项目

人工费、材料费、机械费、企业管理费、利润。

> **案例思考**
>
> 某建筑项目在施工过程中，由于市政道路施工破坏了入场道路，导致工程停工 1 个月且总工期增加 1 个月。这种情况下，承包单位可索赔哪些费用？

2. 工程变更的费用索赔

（1）工程量变更

1）采用总价合同的，因发包人设计变更引起工程量变更的，应调整价格。

2）采用单价合同的，发包人工程量本就不确定的，应据实结算。

（2）附加工程

1）合同内附加工程，主要指即便未在工程量表中列明，但对于本项目实施必需的工程。

2）合同外附加工程，主要指新增工程或与本合同（标段）履行并无必然联系的工程。

（3）工程质量标准的提高

发包人修改设计，使得工程质量标准提高，或者另行提出了获得某种奖项的要求，使得承包人增加了额外的费用。

（4）工程变更超过限额的处理

工程变更使得合同总价增减超过一定范围时，可能导致管理费发生变化；分项工程的工程量增减超过一定范围时，往往也将引起单价等的变化，应当允许进行相应调整。

3. 利润索赔

（1）利润索赔的适用情形

1）发包人不履行合同义务或者履行合同义务不符合约定，给承包人造成损失的，损失赔偿额应当相当于因违约所造成的损失，包括合同履行后可以获得的利益（利润）。

2）发包人指令工程变更，如工程量增加等。

3）发生应由发包人承担的风险事件，承包人按工程师指令进行维修。

（2）利润索赔的计算

1）以一般费用索赔各分项计算结果为基础，乘以合同文件约定的利润率，得到索赔价款。

2）发包人严重违约导致合同终止，承包人可按全部合同的利润总额索赔。

4. 其他情况的费用索赔

（1）额外工作的索赔计算

1）按零星用工计算。

2）由双方签订补充协议或由发包人签发工程签证。

3）用成本加酬金的方式计算。

（2）材料或人工费大幅上涨

采用可调价合同的，材料或人工费按照以下步骤调整：

1）确定合同价格的组成要素及其权重。

2）确定计算价格的时间与地点。

3）按照调价公式计算。

（3）工程款拖欠

按照合同约定执行。合同未约定或约定不明确的，通常按国家关于逾期付款违约金的规定处理。

（4）工程中断

工程停工、复工导致承包人的人工费、机械费等费用增加，发包人应予支付。

（5）合同终止

因可归责于发包人的原因造成合同终止的，发包人应按照合同约定的方法向承包人支付已完工工程的价款。此外，对于承包人遣散工人等善后费用、已支付工程机械租金、已购材料损失、分包人等其他各方索赔等费用，发包人也应予以支付。

工程费用组成内容及其索赔费用计算原则详见表10-2。

工程费用组成及其索赔计算原则　　　　　　　　　　　　　　表 10-2

费用项目类别	索赔事件说明	费用索赔计算原则
人工费	平均工资上涨	按工资价格指数和人工费
	现场生产工人停工、窝工	按实际停工时间和报价中的人工费单价,视实际情况而定,一般将人工费单价乘以小于1的折算系数
	人员闲置	
	增加劳动力投入,额外雇佣劳务人员	按合同报价中的人工费单价或合同规定的加班补贴标准乘以实际工时数即可
	节假日加班工作、夜班补贴	
	人员的遣返费、赔偿金以及重新招聘的费用	按实际支出
	劳动生产率低下、不经济使用劳动力	可将索赔事项的实际成本与合同中相应的预算成本比较,得出差额即是索赔值;或者比较正常情况下的生产率和受干扰状态下的生产率,得到生产率的降低值,以此进行索赔
材料费	由于工期延长,材料价格上涨	按材料价格指数和未完工程中材料用量
	由于追加额外工作、变更工作性质、改变施工方法等造成材料用量增加	将原来的计划材料使用量与实际消耗的材料的订购单、发货单、领料单或其他材料单据加以比较,确定材料的增加量;按照合同中规定的材料单价或实际的材料单价;两者相乘即是索赔额
	不经济地使用材料	
	材料改变运输方式	按材料数量、实际运输价格和合同规定的运输方式的价格之差
	材料代用	按代用数量和价格差
	手续费、运输费、仓储保管费增加	按实际支出或损失
	因材料提前交货给材料供应商的补偿	
	已购材料、已订购材料因合同终止而产生的费用损失和作价处理损失	
机械设备费	因机械设备延长使用时间而引起的固定费用的增加,包括:大修理费、保养费、折旧、利息、保险、租金等	按实际延长的时间和合同报价中的费率
	增加台班量等其他增加机械投入的情况	按机械使用记录和租赁机械的合同中的取费标准计算
	机械闲置	按公布的行业标准租赁费率进行折减计算或按定额标准进行修正计算
	台班费率上涨	按相关定额和标准取值
	额外的进出场费用	按实际支出或按合同报价标准
	工作效率降低或不经济地使用机械	将实际成本与合同中相应的预算出差额;或比较正常情况下的生产率和实际的生产率,得到生产率的降低值,以此进行索赔
	已交付的机械租金、为机械运行已做的一切物质准备费用、因合同终止而需承担的损失等	按实际损失

续表

费用项目类别	索赔事件说明	费用索赔计算原则
工地管理费	现场管理人员工资支出	按延长的实际时间、管理人员的计划用量和合同报价中的工资标准
	人员的其他费用,包括工地补贴、交通费、劳保费用、工器具费用等	按实际延长时间、人员使用量和合同报价中的费率标准
	现场临时设施产生的费用	按实际延长时间和合同报价中的费率
	现场日常管理费支出	
	管理人员增加产生的费用,包括工资、福利费、工地补贴、交通费、劳保、假期等	按计划用量和实际用量之差以及合同报价中的费用标准
	增加临时设施	按实际增加量和实际费用
其他费用	由于通货膨胀对未完合同价格的调整	按未完工程计划工作量,价格指数,或者工资、材料和各分项工程的价格指数
	各种保险费、保函和银行的费用	按实际延长时间和合同报价中的费率
	工程量增加引起的费用	若小于5%合同总价,在承包人的风险范围内,不予补偿; 若在5%~10%合同总价,按相应分部分项工程的合同单价和实际工程量增加量计算; 超过15%合同总价,合同双方可重新商定单价
	附加工程引起的费用	若合同中有相同的分项工程,则按该分项工程的合同单价和附加工程实际工程量; 若合同中有相似的分项工程,则按该相似分项工程的调整价格和附加工程量; 若合同中无相同或相似的分项工程,则按合同中约定的附加工程的单价确定方法和附加工程量计算
	分包商索赔	按分包商已经提出的或可能提出的合理的索赔额

能力训练题

一、多选题

1. 索赔通知书一般都很简单,主要包括(　　　)。

A. 事件发生的时间及其情况的简单描述

B. 索赔依据的合同条款及理由

C. 提供后续资料的安排,包括及时记录和提供事件的发展动态

D. 对工程成本和工期产生不利影响的严重程度

E. 索赔工期或者索赔费用的计算

2. 对施工合同而言,应当重点审查(　　　)。

A. 工作范围　　　　　　　　　　B. 权利和责任

C. 工程质量　　　　　　　　　　　D. 工程款及支付问题

E. 支付保证

二、问答题

1. 简述材料费用索赔的计算原则。

2. 简述工期索赔的依据和条件。

任务 10.6　合同争端解决

模块	5 建设工程合同管理	项目	10 施工合同实施	任务	10.6 合同争端解决
知识目标	熟悉工程合同争议的种类； 掌握工程合同争议解决方式				
能力目标	能够判断工程合同争议的类别				
重点难点	重点：工程合同争议的种类； 难点：工程合同争议解决方式				

10.6.1　工程合同争议的定义

10-15
建设工程
施工合同
的争议

工程合同争议，是指合同双方当事人对合同条款的理解不一致，或履行合同不符合约定所导致的冲突。该定义包括以下几方面的内容：

1. 合同争议的主体是合同的双方当事人，是由于当事人利益冲突产生的。争议既可能是由于当事人自身过错产生，也可能是由于第三方而产生。在后一种情况下，合同任一方不得以第三方为由对抗另一方当事人。

2. 工程合同争议产生的事由有两种：一是对合同内容理解不一致，例如对合同履行的时间、方式、各方的权利义务等规定理解不一样，都会导致履约行为上的冲突，有可能引发争议；二是单方或双方履行义务不符合约定，包括履行质量不高或根本没有履行，例如出现质量问题、不按照规范施工、不采取合理的安全保障措施等。

3. 争议是一种冲突，这种冲突对双方的声誉、利益及工程实施等都将产生较大影响，因而应选择合理的方式，尽快妥善地解决。

10.6.2　工程合同争议的特点

工程合同争议的特点是由工程合同的特点决定的。工程合同涉及主体众多、经济关系复杂、合同金额巨大、持续时间长，使得工程合同争议出现的概率比较大，解决也比较复杂。具体有以下特点：

1. 引发工程合同争议的因素多

工程合同是在工程进行之前，预测未来条件的前提下签订的。是先有合同，后有施工，因而许多风险因素无法预测。例如施工阶段可能遭遇的气候条件、原材料价格的浮动变化，甚至政治、社会条件的变化，都很难作出准确的预测。因此，工程合同履行的风险因素很多，争议可说是风险的"孪生姊妹"，风险大，争议出现的概率就高。

2. 争议金额大

工程项目的投资额都非常巨大，小到数十万元，大到上千亿元。一旦产生争议，涉及金额可能高达合同额的百分之几十甚至更多。由于涉及金额非常巨大，工程合同争议的解决对于项目的后续实施、对于业主或承包商的生存、对于行业或国家的声誉都将产生巨大的影响。

3. 责任认定复杂

一项建设工程的完成，需要业主、承包商、监理工程师、材料供应商、运输商等单位的密切合作，任何一方的失职都可能为工程实施带来问题。涉及主体多也为工程合同争议的解决增加了难度。某一项工程合同争议的出现往往不是由于哪一方的原因，可能同时由于几方的过错共同引起。分辨各方过错并以此为依据来确定各自应承担的法律责任都变得极为复杂。

4. 争议持续时间长

一般说来在出现工程合同争议之后，各方是力求友好解决问题的。由于当前建筑市场处于买方市场，承包商力求在合格地履行合同的同时与业主保持良好的关系，业主也不希望因为眼前的争议影响后续的工作。因此工程合同争议大多以调解方式解决，提交仲裁程序解决的很少，提交诉讼程序的更少。

工程合同争议解决的时间与工程大小及争议复杂程度有关，一般少则几个月，长则达数年之久。

10.6.3　工程合同争议产生的原因

工程合同争议产生的原因，也就是导致当事人对合同内容理解不一致或履行义务不一致的原因。可能是合同本身存在问题，合同形式不合理、内容不明确，也可能是当事人客观上没有能力履行或主观上没有付出足够努力，具体包括以下几种：

1. 合同订立不合法

当前，我国建筑企业处于恶性竞争的环境中，为规范市场，加强对弱势一方的保护，建设行政主管部门颁发了禁止垫资承包等相关规定。为规避法律，承、发包双方在签订合同时往往采用一些不合法手段，其中最主要的表现形式就是签订"阴阳合同"。这种不平等的合同会为之后的实施带来许多问题。

2. 合同条款不全，内容不明确

合同条款不全或内容不明确是造成合同纠纷最常见、最主要的原因。建设工程合同的条款一般比较多、比较烦琐，某些业主、承包商等缺乏法律意识和自我保护意识，对合同条款的签订和审查不仔细，造成合同缺款少项。也有些合同，条款虽然非常齐全，但规定却比较模糊，有些只是原则性规定，不利于执行。

有些业主和承包商认为不太容易发生的小概率事件，在合同中不说明，或者业主和承包商表示对对方的信任，对违约责任只作原则性或简略的规定，一旦出现问题，就不易解决，往往引发争议。

3. 合同主体不合法

签订建设工程合同，必须具备与工作内容相应的资质条件，《中华人民共和国建筑法》对于各类企业的资质条件又有具体规定：除具备企业法人条件外，还必须按照其拥有的注册资本、专业技术人员、技术装备和已完成的建筑工程业绩等条件，划分为不同的资质等级，方可在资质等级许可的范围内从事建筑活动。

资质等级是对企业能力的认定，是一种市场准入的限定标准。但目前，一些建筑企业无资质执业、超越资质执业、借用资质、"挂靠"的现象很普遍。这些企业往往并不具备从事相关工作的能力，也不能保证工作的进度和质量，自然也就容易引发争议。

4. 合同主体不诚信

合同一旦签订，双方主体都应当严格按照合同履行义务，尽自己最大的努力来完成工作。

但目前在中国建筑业，信用体系还不够健全，部分企业只看重眼前利益，一旦有不诚信行为，也不会受到足够的惩罚。因而，不是所有业主、承包商都会尽职尽责去完成工作的，争议也就在所难免。

5. 不可抗力

建设工程由于涉及的因素多、工期长，有些工程的施工条件较复杂，很容易出现不可抗力或不可预见的情况，从而引发争议。

《中华人民共和国民法典》对不可抗力作了专门规定，即不可抗力是指不能预见、不能避免并不能克服的客观情况；因不可抗力不能履行合同的，根据不可抗力的影响，部分或者全部免除责任。但该规定描述得比较概括，是原则上的规定，因此在工程合同中约定具体什么情形的发生才作为不可抗力处理就十分重要。《建设工程施工合同（示范文本）》GF—2017—0201 规定"不可抗力包括因战争、动乱、空中飞行物体坠落或其他非发包人、承包人责任造成的爆炸、火灾，以及专用条款约定的风雨、雪、洪、震等自然灾害"，但业主与承包商签订合同时，如未对此款做进一步明确，也容易引起争议。

🔍 拓展阅读

A公司作为建设方，将其防水工程发包给B防水公司进行施工，施工过程中产生争议，B防水公司起诉A公司未按约定支付工程进度款，并无故将其赶出施工现场，构成根本违约，要求解除双方之间的施工合同，并就实际完工部分追索工程款。A公司抗辩，称其不支付B防水公司工程进度款并将其赶出施工现场的原因是B防水公司施工的工程质量不合格，其已自行对不合格部分进行了部分修缮处理。

庭审中，A公司提交司法鉴定申请，要求对B防水公司施工的工程进行质量问题鉴定，并要求扣减相应工程价款。庭审中双方对A公司修缮的具体部位、修缮的具体工作内容有争议，A公司不能举证证明自己具体修缮的部位及修缮的具体工作内容。法院经审理认为，双方之间签订的建设工程施工合同是双方的真实意思表示，内容及形式均不违反法律法规的强制性规定，合法有效，双方均应按照诚实信用原则履行自己的合同义务。A公司主张B防水公司施工的工程存在质量问题，构成违约，要求扣减相应的工程价款，应就自己的主张承担相应的举证责任，其虽提交了司法鉴定申请，要求对B防水公司施工的工程进行质量问题鉴定，但其自认已对涉案工程自行进行了修缮，涉案工程已不能反映B公司完工时的原貌，失去鉴定的基础，对其要求鉴定的申请不予准许。

据此，法院认定A公司的主张不能成立，认定A公司未按约定支付工程进度款，并将B公司赶出施工现场，构成根本违约。按照B防水公司实际完工部分，支持了B防水公司要求A公司支付工程款的诉求。

> 在履行建设工程施工合同时，不但要诚信履约，还要正当履约，并且要有证据保存、保护意识，否则，一旦发生诉讼，将可能承担举证不能的法律后果。

10.6.4　工程合同争议的种类

1. 合同主体的争议

在工程建设中，无论是勘察合同、设计合同、施工合同还是监理合同对于主体资格都有具体的要求。这些要求是为了保证各主体具备足够的承担业务的能力，能承担相应的勘察设计合同的发包人可以是自然人或法人，但承包人必须是法人，这是对双方主体法律身份的规定。此外，对主体的资质也

10-16
争议解决
条款及
内容

有要求，《建设工程质量管理条例》《建设工程勘察设计管理条例》等规定，从事建设工程勘察、设计、施工、监理的单位都应依法取得相应等级的资质证书，并在其资质等级许可的范围内承揽工程。

但目前，超越资质等级承揽工程、出借出租企业资质、以他人名义承揽工程等现象时有发生，一些发包人对勘察、设计、施工、监理单位资质的审查不严格，或承包人的手段比较"高明"，而将建设工程委托给不够资质的单位。这些不合法的承包人往往不具备足够的实力，无法保证工程质量和安全，引发事故和争议。

联合体承包也容易导致争议。首先是资质的要求，根据《中华人民共和国建筑法》第二十七条规定，联合体承担工程业务的范围以联合体中最低资质单位的资质为准，发包人应更仔细地审查每个单位的资质。此外，联合体内部各单位之间的分工、责任必须明确，否则可能导致工作的冲突，给工程成本、进度、质量控制带来影响。

2. 工程款支付的争议

拖欠工程款主要存在于施工承包合同，是由于行业的竞争现状、市场运作不规范、信用体系缺乏等一系列因素导致的。反之，工程款支付同样又是导致工程合同争议的主要因素。拖欠工程款的现象是政府一直在大力整顿的对象，2020 年最高人民法院颁布了《关于审理建设工程施工合同纠纷案件适用法律问题的解释》，并于 2021 年 1 月 1 日实施，体现了对解决拖欠工程款问题的重视。

（1）建设行业的过度竞争是导致拖欠工程款的最主要因素。施工企业为了承接工程，竞相降低报价，甚至产生没有利润的情况。与此同时，施工企业往往还要垫资建设，进一步影响工人工资的支付，形成一个恶性的拖欠工程款的链条。

（2）边设计、边施工、边投产的"三边工程"容易引起造价失控，从而影响工程款的支付。

（3）材料、人工的价格上涨可能导致大幅度调整工程合同价，从而影响工程款支付。

（4）此外，业主往往提出一些不平等条款，或提出一些模棱两可的条款，而承包商往往由于缺乏足够的法律意识和自我保护意识，忽视了自身将要承担的风险，一旦风险出现又无力承担，从而引发争议。

3. 工程质量的争议

下列行为都可能引发工程质量争议：

（1）建设单位不顾实际地压低造价、压缩工期可能导致承包商偷工减料。

（2）不按建设程序运作。如建设单位不依法委托工程监理单位对工程质量实施监督致质量失去控制。

（3）在设计或施工中提出违反法律、行政法规和建筑工程质量、安全标准的要求。

（4）将工程发包给没有资质的单位或者将工程任意肢解进行发包。

（5）建设单位未将施工图设计文件报县级以上人民政府建设行政主管部门或者其他有关部门审查。

（6）建设单位采购的建筑材料、建筑构配件和设备不合格或给施工单位指定厂家，明示、暗示使用不合格的材料、构配件和设备。

（7）施工单位脱离设计图纸、违反技术规范以及在施工过程中偷工减料。

（8）施工单位未履行属于自己在施工前产品检验的强化责任。

（9）施工单位对于在质量保修期内出现的质量缺陷不履行质量保修责任。

（10）监理制度不严格。如工程监理单位未能依照法律、行政法规及有关的技术标准、设计文件和建筑工程承包合同，对承包单位在施工质量、建设工期和建设资金使用等方面实施监督。

4. 工程分包与转包的争议

下列行为都可能引发有关分包和转包的争议：

（1）分包合同中履约范围约定不清。分包合同中必须明确分包商承担的履约范围，否则将引起多个分包商履约范围的冲突，导致纠纷。

（2）非法转包。转包是法律明令禁止的行为，一旦因此发生纠纷，应由实施转包行为的承包商承担责任。

（3）配合与协调不好。总承包商与分包商因合同约定不明或配合不协调等原因，极易就分包合同部分与建设单位产生纠纷。

（4）被追究违约责任或被罚款。

（5）各方对分包管理不严。

案例分析

高层办公楼建设单位与 A 施工总承包单位签订了施工总承包合同，并委托了工程监理单位。经总监理工程师审核批准，A 单位将桩基础施工分包给 B 专业基础工程公司。B 单位将劳务分包给 C 劳务公司并签订了劳务分包合同。C 单位进场后编制了桩基础施工方案，经 B 单位项目经理审批同意后即组织了施工。由于桩基础施工时总承包单位未全部进场，B 单位要求 C 单位自行解决施工用水、电、热、电讯等施工管线和施工道路。

问题：

（1）桩基础施工方案的编制和审批是否正确？请说明理由。

（2）B 单位的要求是否合理？请说明理由。

（3）桩基础验收合格后，C 单位向 B 单位递交完整的结算资料，要求 B 单位按照合同约定支付劳务报酬尾款，B 单位以 A 单位未付工程款为由拒绝支付。B 单位的做法是否正确？请说明理由。

5. 设计变更的争议

下述原因都可能引发设计变更争议：

（1）工程本身具有的不可预见性。

（2）设计与施工以及不同专业设计之间的脱节。

（3）边设计、边施工、边投产的"三边工程"，使整个设计、施工阶段都不具备连续性，容易发生变更冲突。

（4）口头变更导致事后责任无法分清。

6. 工期进度和工程量的争议

工程进度和工程量争议主要表现为，对于工程进度和工程量的确认不及时或含糊不清，影响到日后结算。

目前，建筑业的工程款支付大多采用按施工进度支付的方法，一般为按月支付或按季度支付。在支付之前，承包商先制作工程量表提交监理工程师认可，再报业主支付。该过程中可能出现业主拖延支付、监理工程师对工程量表审查不严的情况，都可能导致争议。

7. 合同竣工验收的争议

隐蔽工程验收是一个易引发争议的环节。施工单位必须建立、健全施工质量的检验制度，严格工序管理，做好隐蔽工程的质量检查和记录。隐蔽工程在隐蔽前，施工单位应当通知建设单位和建设工程质量监督机构。

未经竣工验收提前使用也可能引发争议。《中华人民共和国建筑法》第六十一条规定："建筑工程竣工需经验收合格后，方可交付使用；未经验收或者验收不合格的，不得交付使用。"如未经验收合格即提前使用并产生纠纷，由过错方承担责任。

8. 安全事故赔偿的争议

工程施工含有较大的危险性，施工过程中也经常会发生一些安全事故，从而引发争议。实际上许多施工安全事故是由于承包人自身没有严格按照安全施工要求施工造成的，一般的安全事故也都是由承包人一方承担。很多施工合同中都约定，所有的施工安全事故都由承包人承担。其实，建设工程施工中建设单位和承包人都有保证安全施工的义务，如果是由于建设单位违反规定，没有履行相应的保证安全施工义务，即使合同约定全部责任由承包人承担，建设单位还是应承担相应的责任。

9. 不可抗力的争议

不可抗力具有严格的构成条件：一是不可预见性，二是不可避免性，三是不可克服性，四是履行期间性。不可抗力一般包括自然灾害、政府行为、社会突发事件几类。然而具体的认定需根据实际情况。例如，在某施工合同中，某承包商承包的土建工程延期，承包商抗辩的理由是 6 月份遭遇连续十多天的大雨，无法施工，此种情况属于不可抗力。承包商以此为理由，不承担工程延期的责任。实际上，在南方梅雨季节连续十几天下雨是很常见的，这是一个有经验的承包商在编制施工组织设计时应当预见到的，不属于不可抗力。

关于不可抗力责任的认定是另外一个难点，《中华人民共和国民法典》第五百九十条规定："当事人一方因不可抗力不能履行合同的，根据不可抗力的影响，部分或全部免除责任。但法律另有规定的除外。"究竟在多大范围内免除责任，是容易引起争议的，往往需要权威专家来裁定或仲裁机构或法院来裁定。

10. 其他争议

其他争议包括技术风险引起的争议、承包人违反劳动、保险法规引起的争议、知识产权争议等。

（1）技术风险是指在工程建设中一些科技含量较高的工作存在的风险，这在勘察、设计、施工中都存在。勘察工作要了解施工的地质、地理和水文等基础资料，往往较为复杂、难度较高；设计、施工中为节约成本、加快进度都可能采用一些技术创新的手段。勘察资料和设计、施工中的创新都存在一定的风险，合同双方对此应有充分的认识，并约定如何共同承担风险。如果双方约定不明，就会产生争议。

（2）承包人违反劳动、保险法规的问题在现阶段表现得较为突出，承包人恶意拖欠民工工资、不为民工办理劳动保险、不提供良好工作条件、工作强度太高等问题已成为一个较严重的社会问题。这些都会严重影响建设工程的顺利履行。

（3）知识产权争议以前发生不多，但随着我国社会的整体法律意识不断增强，对知识产权的保护将会更重视。知识产权的争议可能包括两种：①设计文件本身知识产权的归属问题，现在的设计合同对此一般都没有规定。我国《中华人民共和国著作权法》第十九条规定："受委托创作的作品，著作权的归属由委托人和受托人通过合同约定。合同未作明确约定或没有订立合同的，著作权属于受托人。"因此，在合同没有约定的情况下，设计文件的版权应归属于设计人，但发包人可以通过在设计合同中增加版权归属条款获得设计文件的全部或部分版权。②设计人提供的设计文件，或施工单位采用的施工方案可能侵犯第三人专利或其他知识产权。由于现今可公开获取各类信息资料的途径非常多，各种信息的借鉴、吸收活动也非常广泛。因此，如果合同中对于设计人提交的设计文件侵犯第三人知识产权问题没有约定处理方式，一旦第三人行使追索权，发包人将可能面临共同侵权而导致的销毁图纸、停止建设、赔偿损失等法律风险。

10.6.5 工程合同争议解决方式

在工程合同实施的过程中，业主、设计单位、施工单位等各方都是互相配合，力求顺利完成工程，尽量避免出现纠纷。但由于建设工程的复杂性，出现争议也是很难避免的。一旦出现争议，应选取合适的方式来解决。

在我国，合同争议解决的方式主要有和解、调解、仲裁和诉讼。《中华人民共和国民法典》规定，对合同的条款发生争议的，如果合同有约定的，按合同约定处理；如果没有约定的，当事人可以协商处理，协商不成的，可以向法院起诉。

1. 和解

和解是指合同当事人之间发生纠纷后，在没有第三方介入的情况下，合同当事人双方在自愿、互谅的基础上，就已发生的纠纷进行商谈并达成协议，自行解决纠纷的一种方式。

和解是解决任何争执首先采取的最基本、最常见和最有效的方法，该种解决方法是在当事人双方自愿、友好、互谅的基础上进行的，方式和程序十分灵活，又能节省开支和时间，简便易行，有利于加强当事人双方之间的合作，促进合同的顺利履行。

2. 调解

调解是指合同当事人于纠纷发生后，在第三者的主持下，根据事实、法律和合同，经过第三者的说服与劝解，使发生纠纷的合同当事人双方互谅、互让，自愿达成协议，从而公平、合理地解决纠纷的一种方式。

调解是在第三者主持下进行的，"第三者"可以是仲裁机构或者法院，也可以是除仲裁机构和法院之外的其他组织和个人。根据主持调解的"第三方"的不同，可将调解分为以下几类：①仲裁机构调解，即由仲裁机构主持的调解；②联合调解，是指涉外合同纠纷发生后，当事人双方分别向所属国仲裁机构申请调解，由两国仲裁机构代表组成的"联合调解委员会"主持进行的调解；③法院调解，又称司法调解，即由受理合同纠纷案件的法院主持进行的调解；④专门机构调解，即由专门调解机构主持进行的调解，我国的专门调解机构是中国国际贸易促进委员会北京调解中心及设立在各省、市分会中的涉外经济争议调解机构；⑤其他民间组织或个人主持的调解。与和解类似，调解也必须坚持依法、自愿、公平公正等基本原则，其中双方自愿是调解的基础。

3. 仲裁

仲裁是指发生纠纷的合同当事人双方根据合同中约定的仲裁条款或者纠纷发生后由其达成的书面仲裁协议，将合同纠纷提交给仲裁机构并由仲裁机构按照仲裁法律规范的规定居中裁决，从而解决合同纠纷的法律制度。仲裁分为国内仲裁和涉外仲裁。

在我国，根据《中华人民共和国仲裁法》，仲裁是仲裁委员会对合同争执所进行的裁决。仲裁委员会在直辖市和省、自治区人民政府所在地的市设立，也可在其他设区的市设立，由相应的人民政府组织有关部门和商会统一组建。使用仲裁方式解决合同争议时当事人双方自愿选择，仲裁不实行级别管辖和地域管辖，当事人双方自主选择仲裁委员会并提交合同纠纷案件，实行一裁定局，裁决作出后，当事人就同一争执再申请仲裁，或向人民法院起诉，则不再予以受理。

4. 诉讼

诉讼是运用司法程序解决争执，由人民法院受理并行使审判权，对合同双方的争执做出强制性判决。人民法院受理经济合同争执案件可能有如下情况：

（1）合同双方没有仲裁协议，或仲裁协议无效，当事人一方向人民法院提出起诉状。

（2）虽有仲裁协议，当事人向人民法院提起诉讼，未声明有仲裁协议；人民法院受理后另一方在首次开庭前对人民法院受理案件未提出异议。则该仲裁协议被视为无效，人民法院继续受理。

（3）如果仲裁决定被人民法院依法裁定撤销或不予执行。当事人向人民法院提出诉讼，人民法院依据《中华人民共和国民事诉讼法》（对经济犯罪行为则依据《中华人民共和国刑事诉讼法》）审理该争执。

10-17
建设工程
施工合同
的解除

能力训练题 🔍

一、单选题

1. 不属于工程合同争议解决方式的有（　　　）。

A. 和解　　　　　　B. 协商　　　　　　C. 仲裁　　　　　　D. 诉讼

2. 合同争议的主体是（　　　）。

A. 业主和施工承包商　　　　　　B. 业主和材料供应商

C. 施工承包商和监理工程师　　　　　　D. 合同的双方当事人

二、多选题

1. 工程合同争议的种类有（　　　）。

A. 工程款支付的争议　　　　　　B. 工程质量的争议

C. 工程分包与转包的争议　　　　　　D. 设计变更的争议

E. 安全事故赔偿的争议

2. 工程合同争议的特点有（　　　）。

A. 引发工程合同争议的因素多　　　　　　B. 争议金额大

C. 责任认定复杂　　　　　　D. 争议持续时间长

E. 涉及广，影响大

专题实训 6　施工合同实施实训

模块	5 建设工程合同管理	项目	10 施工合同实施	专题实训	6 施工合同实施实训
知识目标	了解工程签证的程序； 掌握工程变更文件包含的内容				
能力目标	能够区分工程变更的种类； 能够编制工程变更相关表格				
重点难点	重点：工程变更相关表格的编制； 难点：判断工程变更的种类				

××学校思源校区工程背景资料

一、基本信息

1. 项目名称：××学校思源校区工程。

2. 项目地点：本项目位于××市××区高新技术产业园，地块编号为 C45-2/02，用地性质为教育用地，用地面积约为 114 亩，基地内部地形起伏，东南高西北低，东西间长约 280m，南北向长约 330m。

3. 建设单位：××区高新技术产业园建设投资有限公司。

4. 项目规模：本项目总用地面积 75747m²；总建筑面积 88874.61m²；其中地上 73506.15m²；地下 15368.46m²；建筑密度 42.60%；容积率 0.82；绿地率 35%；宿舍数为 350 间，总停车位为 357 个（其中地下 350 个，地面 7 个）。

5. 功能布局：1 号楼地上五层，为行政、教学用；2 号楼地上一层，为实验楼；3 号楼地上一层，为图书馆；4 号楼地上一层，为礼堂、生命展览馆；5 号楼地上七层，为食堂、宿舍；6 号楼地上一层，为球场、游泳馆；7 号楼地下一层，为地下停车库；8 号楼地下一层，为设备机房、器材库；9 号楼地上一层，为门卫室；10 号楼地上六层，为宿舍。

二、工程施工中发生的情况

1. 因场地原因 10 号楼移交延期 170 天，导致以下综合管理人员管理费、生活费、总工程款的逾期利息增加：

（1）项目经理、项目技术负责人、预算主管、预算员、材料员、资料主管、项目安全主管、生产经理、水电施工员、质检主管、项目采购（工资 118510 元/月）。片区综合管理项目经理、片区预算主管、片区安全主管、片区质检主管（工资 97790 元/月），保安 2 个，厨师 1 个（工资 3500 元/月）；

（2）管理人员 11 人、保安 2 人、厨师 1 人，伙食费 17 元/（人·天）、水电费 5 元/（人·天）、网络费 10000 元/年；

（3）根据施工合同，每天逾期利息为：29700 万（合同造价）×20%（合同支付比例）×2%（资金利息）/30 天。

2. 7号、8号、9号、10号楼在不具备施工场地移交的情况下无法安装塔式起重机，导致机械转运费增加。

（1）机械型号：QTZ/63型（TX5010-4）塔式起重机用于7号、8号楼，塔式起重机租金为19740元/月；超高标节23节，每节11元；附着4道，每道11元/天。塔式起重机工工资7130元/月，指挥工工资4930元/月，塔式起重机灯镐灯电费26.05元/天，塔式起重机电费213.12元/天。

（2）机械型号：QTZ/80型（TC6010-6）塔式起重机用于9号、10号楼，塔式起重机租金为19740元/月；超高标节23节，每节11元/天；附着4道，每道11元/天。塔式起重机工工资7130元/月，指挥工工资4930元/月，塔式起重机灯镐灯电费26.05元/天，塔式起重机电费213.12元/天。

3. 学校侧门某路路口没有通行道路，为了达到业主要求，增加从某路至学校侧门的临时道路，以便于人员和车辆通行。新增道路分部分项合计164707元，规费5631.28元，社会保险费4939.72元，住房公积金691元，增值税17033.85元。

4. 根据现场实际地质情况，1号、2号、3号、4号、5号、6号、7号、8号楼局部地质情况低于地勘剖面，将局部浅基础调整为桩基础，导致人工费、井圈材料费、机械费和管理费用增加：

（1）人工增加费：根据合同约定，孔桩井圈不计算费用，变更使人工费增加：260元/m³×70m³。

（2）井圈材料费：根据合同约定，孔桩井圈不计算费用，但变更使井圈材料费增加：0.34元/块×877块/m³×70m³（砖规格：190mm×90mm×53mm）。

（3）机械费：由于变更使得塔式起重机时间增加一个月；7栋楼一共5台塔式起重机，费用一共为：（19740＋7130＋4930）×5＝159000元。

（4）管理费：因为独基改为孔桩，导致单栋工期延长1个月，直接造成7栋楼每栋楼工长、施工员工资增加一个月，费用为（8000＋5500）元/（月·栋）×7栋×1月＝94500元。

施工合同实施实训任务书

一、实训目的

通过本次实训内容，使同学们在了解《中华人民共和国建筑法》、《建设工程工程量清单计价规范》GB 50500—2013、《中华人民共和国民法典》，熟悉工程施工合同实施的相关内容，掌握工程变更、现场签证、施工索赔的流程、内容、编制方法及计算方法。

二、实训组织

根据引例提供的基本信息，按照××学校思源校区建设投资有限公司《工程现场签证实施细则》中相关规定来编制相应文件。

三、实训时间及安排

完成"项目 10　施工合同实施"的课程教学后，进行该项实训任务，实训时间：2课时。

四、实训内容及方法

本次实训工程背景材料为××学校思源校区工程，大家根据工程背景资料、工程现场签证实施细则、现场签证单办理流程（附件 1）、相关表格（附件 2～附件 5）编写工作联系单、新增工程内容批价单（1 课时）；变更申请、现场签证等其他相关资料（1 课时）。

五、实训要求

1. 要求同学们以小组为单位进行，每小组成员认真完成组长安排的工作，严格服从组长指挥；

2. 小组成员能熟练掌握附件 1 的内容，并知道参考正确的法律法规文件对工程项目进行合同管理；

3. 根据所给的背景材料认真填写附件 2～附件 5；

4. 遇到问题不能解决时请及时与指导老师联系。

附件 1

现场签证单办理流程图

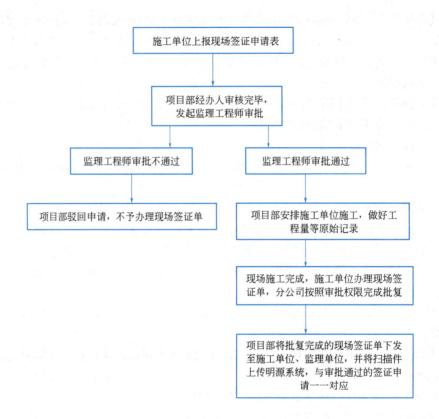

施工单位上报现场签证申请表

项目部经办人审核完毕，发起监理工程师审批

监理工程师审批不通过

监理工程师审批通过

项目部驳回申请，不予办理现场签证单

项目部安排施工单位施工，做好工程量等原始记录

现场施工完成，施工单位办理现场签证单，分公司按照审批权限完成批复

项目部将批复完成的现场签证单下发至施工单位、监理单位，并将扫描件上传明源系统，与审批通过的签证申请一一对应

附件 2

××学校思源校区建设投资有限公司

变更、签证申请表

申请类型：　　　□设计变更　　　　□技术核定单　　　　□现场签证　　　　编号：

工程名称		合同名称	
申请单位		专业/图号	

申请理由：(原因及证明性材料,可另附说明文件)

本工程暂估总价：　　　　　元(附价格明细)

经办人：签字

项目负责人：签字

单位(项目)盖章

注：此表适用于公司各职能部门、项目部及各参建单位提出的设计变更、技术核定单和现场签证申请。

附件 3

现场签证单

是否转扣 □是 □否

编号：

工程名称			合同名称	
施工单位			专业	
提出方		1. 设计类	2. 营销调整类	3. 现场施工类	4. 其他类

提出方	签证原因	1. 设计类	2. 营销调整类	3. 现场施工类	4. 其他类
□设计院		□1.1 设计优化、补充设计	□2.1 营销策划调整	□3.1 现场环境及地质情况影响	□4.1 公司高层要求
□项目部		□1.2 设计失误或设计专业不匹配	□2.2 客户需求	□3.2 现场管理需求	□4.2 当地政府要求
□承包人		□1.3 政策变化或规范修改	□2.3 其他（说明）	□3.3 相关单位责任影响（可追溯）	□4.3 项目管理责任原因
□营销部门		□1.4 图纸会审		□3.4 其他（说明）	□4.4 其他（说明）
□其他（说明）		□1.5 其他（说明）			

签证单及附件（共 页）

一、现场签证单	（第1页）	二、签证单组价明细	（第2页）
三、现场签证原始记录	（第3页）	四、照片、图纸等其他资料	（第4页）
五、现场签证批价单	（第5页）	六、工作联系单	（第6页）
七、工程转扣单	（第7页）		

签证内容：1. 签证事项发生时间、地点或部位、原因；
　　　　　2. 签证施工内容、流程；
　　　　　3. 签证估价。

　　项目负责人：　　　　　　　施工方（盖章）　　　　　　　年　　月　　日

意见（可另加附页）： 专业监理工程师： 总监理工程师：　　　　　　监理部（盖章） 　　　　　　　　　　　　　年　月　日	意见（可另加附页）： 现场工程师： 项目部经理： 　　　　　　　　　　　　项目部（盖章） 　　　　　　　　　　　年　月　日
分公司成本部责任人： 　　　　　　　　年　月　日	分公司总经理：（大于5万元） 　　　　　　　　年　月　日

注：1. 签证单原件一式五份，发包人、承包人双方各两份，监理一份。
　　2. 施工单位、监理单位盖章必须有效授权。

附件 4

现场签证原始记录

编号:

工程名称		合同名称	
施工单位		专业	

工程内容:

施工单位: 负 责 人: 日　　期:	监理单位:	建设单位:
	监理工程师:	工 程 师:
总包单位: 工 程 师: 日　　期:	总　　监: 日　　期:	项目经理: 日　　期:

注: 1. 注明工程内容的具体位置和部位。

2. 工程内容发生时间、数量、单位要求表述明确。

3. 必须在工程内容发生当天由施工单位、监理单位、建设单位签署完成。

4. 本表一式三份,施工单位、监理单位、建设单位各一份,并作为正式现场签证附件。

附件 5

新增工程内容批价单

编号：

工程名称		合同名称	
施工单位		专　　业	

□设计变更 □现场签证 □现场管理 □配合营销 □合同内工程量现场计量 □合同原因 □其他
申请批价理由：(说明批价的原因)

报价内容的详细说明(可另附页)：

序号	项目名称	工作内容	单位	预估工程量	申请价格	批复价格	备注
1							
2							
3							

预估合价：(成本部填写)

(施工单位盖章)
项目经理：
日　　期：

分公司项目部意见：
注：仅批注批价依据，详细情况说明。

分公司成本管理部意见： 注：结算方式意见，确认结算办法。	分公司分管副经理意见：

分公司总经理意见：(工程结算价款大于 5 万元)　　　　(单位盖章)

承包单位签收：

参考文献

[1] 朱宏亮，成虎．工程合同管理［M］．2版．北京：中国建筑工业出版社，2018.

[2] 杨平．工程中投标与合同管理［M］．北京：清华大学出版社，2015.

[3] 宋春岩．建设工程招标投标与合同管理［M］．北京：北京大学出版社，2019.

[4] 梁萍，贺易明，晁玉增．我国电子招投标现状分析与发展对策研究［J］．改革与开放，2014.

[5] 杨勇，狄文全，冯伟．工程招投标理论与综合实训［M］．北京：化学工业出版社，2018.

[6] 吴渝玲．工程招投标与合同管理［M］．北京：高等教育出版社，2019.